Java

多线程与大数据
处理实战

李建平◎著

北京大学出版社
PEKING UNIVERSITY PRESS

内 容 提 要

  本书对 Java 的多线程及主流大数据中间件对数据的处理进行了较为详细的讲解。本书主要讲了 Java 的线程创建方法和线程的生命周期，方便我们管理多线程的线程组和线程池，设置线程的优先级，设置守护线程，学习多线程的并发、同步和异步操作，了解 Java 的多线程并发处理工具（如信号量、多线程计数器）等内容。同时，本书还引入了 Spring Boot、Spring Batch、Quartz、Kafka 等大数据中间件。这为学习 Java 多线程和大数据处理的读者提供了良好的参考。多线程和大数据的处理是许多开发岗位面试中最容易被问到的知识点，一些一线开发的重要岗位面试会将多线程作为压轴问题或重要的考察点。所以，学好多线程的知识点，无论是对于日后的开发工作，还是正要前往一线开发岗位的面试准备，都是非常有用的。

  本书既适合高等院校的计算机类专业的学生学习，也适合从事软件开发相关行业的初级和中级开发人员。

图书在版编目(CIP)数据

Java 多线程与大数据处理实战 / 李建平著. — 北京：北京大学出版社，2020.4
ISBN 978-7-301-31283-4

Ⅰ. ①J… Ⅱ. ①李… Ⅲ. ①JAVA语言 – 程序设计 Ⅳ. ①TP312.8

中国版本图书馆CIP数据核字(2020)第040196号

书　　　　名	Java 多线程与大数据处理实战
	JAVA DUOXIANCHENG YU DASHUJU CHULI SHIZHAN
著作责任者	李建平　著
责 任 编 辑	吴晓月　　王继伟
标 准 书 号	ISBN 978-7-301-31283-4
出 版 发 行	北京大学出版社
地　　　址	北京市海淀区成府路205 号　　100871
网　　　址	http://www.pup.cn　　　新浪微博：@ 北京大学出版社
电 子 信 箱	pup7@ pup.cn
电　　　话	邮购部 010-62752015　发行部 010-62750672　编辑部 010-62570390
印 刷 者	北京市科星印刷有限责任公司
经 销 者	新华书店
	787毫米×1092毫米　16开本　19.75印张　448千字
	2020年4月第1版　2020年4月第1次印刷
印　　　数	1-4000册
定　　　价	79.00元

前　言

  多线程技术在大型互联网系统及大数据处理中有着广泛的应用，它能够更合理地利用系统的硬件资源，提供并发执行任务的能力，使系统处理数据的效率大大提高。因此，掌握好了多线程技术，手中就多了一把利器，以前一些系统应用中遇到的问题也都可以迎刃而解了。同时，理解透彻常用的多线程的数据处理方法，也为我们开发处理能力更为卓越的系统提供了方向和可行性。

  Java 对多线程提供了全方位的支持，其具备多种线程的创建方法，能按照自己的需要创建合适的线程。Java 提供了线程组和线程池，方便管理多线程。对于多线程的调度，Java 也提供了多种方法，可以满足众多场景下的多线程处理。同时，还可以设置线程的优先级、守护线程等。对于多线程的并发，可以进行同步和异步操作。Java 的多线程并发处理包中也提供了如信号量、多线程计数器等众多并发处理辅助工具。所以，相比起其他一些较为偏门的编程语言，以 Java 的多线程作为入口，能够帮助开发人员更为全面地理解多线程的相关知识。

  多线程对于入门级别的开发人员来说，难度会略高于其他的编程基础知识点。但它并非"奇技淫巧"，相反，当需要开发性能更高、处理数据量更大的系统时，多线程的重要性就越发突显。

本书特色

  （1）内容实用，图文并茂，提供众多生活中的案例，并将浅明的例子融入开发中。书中每讲解一个多线程的知识点，作者都尽力去寻找身边或生活中合适的、易懂的例子，将问题融入代码中进行解决。同时，对于一些较难用言语表达清楚的知识点，作者都尝试加入示意图，作为补充说明。

  （2）多线程与大数据处理相结合，同时引入了一些主流的大数据中间件，结合多线程的知识点，进行大数据处理系统的开发。本书使用了许多主流的开源框架，如 Spring Boot、Spring Batch、Netty 等，以及大数据消息中间件 Kafka、大数据任务调度框架 Quartz 等。

  提示：本书所涉及的源代码已上传到百度网盘，供读者下载。请读者关注封底"博雅读书社"微信公众号，找到"资源下载"栏目，根据提示获取。

本书内容及体系结构

第1章　Java 多线程基础

  本章从 Java 单线程的简介开始，慢慢地引出多线程的内容；同时通过简单的示例，帮助读者了解线程的多种建立方式。通过这样的对比，大家可以轻松地掌握多种编写简单线程的方法。

第2章　线程的生命周期

  本章将从线程的多种状态及生命周期来更深入地讲解线程，这样可在实际开发多线程中更好地理解和分析一些问题，即知其然并知其所以然。

第3章　多线程的调度方式

  本章将讲解多线程的另一个重要内容：线程之间的调度。由操作系统的调度原理入手，讲解Java 多线程之间的调度；同时，通过实例讲解睡眠、唤醒、让步、插队等不同情况下的线程调度方式。

第 4 章　多线程的线程组与线程池

本章介绍的线程组和线程池是 Java 多线程中的两个应用，特别是线程池，其在许多商业和企业级的系统中都会使用。所以，了解线程组，学习和运用好线程池对开发真正的企业级系统非常有帮助。

第 5 章　多线程的异常处理

本章介绍的异常处理是每一个企业级项目中都必须存在的重要且必要的环节。好的系统当然需要良好的异常处理机制来保证系统的健壮性。

第 6 章　多线程定时任务 TimerTask

本章将介绍 Java 自带的多线程定时任务 TimerTask 工具，其在创建任务的过程中，实际上也会创建一个新的线程。

第 7 章　多线程并发处理

从本章开始，讲解一些线程及多线程情况下的线程的高级特性，其中多线程的并发处理是重点和难点。能够把握好多线程的并发处理，基本上就掌握了运用多线程的能力。

第 8 章　批处理 Spring Batch 与多线程

本章将讲解大数据批处理框架 Spring Batch。同时，Spring Batch 能在 Step 中使用多线程，实现在大数据情况下批处理过程的再次加速。

第 9 章　大数据任务调度框架 Quartz 与多线程

本章介绍的 Quartz 是 Java 大数据任务调度框架，其已经在许多大型的商用软件中发挥了重要的作用，能更好地替代 TimerTask 定时任务工具。

第 10 章　大数据中间件 Kafka 与多线程

本章将讲解大数据中间件 Kafka。在分布式的子系统、微服务之间的通信中，经常会使用到消息队列（Message Queue，MQ）。其中，Kafka 作为大数据 MQ，其在大数据处理上有着突出的表现。

第 11 章　多线程实战训练

本章将通过几个简单的小项目，抛砖引玉，让大家多思考，看看是否也可以在自己的业务开发中或更大的项目中引入类似的多线程处理功能。

目　　录

第 6 章 多线程定时任务 TimerTask ···················· 112

第 7 章 多线程并发处理 ···························· 122

第 1 章

Java 多线程基础

本章将从 Java 单线程的简介开始，慢慢地引出多线程的内容；同时，通过简单的示例，帮助读者了解线程的多种建立方式。通过这样的对比，大家可以轻松地掌握多种编写简单线程的方法。

本章内容主要涉及以下知识点。

● 程序、进程、线程三者之间的关系。

● 多线程的优势。

● 守护线程和用户线程。

● 在 Java 中，用户创建线程的三种方法。

● 搭建好环境，通过 IDEA 进行线程开发和调试。

1.1 初识线程

首先介绍线程的概念。我们可以把线程看作有活力、有生命力的，它是让看似安静的一段段代码活动起来的一种形式。在学习本章前，读者如果已经进行过 Java 简易入门基础的学习，那么理解线程会是一件非常容易的事情。理解了线程的概念后，会由单线程向多线程进军。

1.1.1 线程是什么？

如今，智能手机与我们的生活密不可分。智能手机之所以这样吸引我们，与其能提供丰富多彩的应用程序有密切的关系。在使用这些应用程序，如查阅资讯、单击图标、拉取列表、播放视频和音乐等时，会给人们以视觉和听觉上的享受。同时，智能手机能及时地对我们的操作进行反馈，非常友好。这里的每一次反馈，都可能是有一个线程在专心致志地为我们服务。所以，看似陌生的线程实际上已经默默服务人们多时。

每一个刚接触程序设计的初级人员，在学习了某种编程语言后都会开始尝试编写一些基本的短小的代码段。在 Java 中，这些短小的代码段一般会被放入一个 class，然后保存到一个扩展名为 .java 的文件中；之后通过命令行或集成开发环境工具的编译，生成 .class 文件并让这个 .class 文件运行起来，得到我们想要的结果。

例如，有一个简单的模仿游戏打开宝箱得到礼品的程序代码，参考如下：

```
1  public class OpenBox {
2    public static void main(String[] args) {
3        // 设置宝箱中可能包含的水果
4        List<String> fruits = new ArrayList<String>();
5        fruits.add("green apple");
6        fruits.add("red apple");
7        fruits.add("banana");
8        fruits.add("cherry");
9        fruits.add("watermelon");
10       // 获取随机的下标，用于生成随机的水果，范围为 0 至最大水果链表的下标
11       Random randomUtil = new Random();
12       int randomInt = randomUtil.nextInt(fruits.size());
13       System.out.println("打开宝箱，得到了 " +
14         fruits.get(randomInt) + "!");
15    }
16 }
```

我们将其以文件形式保存到系统中，如图 1.1 所示。

名称 ^	修改日期	类型	大小
OpenBox.java	2019/6/10 20:21	IntelliJ IDEA Co...	1 KB

图 1.1　已经保存到系统的 Java 的类文件

这样，该文件中就包含了我们想要运行的一小段程序。当使用 Java 的命令或单击集成开发环境的 run 按钮时，程序就会运行起来，并且按照编写好的逻辑反馈相关信息。OpenBox 的运行结果如图 1.2 所示。

```
Run    OpenBox
    "C:\Program Files\Java\jdk1.8.0_31\bin\java" ...
    打开宝箱，得到了cherry!

    Process finished with exit code 0
```

图 1.2　OpenBox 的运行结果

以上这些看似简单的操作过程，可以让我们更好地理解以下几个概念：程序、进程、线程。

程序可以理解为个人的思维整合所设计和编写的一种有特殊意义的文本作品，其包含一些有特殊含义的词汇、符号、数据及短语缩写，俗称代码。程序本身是一种静态的文本作品，但通过特殊的环境，能让其产生动态的逻辑和具备运算能力。

上文中的 OpenBox.java 文件中的文本内容就是程序。

进程则是对某程序的运行过程。一般地，一份程序的一次运行能产生一个进程，进程是一个动态的概念。进程的运行是需要用到程序的内容的，更确切地说，进程的运行离不开程序，离不开程序中有特殊含义的文本。实际上，进程运行中有专门存放这些文本的区域，该区域称为代码文本区域。程序与进程是一对多的关系，即一个程序可以同时运行一个或多个进程。单击集成开发环境的 run 按钮时，OpenBox.java 对应的一个进程就立刻产生了。

理解好程序和进程的关系，就可以对线程加以描述和解释。线程是比进程更细小的一级划分，线程可以利用进程所拥有的资源，并且能独立完成一项任务，如计算、输出显示信息等。在引入线程的操作系统中，通常是把进程作为分配资源的基本单位，而把线程作为独立运行和独立调度的基本单位。进程与线程也是一对多的关系，即一个进程中至少有一个线程与之对应。如果一个进程中有多个线程同时存在，那么就是多线程的进程。上面的 OpenBox.java 程序运行时，其在产生一个进程的同时，也产生了一个单线程与之对应。也就是说，当运行 OpenBox.java 程序时，该行为所产生的进程是一个单线程进程。

程序、进程、线程的关系如图 1.3 所示。

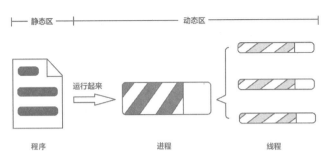

图 1.3　程序、进程、线程的关系

知识拓展

　　近年来，随着大数据的兴起，对于大数据的处理要求比传统的普通数据处理要求有了更高的标准，Java 在大数据的处理方面也在不断地优化，特别是在开源社区中，许多开发贡献者提供了许多大数据处理相关的组件和中间件。其中一个称为 quasar 的组件实现了 Java 的纤程。纤程是比线程更小的一级划分，它所占用的系统资源更少，可以理解为更轻量级的一种特殊线程。一般地，从占用系统资源的大小方面来说，可以这样排序：进程 > 线程 > 纤程。本小节不展开对纤程的介绍，有兴趣的读者可以通过 quasar 的开源地址（https://github.com/puniverse/quasar）了解相关内容。

1.1.2　单线程与多线程

　　在 1.1.1 小节的讲解中，我们知道了一个进程至少包含一个线程。如果该进程只有一个线程，则将其称为单线程的进程。对于简单的应用程序，的确只要单线程就可以了；但对于一些复杂的应用程序，如与人的交互和反馈比较多时，就需要多线程来完成这些任务。一些大型的软件和游戏等应用程序，一般都包含了多线程来丰富整个系统的功能，以获得强大的处理性能，或者通过多状态的即时反馈来增加趣味性。

　　例如，图 1.4 所示的经典任天堂 FC 游戏，虽然是简单的游戏，但却给许多青少年带来了快乐。

图 1.4　经典任天堂 FC 游戏

　　这些游戏中都加入了多线程，玩家可以获得更多的快乐体验和反馈。多线程能让一个游戏充满活力，让游戏中的物体活动起来。下面我们来看看"超级马里奥"系列某款游戏的一个画面中的一些多线程，如图 1.5 所示。

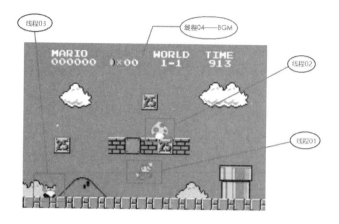

图 1.5　"超级马里奥"系列某款游戏中的线程

图 1.5 中，玩家手柄控制的主角马里奥是一个独立的线程，能吃的、会走动的蘑菇是一个独立的线程，而行走中的敌人香菇君也是一个独立的线程，另外背景音乐也是一个线程。当然，这幅游戏画面中还有许多其他的线程在工作，这些众多的线程共同组成了这一生动活泼的经典游戏。读者可以思考这款游戏中还有哪些线程在默默地为游戏玩家提供服务。

这样的一个游戏实例，实际上也是一个进程。我们可以看到，一个进程可以包含一个或多个线程。单线程的进程虽然也存在，但实际上我们更多的会使用多线程的进程。

1.1.3　多线程的优势

多线程的优势在前面的小节中已经有粗略介绍，本小节将再次从系统的外在表现和内在表现两方面来讲解多线程的优势，如图 1.6 所示。

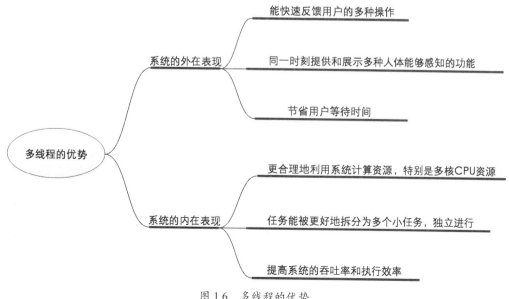

图 1.6　多线程的优势

（1）由于有多个线程分工合作，所以有时候用户使用一个线程提供的功能时，另一个线程已经准备着为用户提供下一步的功能，能节省用户的等待时间。

（2）如果能合理地结合硬件资源来设计好多线程的并发，让系统处于合理的多线程调度模式，就能提高系统吞吐率，让系统具备高效的处理能力。

从系统的外在表现来看，多线程能快速反馈用户的多种操作。如果只有单一的线程，那么其处理简单的逻辑可以做到又快又好，但有时，某些需求可能需要处理大量的数据，这时，如果还是分派给单一的线程来完成，就可能需要花费比较长的时间，这样对于该软件或应用程序的使用者来说，体验感会大打折扣。

我们可以把一个线程处理数据的逻辑比喻成将城区南岸的车辆通过桥梁开至北岸的过程，每一辆车都是需要处理的一个小数据，如图 1.7 所示。

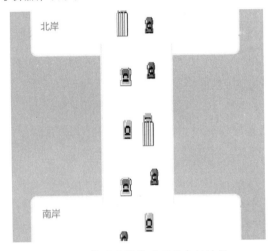

图 1.7　普通流量情况下的车辆过桥

当车辆少时，车的通行的确非常畅顺，一座桥梁就足以应对。但当车辆非常多时，如果只有一座桥梁，可能就不能满足快速通行的需求，如图 1.8 所示。

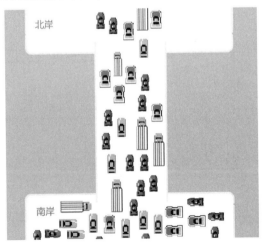

图 1.8　拥挤的大车流过桥

　　看到这种情形，许多读者可能会想到，如果南北两岸足够广阔，那么只需要多建几座桥梁就可以让大量的车辆分流，从而达到快速通行的目的。当建了几座桥梁后，这些拥堵的车辆就可以就近选择合适的桥梁分流通行，如图 1.9 所示。

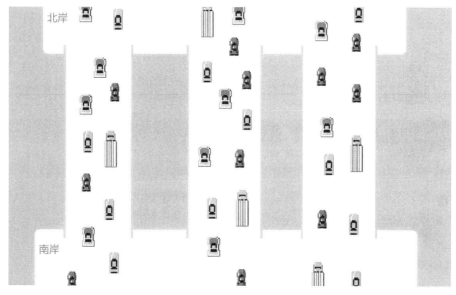

图 1.9　多座桥梁的情况下，多通道解决大车流过桥

　　其实，我们在进行数据处理时，如果发现一个线程处理能力不足而不能快速响应时，就可以通过类似"多建几座桥梁"的方式来帮助我们处理数据，即可以引入多线程来处理这样的大数据。

　　同时，使用多线程的软件或应用程序一般能在同一时间给予我们更多感知上面的满足。例如，我们在使用虚拟线程娱乐设备时，除了眼睛能观察到的动画外，一般会伴有当前情景下的背景音乐，甚至有些输入设备如震动手柄等会按情景震动起来，让用户沉浸式地进入一个虚拟场景。

　　从系统的内在表现来看，多线程能更有效地利用系统资源，特别是 CPU 的计算和磁盘的存储 I/O 资源等。另外，使用多线程能让系统更好地分工，可以把一个大任务拆分成多个关联的小任务。例如，一个大数据文件集合的内容修改功能，拆分成读文本内容、修改文本内容、保存文本内容三个线程来独立处理，只要控制好先后顺序，就能达到多线程并发处理的目的。

1.1.4　守护线程与用户线程

　　在 Java 中，线程分为守护线程（Daemon Thread）和用户线程（User Thread）两大类。其中，作为普通使用者的我们在编写代码时，绝大部分会建立普通的用户线程，而守护线程则比较少用。可以尝试这样定义 Java 中的守护线程和用户线程。

　　守护线程：本身是一个线程，该线程几乎不处理用户的业务逻辑，而是作为一个守护者，守护着一组用户线程，并且会为这些线程提供便利的服务。当且仅当最后一个用户线程终止，该守护线程才算完成使命。在 Java 中，需要通过 Thread.setDaemon(true) 方法来显式地设定守护线程。

用户线程：由用户声明的为了满足一定业务需求而编写的线程，一般为完成一项简单的业务逻辑而运行在系统进程中。

Java 中的垃圾回收线程（Garbage Collections，GC）就是一个守护线程，其不参与用户的业务逻辑，而是作为系统内存的守护者。GC 会不定期地回收过期的占用内存的对象资源，释放出内存空间，较为合理地防止内存泄漏和溢出问题。

守护线程的详细的介绍将在第 2 章中讲解，而 1.2 节将介绍 Java 中的三种用户线程的创建方式。

1.2 Java 线程的创建方法

Java 为用户创建线程提供了三种基本方法，能够让用户灵活地选择不同的线程创建方法完成特定的业务需求。这些方法有许多共同点，但在编写上也存在差别。本节将通过简单的示例，让读者理解三种用户线程创建方法的异同。

1.2.1 继承 Thread 类创建线程

在程序中，引入 java.lang.Thread 类，然后编写一个类继承于 Thread，重写好其核心方法 run( )，是最简单的创建线程或多线程的方法。

下面将以一个简单的示例来说明继承 Thread 类创建线程的过程及运行结果。进度条是一种为用户展示某项任务目前进度的工具，如安装软件时的进度条、图片加载的进度条等。在实际的应用程序中，经常在处理某个核心任务时另启一个线程来计算和监控进度，然后反馈给用户，这是多线程中常见的具体应用场景之一。

下面的代码将展示计算机普通的技能之一：数数。代码的逻辑为从 0~300 由小到大数一遍，并且配上进度条，即数数过程中，每数三个数，进度条目前的完成数值就会加 1。参考代码如下：

```
1   public class ProgressBar01 extends Thread {
2       // 进度条的目前进度值
3       private int progressValue = 0;
4       // 累加辅助器，初始值为 0
5       private int accValue = 0;
6       @Override
7       public void run(){
8           for (int i = 0; i <= 300; i++){
9               System.out.println("我已经数到了第 " + i +
10                  "个数字了哟，  目前进度：" + progressValue + "%");
11              accValue++;
```

```
12              if (accValue == 3){
13                  progressValue++;
14                  accValue = 0;
15              }
16          }
17      }
18      public static void main(String[] args){
19          ProgressBar01 countProgressBar = new ProgressBar01();
20          countProgressBar.start();
21      }
22  }
```

运行的参考结果如下：

```
1    我已经数到了第 1 个数字了哟，     目前进度：0%
2    我已经数到了第 2 个数字了哟，     目前进度：0%
3    我已经数到了第 3 个数字了哟，     目前进度：1%
4    我已经数到了第 4 个数字了哟，     目前进度：1%
5    我已经数到了第 5 个数字了哟，     目前进度：1%
6    我已经数到了第 6 个数字了哟，     目前进度：2%
7    我已经数到了第 7 个数字了哟，     目前进度：2%
8    我已经数到了第 8 个数字了哟，     目前进度：2%
9    我已经数到了第 9 个数字了哟，     目前进度：3%
10   我已经数到了第 10 个数字了哟，    目前进度：3%
11   我已经数到了第 11 个数字了哟，    目前进度：3%
12   我已经数到了第 12 个数字了哟，    目前进度：4%
13   我已经数到了第 13 个数字了哟，    目前进度：4%
14   我已经数到了第 14 个数字了哟，    目前进度：4%
15   我已经数到了第 15 个数字了哟，    目前进度：5%
16   我已经数到了第 16 个数字了哟，    目前进度：5%
17   我已经数到了第 17 个数字了哟，    目前进度：5%
18   我已经数到了第 18 个数字了哟，    目前进度：6%
19   ……
20   我已经数到了第 294 个数字了哟，   目前进度：98%
21   我已经数到了第 295 个数字了哟，   目前进度：98%
22   我已经数到了第 296 个数字了哟，   目前进度：98%
23   我已经数到了第 297 个数字了哟，   目前进度：99%
24   我已经数到了第 298 个数字了哟，   目前进度：99%
25   我已经数到了第 299 个数字了哟，   目前进度：99%
26   我已经数到了第 300 个数字了哟，   目前进度：100%
```

以上示例使用 Thread 模拟了一个进度条的线程，并且被成功地运行。实际上，这个示例已经是一个多线程的示例。因为该程序运行时，就先后启动了两个线程：main 主线程及数数线程。通过继承 Thread 类创建线程并运行的步骤如下。

（1）创建一个新线程类，通过 extends 关键字，指出该线程类继承自 Thread 类。

（2）使用 @Override 注解，并重写 Thread 父类原来的 run( ) 方法，加入自己的逻辑。

（3）在 main( ) 方法中实例化自己新写的线程类，并通过 start( ) 方法启动。

理解上述步骤之后，需要对一些不容易理解的地方进行补充说明。先提出以下两个问题，方便读者理顺思路和加深理解。

问题 1：@Override 注解的作用是什么？

问题 2：Thread 的 run( ) 方法和 start( ) 方法有何区别？

对于这两个问题，读者可以通过多种途径查阅资料进行更多知识点的引申。这里只是简要地进行总结和回答。

对于问题 1，@Override 注解并非强制性一定要加入自己编写的线程方法当中的，即 @Override 注解可以省略不写。@Override 注解只表明和强调当前类中有重写了父类中同名的方法，类似于对编译器说了一句："Hello，我准备要重写和父类中同名的一个方法，帮我留意一下。"

有了 @Override 注解，编译器会认真检查是否重写了父类的一个同名的方法。如果写错了，如示例中的 run( ) 方法写成了 rum( ) 方法，则编译器会提示并没有重写父类的方法，因为父类中并没有 rum( ) 方法。虽然 @Override 注解并非强制要写上，但为了读者以后能向优秀的程序员晋级，建议加上。

对于问题 2，run( ) 方法可以理解为 Thread 类及其子类中的一个公共的无返回值的方法。虽然不建议直接调用，但用户可以通过实例化一个线程类后直接调用 run( ) 方法。只不过这样的调用只是普通对象间的公共方法调用，并没有在原来的主线程或某线程中新开辟一个线程来进行 run( ) 方法中逻辑的运行。

start( ) 方法则不同，调用一个线程实例的 start( ) 方法，是真正的启动线程的方法，即真正在原来主线程或某线程中以多线程的形式新开辟一个线程来运行该线程中的 run( ) 方法中的逻辑。而原线程无须理会新线程的 run( ) 方法的执行，放手让新线程去管理，而自己则继续进行后续代码的执行。

读者可以自己尝试编写继承自 Thread 类的线程，多进行测试和总结，将会有更深的体会，也许会发现创建多线程也不是一件难事。

1.2.2　实现 Runnable 接口创建线程

在程序中，新建一个类并且实现 Runnable 接口，重写好其核心方法 run( )，也是创建线程的一种方法。本小节继续沿用 1.2.1 小节中的示例：数数。下面代码的逻辑为数数，从 0~300 由小到大数一遍，并且配上进度条，即数数过程中，每数三个数，进度条目前的完成数值就会加 1。

参考代码如下：

```java
1  public class ProgressBar02 implements Runnable {
2      // 进度条的目前进度值
3      private int progressValue = 0;
4      // 累加辅助器，初始值为 0
5      private int accValue = 0;
6      @Override
7      public void run() {
8          for (int i = 0; i <= 300; i++){
9              System.out.println(" 我已经数到了第 " + i +
10              " 个数字了哟，  目前进度: " + progressValue + "%");
11             accValue++;
12             if (accValue == 3){
13                 progressValue++;
14                 accValue = 0;
15             }
16         }
17     }
18     public static void main(String[] args){
19         ProgressBar02 countProgressBar = new ProgressBar02();
20         Thread countProgressBarThread = new Thread(countProgressBar);
21         countProgressBarThread.start();
22     }
23 }
```

其运行的结果与 1.2.1 小节一致，这里省略不再列出。通过实现 Runnable 接口创建线程并运行的步骤如下。

（1）创建一个新线程类，通过 implements 关键字，指出该线程类实现了 Runnable 接口。

（2）使用 @Override 注解，并重写父类的 run( ) 方法，加入自己的逻辑。

（3）在 main( ) 方法中实例化自己新写的线程类，并通过 Thread 的构造函数将该新线程对象作为参数传入，获得另一个新的含有 start( ) 方法的线程对象。

（4）使用新的线程对象的 start( ) 方法，启动线程。

该步骤比 1.2.1 小节的通过继承 Thread 类创建和启动线程的方法多了一个，这是因为，通过实现 Runnable 接口的方法来创建的线程，本身不包含线程启动的 start( ) 方法，其需要通过 Thread 线程对象来启动。

1.2.3　实现 Callable 接口创建线程

在程序中，新建一个类并且实现 Callable 接口，重写好其带有返回值的核心方法 call( )，是第三种创建线程的方法。同样地，为了方便大家对比和理解，本小节继续沿用 1.2.1 小节中的示例：数数。下面代码的逻辑为从 0~300 由小到大数一遍，并且配上进度条，即数数过程中，每数三个数，进度条目前的完成数值就会加 1。

参考代码如下：

```
1   public class ProgressBar03 implements Callable {
2       // 进度条的目前进度值
3       private int progressValue = 0;
4       // 累加辅助器，初始值为 0
5       private int accValue = 0;
6       @Override
7       public String call() throws Exception {
8           for (int i = 0; i <= 300; i++){
9               System.out.println(" 我已经数到了第 " + i +
10                 " 个数字了哟，  目前进度: " + progressValue + "%");
11              accValue++;
12              if (accValue == 3){
13                  progressValue++;
14                  accValue = 0;
15              }
16          }
17          return "complete";
18      }
19      public static void main(String[] args){
20          ProgressBar03 countProgressBar = new ProgressBar03();
21          FutureTask<String> futureTaskResult = new
22            FutureTask<String>(countProgressBar);
23          Thread countProgressBarThread = new
24          Thread(futureTaskResult);
25          countProgressBarThread.start();
26          try {
27              System.out.println(futureTaskResult.get());
28          } catch (Exception e) {
29              e.printStackTrace();
30          }
31      }
32  }
```

其运行结果与前两小节的运行结果相似，但最后多了一个 complete 表述。

运行的参考结果如下：

```
1   我已经数到了第 0 个数字了哟，   目前进度：0%
2   我已经数到了第 1 个数字了哟，   目前进度：0%
3   我已经数到了第 2 个数字了哟，   目前进度：0%
4   我已经数到了第 3 个数字了哟，   目前进度：1%
5   我已经数到了第 4 个数字了哟，   目前进度：1%
6   我已经数到了第 5 个数字了哟，   目前进度：1%
7   我已经数到了第 6 个数字了哟，   目前进度：2%
8   ……
9   我已经数到了第 288 个数字了哟，  目前进度：96%
10  我已经数到了第 289 个数字了哟，  目前进度：96%
11  我已经数到了第 290 个数字了哟，  目前进度：96%
12  我已经数到了第 291 个数字了哟，  目前进度：97%
13  我已经数到了第 292 个数字了哟，  目前进度：97%
14  我已经数到了第 293 个数字了哟，  目前进度：97%
15  我已经数到了第 294 个数字了哟，  目前进度：98%
16  我已经数到了第 295 个数字了哟，  目前进度：98%
17  我已经数到了第 296 个数字了哟，  目前进度：98%
18  我已经数到了第 297 个数字了哟，  目前进度：99%
19  我已经数到了第 298 个数字了哟，  目前进度：99%
20  我已经数到了第 299 个数字了哟，  目前进度：99%
21  我已经数到了第 300 个数字了哟，  目前进度：100%
22  complete
```

由于 Java 的程序默认已经引入了 java.lang 包，如使用的 String、Thread、Runnable 等都属于该包，因此可以直接使用而无须 import 另外指明。但 Callable 和 FutureTask 在另外的 Java 多线程工具包中，所以需要使用 import 语句将这些类引入。实现 Callable 接口及 FutureTask 类来创建和运行线程的步骤如下。

（1）创建一个新线程类，通过 implements 关键字指出该线程类实现了 Callable 接口。

（2）使用 @Override 注解，重写父类的含返回值的 call( ) 方法，加入自己的逻辑。

（3）在 main( ) 方法中实例化自己新写的实现了 Callable 接口的线程类。

（4）新建和实例化 FutureTask 类，将上一步实例化的新线程类传入 FutureTask 的构造函数。当然，同时使用泛型指出该新线程类中 call( ) 方法的返回值类型。

（5）通过 Thread 的构造函数，将该新线程对象作为参数传入，获得另一个新的含有 start( ) 方法的线程对象。

（6）使用新的线程对象的 start( ) 方法，启动线程。

通过以上步骤，我们会发现比起前两小节创建和运行线程的方法，第三种方法的步骤又多出了

2~3 步。但我们也能看出，实现 Callable 接口的线程有一些新的特性，如 call( ) 方法与 run( ) 方法相比，带有返回值。FutureTask 类能通过 get( ) 方法获取 call( ) 方法执行完的返回值。

　　另外，还可以将实现 Callable 接口和 FutureTask 类创建的线程通过线程池来启动，具体可以查阅第 4 章中线程组与线程池的内容，这里只进行简单的介绍。将上面的代码改写成下面的代码来运行，参考代码如下：

```java
1  import java.util.concurrent.Callable;
2  import java.util.concurrent.ExecutorService;
3  import java.util.concurrent.Executors;
4  import java.util.concurrent.FutureTask;
5  public class ProgressBar04 implements Callable {
6      // 进度条的目前进度值
7      private int progressValue = 0;
8      // 累加辅助器，初始值为 0
9      private int accValue = 0;
10     @Override
11     public String call() throws Exception {
12         for (int i = 0; i <= 300; i++){
13             System.out.println(" 我已经数到了第 " + i +
14               " 个数字了哟， 目前进度: " + progressValue + "%");
15             accValue++;
16             if (accValue == 3){
17                 progressValue++;
18                 accValue = 0;
19             }
20         }
21         return "complete";
22     }
23     public static void main(String[] args){
24         ProgressBar04 countProgressBar = new ProgressBar04();
25         FutureTask<String> futureTaskResult = new
26           FutureTask<String>(countProgressBar);
27         ExecutorService threadPool =  Executors
28           .newFixedThreadPool(10);
29         threadPool.submit(futureTaskResult);
30         try {
31             System.out.println(futureTaskResult.get());
32         } catch (Exception e) {
33             e.printStackTrace();
34         }
```

```
35        }
36   }
```

其中改动较大的地方是 main( ) 方法中的第 4、5 行，即使用了线程池来启动 Callable 线程：

```
1   ExecutorService threadPool = Executors.newFixedThreadPool(10);
2   threadPool.submit(futureTaskResult);
```

其运行结果与之前一致。

1.2.4　三种线程创建方法的对比

经过前面几小节的学习，读者可能会有这样的疑问：既然已经有通过继承 Thread 类创建线程的方法了，为何还要有其他两种创建线程的方法？在回答这个问题之前，可以说一说 Java 版本的发展和升级。其实正是因为 Java 为全球开发者最关注的开发语言，所以才不断地促使 Java 的发明人员和改进人员对其不断地升级和改进，让 Java 能够满足和完成更多互联网或其他不断发展的业务需求。

其实 Thread 类在 Java 第一代正式版本中就已经有了，而 Runnable 接口是 Thread 改版后从 Java SDK V1.1 版本后才有的，另外，Callable 接口是在 Java SDK V1.5（Java 5）后加入的。也就是说，Runnable 和 Callable 是后来陆续加入的新成员。目前 Java 的主流版本是 Java SDK 1.8~1.10（Java 8 ~ Java 10），无论是可用性还是稳定性，Thread、Runnable、Callable 都已经经过了众多使用者及时间的考验。

我们可以这样简单理解：Runnable 的确比 Thread 先进一些，而 Callable 又在 Runnable 的基础上做了一些补充和改良。但并非说通过继承 Thread 类来创建线程的方法就是落后而不能使用的，作为开发者，应该在不同的业务需求下，合理地选择和使用其中的一种创建方法。

例如，对于一些特别简单的、需求很少改变的线程，可以直接使用继承 Thread 类的方法来创建线程；而对于一些可能之前已经继承了另外一些非 Thread 类的业务类来说，由于 Java 只允许单继承，这就会导致其在 Java 中无法同时通过继承 Thread 类得到线程启动的方法，即无法再通过继承的方式得到具备线程的能力，对于这种情况，可以通过实现 Runnable 接口来完成线程的创建。

查找 Java 中 Thread 的源代码，会发现 Thread 实际上也是实现了 Runnable 接口的一个类。下面列出 java.lang.Thread 的部分源代码：

```
1   public class Thread implements Runnable {
2       /* Make sure registerNatives is the first thing <clinit>
3         does. */
4       private static native void registerNatives();
```

```
5     static {
6         registerNatives();
7     }
8     ……// 省略一部分代码
9     /**
10     * Causes this thread to begin execution; the Java Virtual
11     * Machine calls the <code>run</code> method of this thread.
12     * <p>
13     * The result is that two threads are running concurrently: the
14     * current thread (which returns from the call to the
15     * <code>start</code> method) and the other thread (which
16     * executes its<code>run</code> method).
17     * <p>
18     * It is never legal to start a thread more than once.
19     * In particular, a thread may not be restarted once it has
20     * completed execution.
21     *
22     * @exception  IllegalThreadStateException  if the thread was
23                       already started.
24     * @see          #run()
25     * @see          #stop()
26     */
27     public synchronized void start() {
28         /**
29          * This method is not invoked for the main method thread
30          * or "system" group threads created/set up by the VM.
31          * Any new functionality added
32          * to this method in the future may have to also be added
33          * to the VM.
34          *
35          * A zero status value corresponds to state "NEW".
36          */
37         if (threadStatus != 0)
38             throw new IllegalThreadStateException();
39         /* Notify the group that this thread is about to be started
40          * so that it can be added to the group's list of hreads
41          * and the group's unstarted count can be decremented. */
42         group.add(this);
43         boolean started = false;
44         try {
45             start0();
```

```
46              started = true;
47          } finally {
48              try {
49                  if (!started) {
50                      group.threadStartFailed(this);
51                  }
52              } catch (Throwable ignore) {
53                  /* do nothing. If start0 threw a Throwable then
54                     it will be passed up the call stack */
55              }
56          }
57      }
58      private native void start0();
59      /**
60       * If this thread was constructed using a separate
61       * <code>Runnable</code> run object, then that
62       * <code>Runnable</code> object's <code>run</code> method is
63       * called;otherwise, this method does nothing and returns.
64       * <p>
65       * Subclasses of <code>Thread</code> should override this
66       * method.
67       *
68       * @see     #start()
69       * @see     #stop()
70       * @see     #Thread(ThreadGroup, Runnable, String)
71       */
72      @Override
73      public void run() {
74          if (target != null) {
75              target.run();
76          }
77      }
78      ……// 省略一部分代码
79      /* Some private helper methods */
80      private native void setPriority0(int newPriority);
81      private native void stop0(Object o);
82      private native void suspend0();
83      private native void resume0();
84      private native void interrupt0();
85      private native void setNativeName(String name);
86  }
```

真实的 Thread 源代码有 2000 多行，这里省略了大部分，若想继续深入了解，可以查阅 Sun 公司及 Oracle 公司的官方文档和相关工具进行源代码的解读。另外，还可以查阅 Runnable 接口的源代码，其核心代码只有一种抽象方法 run( ) 如下：

```
 1   public interface Runnable {
 2     /**
 3      * When an object implementing interface <code>Runnable</code>
 4      * is used to create a thread, starting the thread causes the
 5      * object's<code>run</code> method to be called in that
 6      * separately executing thread.
 7      * <p>
 8      * The general contract of the method <code>run</code> is
 9      * that it may take any action whatsoever.
10      *
11      * @see     java.lang.Thread#run()
12      */
13     public abstract void run();
14   }
```

可以看出，Thread 类在实现 Runnable 接口的过程中还完成了许多线程相关的特性及操作，所以当使用第一种方法即继承 Thread 类来创建线程和运行线程时会感觉非常简单，因为 Thread 类已经系统性地完成了绝大部分线程应该有的特性。

Java 中这三种线程创建和运行的方法，经过一定数量的多线程项目开发的实战后，相信大家会对以下几点总结有更多的体会。

（1）通过继承 Thread 类的方法创建线程，能简单和快速地开发好逻辑不复杂的线程类，特别适合编写需求固定的、任务单一的、逻辑较为简单的线程。

（2）通过实现 Runnable 接口的方法创建线程，能解决 Java 中单继承的约束，对于一些已经继承了非 Thread 类的类，能通过实现 Runnable 接口成为线程类；并且这个新的线程类能再次被它的子类继承，实现代码的重用。

（3）通过实现 Callable 接口及 FutureTask 类的方法创建线程，能使用一个带有指定类型的返回值的线程逻辑处理方法，在线程任务执行完毕的那一刻能将该返回值返回给 FutureTask 对象，而 FutureTask 对象会一直等待该类线程的完成和返回值的返回，直至超时或用户取消。

1.3　搭建集成开发环境运行 Java 多线程

选择一个合适的集成开发环境，可以让开发人员进行应用开发时事半功倍。本节以目前主流的 Java 8 及 IntelliJ IDEA 集成开发环境工具结合来讲解如何快速搭建一个 Java 的集成开发环境平台。

1.3.1　安装 Java 8

由于 Sun 公司在多年前被 Oracle 公司收购，因此目前许多 Java 资源可以通过 Oracle 官网查询到。进入 Oracle 官网，按照指引，一步步跳转到 Java SDK 的 Download 页面。当然，也可以直接使用 Oracle 官方 Java SDK Download 页面。下面将给出两个网址。

（1）Oracle 官网主页：https://www.oracle.com/index.html，打开后如图 1.10 所示。

图 1.10　Oracle 官网主页

向下滚动页面，一般在第二屏时会出现 Java 相关的信息，如图 1.11 所示。

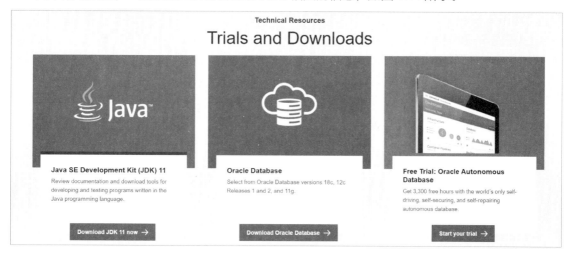

图 1.11　Java Download 入口

单击相应按钮，按照 Oracle 页面的指引，一步步地进行页面跳转即可，这里不再详细演示。

（2）直接使用 Oracle 接管了 Java 之后的 Java SDK Download 网址：https://www.java.com/en/download，如图 1.12 所示。

图 1.12 Java Download 页面

单击相应按钮，按照页面的指引，一步步地进行页面跳转即可，这里不再详细演示。

1.3.2 环境变量的配置与测试

在操作系统中设置Java的环境变量，是为了让操作系统知道刚才安装的Java SDK放到了哪里。通过设置环境变量，能让操作系统快速定位到 Java 位置，正确找到及使用 Java 中的命令和工具包等。

当完成 Java 安装并记下安装路径后，就可以进行环境变量的配置。对于部分 Windows 系统，可以在"我的电脑"→"属性"→"高级系统设置"→"高级"→"环境变量"中进行环境变量的配置。另外，还可以参考以下操作（图 1.13）。

（1）按【Windows+R】组合键，弹出"运行"命令框。

（2）在"打开"文本框中输入 control 命令，打开控制面板。

（3）单击"系统和安全"→"系统"超链接，打开"系统"窗口。

（4）单击"高级系统设置"超链接，弹出"系统属性"对话框。

（5）单击"环境变量"按钮，弹出"环境变量"对话框。

（6）为当前用户输入正确的 JAVA_HOME 配置，如 Java 安装目录在 C:\Program Files\Java\jdk1.8.0_31 下，则新建一个变量名为 JAVA_HOME、变量值为 C:\Program Files\Java\jdk1.8.0_31 的新环境变量。

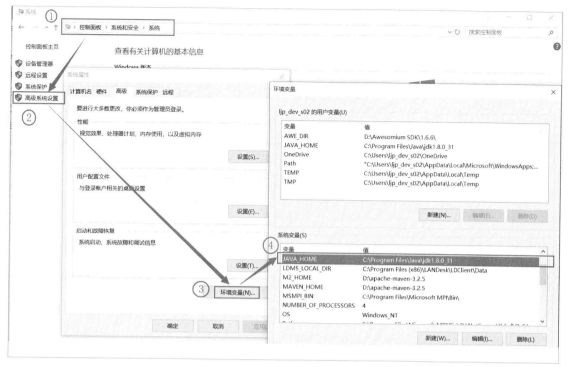

图 1.13　为 Java 设置环境变量

1.3.3　下载与安装 IntelliJ IDEA

　　IntelliJ IDEA 是 JetBrains 公司研发的一款 Java 集成开发环境平台，它与 Eclipse 一样都是 Java 中极其优秀的开发利器，并且近年来 IntelliJ IDEA 的使用人数更有快速增长的趋势。此外，JetBrains 公司还提供了 Android Studio、PHPStorm、PyCharm 等支持其他技术的集成开发环境工具。本小节只介绍 Java 的工具。我们可以前往其官网进行下载，参考地址：https://www.jetbrains.com/idea。

　　打开页面后会发现，IntelliJ IDEA 提供了 Ultimate 和 Community 两个版本的安装包，其中 Ultimate 企业终极版是包含 Java Web 及企业级开发的许多工具集的集成开发环境平台；而 Community 公开版本是只包含简单 Java 应用及简单 Android 工具的集成开发环境平台，相当于 Ultimate 的简化版，如图 1.14 所示。

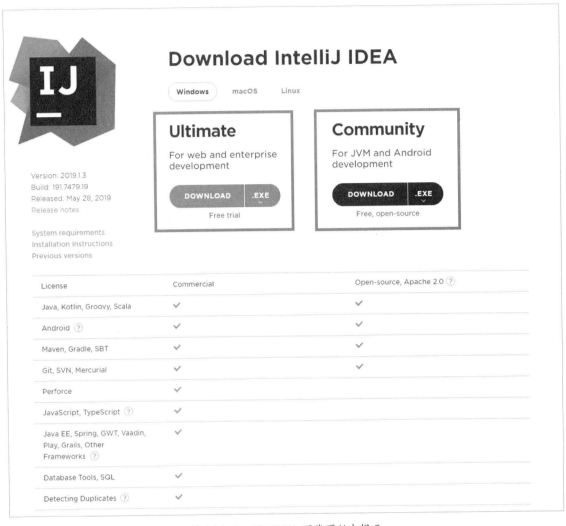

图 1.14　IntelliJ IDEA 下载页版本提示

对于学习及有条件进行大项目实践的读者，建议直接下载 Ultimate 企业终极版。下载好 .exe 安装包后，按照提示一步步安装即可。

1.3.4　使用 IntelliJ IDEA 编写 Java 多线程

安装好 IntelliJ IDEA 后，即可编写程序。该集成开发环境工具的提示非常多，包含非常多有用的信息。选择"File"→"New"选项，新建自己的 Project 或 Java Class。

IntelliJ IDEA 中的部分组合键及其功能如表 1.1 所示。

表 1.1　IntelliJ IDEA 中的部分组合键及其功能

组合键	功能
【Ctrl+Alt+O】	自动导入包，优化当前类的其他引用类和包管理
【Alt+Enter】	单独引入缺失类，尝试修复当前缺失的固定搭配代码
【Ctrl+Z】	回退一次用户操作
【Ctrl+Shift+Z】	恢复一次回退的操作，即取消上一次的【Ctrl+Z】
【Alt+Insert】	弹出自动生成工具框，可以进行 get( )、set( ) 等方法的自动生成
【Ctrl+F】	当前页（或当前类）代码中查找相关文本内容
【Ctrl+Shift+F】	指定范围内全文查找文本
【Ctrl+R】	当前页（或当前类）代码中进行相关文本内容的替换
【Ctrl+Shift+R】	指定范围内全文查找文本并进行内容替换

　　真实的环境下，IntelliJ IDEA 提供了上百种组合键，这里不再一一列举。实际上只要记住其中一小部分组合键，就已经能为项目开发大大提速了。

　　在使用 IntelliJ IDEA 进行 Debug 时，可以通过【Alt】键及鼠标左键单击一个变量，查看它的当前值。另外，还可以通过工具底部的 Debugger 选项卡，单击"Watch"按钮，加入自己想要查阅的临时变量，看它在程序运行中的值的变化，如图 1.15 所示。

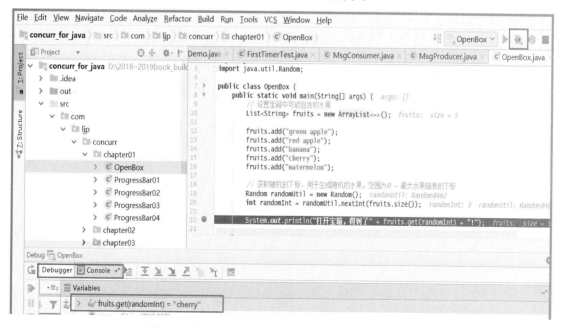

图 1.15　使用 IntelliJ IDEA 进行 Debug 和变量值查阅

第 2 章

线程的生命周期

第 1 章初步介绍了线程的一些基本知识，读者已经了解了线程是一个动态的过程。实际上，在 Java 中，线程是有多种状态的，可以把线程的创建、运行、终止等多种状态和过程组成图谱，称之为线程的生命周期。本章将从线程的多种状态及生命周期来更深入地讲解线程，这样可在实际开发多线程中更好地理解和分析一些问题，即知其然并知其所以然。

本章内容主要涉及以下知识点。

● Java 线程的六种状态，以及每一种状态的含义。

● Java 线程的生命周期。

● 多线程的优先级定义。

● 如何正确地关闭一个线程？

2.1　线程的状态

　　线程的状态是线程的基本属性。在 Java 中，线程一共分为六种状态，它们分别是新建（NEW）、可运行（RUNNABLE）、阻塞（BLOCKED）、等待（WAITING）、调校时间的等待（TIMED_WAITING）和终止（TERMINATED）。本节将会简单介绍这六种状态，以及在程序中如何获取一个线程的当前状态等内容。

2.1.1　线程的六种状态

　　可以通过查阅 Thread 的源代码来了解 Java 中线程的一些状态：

```
 1  public class Thread implements Runnable {
 2      /* Make sure registerNatives is the first thing <clinit> does.
 3       */
 4      private static native void registerNatives();
 5      static {
 6          registerNatives();
 7      }
 8      private volatile char  name[];
 9      private int            priority;
10      private Thread         threadQ;
11      private long           eetop;
12      ……// 省略部分代码
13      /**
14       * A thread state.  A thread can be in one of the following
15       * states:
16       * <ul>
17       * <li>{@link #NEW}<br>
18       *     A thread that has not yet started is in this state.
19       *     </li>
20       * <li>{@link #RUNNABLE}<br>
21       *     A thread executing in the Java virtual machine is in
22       *     this state.
23       *     </li>
24       * <li>{@link #BLOCKED}<br>
25       *     A thread that is blocked waiting for a monitor lock
26       *     is in this state.
27       *     </li>
28       * <li>{@link #WAITING}<br>
29       *     A thread that is waiting indefinitely for another
30       *     thread to perform a particular action is in this tate.
```

```
31        *      </li>
32        * <li>{@link #TIMED_WAITING}<br>
33        *      A thread that is waiting for another thread to perform
34        *      an action for up to a specified waiting time is in
35        *      this state.
36        *      </li>
37        * <li>{@link #TERMINATED}<br>
38        *      A thread that has exited is in this state.
39        *      </li>
40        * </ul>
41        *
42        * <p>
43        * A thread can be in only one state at a given point in time.
44        * These states are virtual machine states which do not reflect
45        * any operating system thread states.
46        *
47        * @since   1.5
48        * @see #getState
49        */
50       public enum State {
51           /**
52            * Thread state for a thread which has not yet started.
53            */
54           NEW,
55           /**
56            * Thread state for a runnable thread.  A thread in the
57            * runnable state is executing in the Java virtual machine
58            * but it may be waiting for other resources from the
59            * operating system such as processor.
60            */
61           RUNNABLE,
62           /**
63            * Thread state for a thread blocked waiting for a
64            * monitor lock.
65            * A thread in the blocked state is waiting for a monitor
66            * lock to enter a synchronized block/method or
67            * reenter a synchronized block/method after calling
68            * {@link Object#wait() Object.wait}.
69            */
70           BLOCKED,
71           /**
72            * Thread state for a waiting thread.
```

```
73          * A thread is in the waiting state due to calling one of the
74          * following methods:
75          * <ul>
76          *   <li>{@link Object#wait() Object.wait} with no
77          *   timeout</li>
78          *   <li>{@link #join() Thread.join} with no timeout</li>
79          *   <li>{@link LockSupport#park() LockSupport.park}</li>
80          * </ul>
81          *
82          * <p>A thread in the waiting state is waiting for
83          * another thread to perform a particular action.
84          *
85          * For example, a thread that has called <tt>
86          * Object.wait()</tt>
87          * on an object is waiting for another thread to call
88          * <tt>Object.notify()</tt> or <tt>Object.notifyAll()</tt>
89          * on that object. A thread that has called <tt>
90          * Thread.join()</tt>
91          * is waiting for a specified thread to terminate.
92          */
93         WAITING,
94         /**
95          * Thread state for a waiting thread with a specified
96          * waiting time.
97          * A thread is in the timed waiting state due to calling
98          * one of the following methods with a specified positive
99          * waiting time:
100         * <ul>
101         *   <li>{@link #sleep Thread.sleep}</li>
102         *   <li>{@link Object#wait(long) Object.wait} with
103         *   timeout</li>
104         *   <li>{@link #join(long) Thread.join} with timeout</li>
105         *   <li>{@link LockSupport#parkNanos
106         *   LockSupport.parkNanos}</li>
107         *   <li>{@link LockSupport#parkUntil
108         *   LockSupport.parkUntil}</li>
109         * </ul>
110         */
111        TIMED_WAITING,
112        /**
113         * Thread state for a terminated thread.
114         * The thread has completed execution.
```

```
115        */
116        TERMINATED;
117    }
118    /**
119     * Returns the state of this thread.
120     * This method is designed for use in monitoring of the
121     * system state,not for synchronization control.
122     *
123     * @return this thread's state.
124     * @since 1.5
125     */
126    public State getState() {
127        //get current thread state
128        return sun.misc.VM.toThreadState(threadStatus);
129    }
130    ……// 省略部分代码
131    /* Some private helper methods */
132    private native void setPriority0(int newPriority);
133    private native void stop0(Object o);
134    private native void suspend0();
135    private native void resume0();
136    private native void interrupt0();
137    private native void setNativeName(String name);
138 }
```

上面截取的一段 Thread 源代码介绍了 Thread 的一些状态定义，其使用了 enum（枚举）列举出了所有的状态，参考代码如下：

```
1  public enum State {
2      NEW,
3      RUNNABLE,
4      BLOCKED,
5      WAITING,
6      TIMED_WAITING,
7      TERMINATED;
8  }
```

可以看出，在 Java 中，一共定义了六种线程的基本状态。

（1）新建（NEW）：线程创建成果，但还没有调用 start() 方法启动。

（2）可运行（RUNNABLE）：线程处于可执行的状态，表明该线程已经在 Java 虚拟机中执行，但可能它还在等待操作系统其他资源（如 CPU 等）。

（3）阻塞（BLOCKED）：线程处于阻塞，其实是指该线程正在等待一个监控锁，特别是在多线程下的场景等待另一个线程同步块的释放。例如，出现线程 synchronized 多线程同步关键字修饰的同步块或方法中；或者之前调用了 wait( ) 方法，后来被 notify( ) 通知唤醒时重新进入 synchronized 多线程同步关键字修饰的同步块当中。

（4）等待（WAITING）：线程处于等待状态，指的是该线程正在等待另一个线程执行某些特定的操作。例如，A 线程调用了 wait( ) 方法，进入等待状态，实际上该线程可能是等待 B 线程调用 notify( ) 方法或 notifyAll( ) 方法；又或者是 A 线程使用了 C 线程的 join( ) 方法，所以按顺序在等待 C 线程的结束等。

（5）调校时间的等待（TIMED_WAITING）：线程的这个状态与等待状态不同，这种是与时间相关的等待，一般是调用了某些设定等待时长参数的方法，导致该线程按该调校的时间进行等待。例如，sleep(500) 或 wait(1000) 等。

（6）终止（TERMINATED）：线程执行完毕的状态。

这里已经简单介绍完 Java 线程的六种状态，读者可能一时间未能完全明白，但可以先大致记忆这六种状态。在后面的章节中，还会通过其他内容对这六种状态从侧面加以分析。

2.1.2　线程状态的获取方法

可以在程序中使用某个线程的 getState( ) 方法得到该线程目前这一刻的状态。实际上在多线程的环境下，一个线程的状态可能会在极短的时间内变化多次。下面先以一个简单的示例来看看一个线程的状态的变化，改写之前的 ProgressBar01 线程类的总的执行入口 main( ) 方法。

参考代码如下：

```
1  public class ProgressBar01 extends Thread {
2      private int progressValue = 0;  // 进度条的目前进度值
3      private int accValue = 0;        // 累加辅助器，初始值为 0
4      @Override
5      public void run(){
6          for (int i = 0; i <= 300; i++){
7              System.out.println(" 我已经数到了第 " + i +
8              " 个数字了哟， 目前进度: " + progressValue + "%");
9              accValue++;
10             if (accValue == 3){
11                 progressValue++;
12                 accValue = 0;
13             }
14         }
15     }
```

```
16    public static void main(String[] args) {
17        ProgressBar01 countProgressBar = new ProgressBar01();
18        System.out.println(" 数数线程刚创建，还没有调用 start() 方法，
19            它这时的状态是： " + countProgressBar.getState());
20        countProgressBar.start();
21        System.out.println(" 数数线程调用了 start() 方法，
22            它这时的状态是： " + countProgressBar.getState());
23        try {
24            Thread.sleep(2);
25            System.out.println(" 主线程等待 2 毫秒，数数线程应在执行任务，
26                它这时的状态是： " + countProgressBar.getState());
27            Thread.sleep(2000);
28            System.out.println(" 主线程等待 2 秒，数数线程应该已完成任务，
29                它这时的状态是： " + countProgressBar.getState());
30        } catch (InterruptedException e) {
31            e.printStackTrace();
32        }
33    }
34 }
```

运行的参考结果如下：

```
1    数数线程刚创建，还没有调用 start() 方法，它这时的状态是：NEW
2    数数线程调用了 start() 方法，它这时的状态是：RUNNABLE
3    我已经数到了第 0 个数字了哟，    目前进度：0%
4    我已经数到了第 1 个数字了哟，    目前进度：0%
5    我已经数到了第 2 个数字了哟，    目前进度：0%
6    我已经数到了第 3 个数字了哟，    目前进度：1%
7    我已经数到了第 4 个数字了哟，    目前进度：1%
8    我已经数到了第 5 个数字了哟，    目前进度：1%
9    我已经数到了第 6 个数字了哟，    目前进度：2%
10   我已经数到了第 7 个数字了哟，    目前进度：2%
11   我已经数到了第 8 个数字了哟，    目前进度：2%
12   我已经数到了第 9 个数字了哟，    目前进度：3%
13   我已经数到了第 10 个数字了哟，   目前进度：3%
14   我已经数到了第 11 个数字了哟，   目前进度：3%
15   我已经数到了第 12 个数字了哟，   目前进度：4%
16   我已经数到了第 13 个数字了哟，   目前进度：4%
17   我已经数到了第 14 个数字了哟，   目前进度：4%
18   我已经数到了第 15 个数字了哟，   目前进度：5%
19   我已经数到了第 16 个数字了哟，   目前进度：5%
20   我已经数到了第 17 个数字了哟，   目前进度：5%
```

```
21   我已经数到了第 18 个数字了哟，    目前进度：6%
22   我已经数到了第 19 个数字了哟，    目前进度：6%
23   我已经数到了第 20 个数字了哟，    目前进度：6%
24   主线程等待 2 毫秒，数数线程应在执行任务，它这时的状态是：RUNNABLE
25   我已经数到了第 21 个数字了哟，    目前进度：7%
26   我已经数到了第 22 个数字了哟，    目前进度：7%
27   我已经数到了第 23 个数字了哟，    目前进度：7%
28   ……
29   我已经数到了第 296 个数字了哟，    目前进度：98%
30   我已经数到了第 297 个数字了哟，    目前进度：99%
31   我已经数到了第 298 个数字了哟，    目前进度：99%
32   我已经数到了第 299 个数字了哟，    目前进度：99%
33   我已经数到了第 300 个数字了哟，    目前进度：100%
34   主线程等待 2 秒，数数线程应该已完成任务，它这时的状态是：TERMINATED
```

通过这个简单的例子，我们可以看到，数数线程在非常短的时间内就发送了多次状态变化。例如，在刚创建好线程还没有启动时，数数线程的状态是 NEW；当 main 线程立刻调用数数线程的 start( ) 方法时，数数线程的状态变成了 RUNNABLE；当数数线程刚开始工作不久，数到某个数字时，即数数线程正在运行中时，其状态也是 RUNNABLE；当数数线程的工作完毕后，数数线程的状态变为 TERMINATED。

需要强调一点，Java 的线程不能单独存在 RUNNING 这一个状态值，实际上运行中的 Java 线程，其状态与使用了 start( ) 方法之后的 RUNNABLE 状态相同。

2.1.3　线程的活动情况获取方法

对 Java 的线程运行情况的描述，除了获取状态的方法外，还有一个 isAlive( ) 方法可以获得线程的活动情况，可以用于判断一个线程是否还活动（存活）。该方法返回的值为 true 或 false，并不返回线程当前状态，但可以作为一种线程的描述方法。适当修改上面的示例，加入 isAlive( ) 方法。

参考代码如下：

```
1   public class ProgressBar01 extends Thread {
2       private int progressValue = 0;  // 进度条的目前进度值
3       private int accValue = 0;            // 累加辅助器，初始值为 0
4       @Override
5       public void run(){
6           for (int i = 0; i <= 300; i++){
7               System.out.println(" 我已经数到了第 " + i +
8                   " 个数字了哟，目前进度：" + progressValue + "%");
9               accValue++;
```

```
10                  if (accValue == 3){
11                      progressValue++;
12                      accValue = 0;
13                  }
14              }
15          }
16      public static void main(String[] args){
17          ProgressBar01 countProgressBar = new ProgressBar01();
18          System.out.println(" 数数线程刚创建，还没有调用 start() 方法，
19              它这时的状态是: " + countProgressBar.getState());
20          System.out.println(" 数数线程的活动情况: " +
21              countProgressBar.isAlive());
22          countProgressBar.start();
23          System.out.println(" 数数线程调用了 start() 方法，
24              它这时的状态是: " + countProgressBar.getState());
25          System.out.println(" 数数线程的活动情况: " +
26              countProgressBar.isAlive());
27          try {
28              Thread.sleep(2);
29              System.out.println(" 主线程等待 2 毫秒，数数线程应在执行任务，
30                  它这时的状态是: " + countProgressBar.getState());
31              System.out.println(" 数数线程的活动情况: " +
32                  countProgressBar.isAlive());
33              Thread.sleep(2000);
34              System.out.println(" 主线程等待 2 秒，数数线程应该已完成任务，
35                  它这时的状态是: " + countProgressBar.getState());
36              System.out.println(" 数数线程的活动情况: " +
37                  countProgressBar.isAlive());
38          } catch (InterruptedException e) {
39              e.printStackTrace();
40          }
41      }
42  }
```

运行后的参考结果如下：

```
1  数数线程刚创建，还没有调用 start() 方法，它这时的状态: NEW
2  数数线程的活动情况: false
3  数数线程调用了 start() 方法，它这时的状态: RUNNABLE
4  数数线程的活动情况: true
5  我已经数到了第 0 个数字了哟，  目前进度: 0%
6  我已经数到了第 1 个数字了哟，  目前进度: 0%
```

```
 7   我已经数到了第 2 个数字了哟，　目前进度：0%
 8   我已经数到了第 3 个数字了哟，　目前进度：1%
 9   主线程等待 2 毫秒，数数线程应在执行任务，它这时的状态：RUNNABLE
10   数数线程的活动情况：true
11   我已经数到了第 4 个数字了哟，　目前进度：1%
12   我已经数到了第 5 个数字了哟，　目前进度：1%
13   我已经数到了第 6 个数字了哟，　目前进度：2%
14   我已经数到了第 7 个数字了哟，　目前进度：2%
15   ……
16   我已经数到了第 292 个数字了哟，　目前进度：97%
17   我已经数到了第 293 个数字了哟，　目前进度：97%
18   我已经数到了第 294 个数字了哟，　目前进度：98%
19   我已经数到了第 295 个数字了哟，　目前进度：98%
20   我已经数到了第 296 个数字了哟，　目前进度：98%
21   我已经数到了第 297 个数字了哟，　目前进度：99%
22   我已经数到了第 298 个数字了哟，　目前进度：99%
23   我已经数到了第 299 个数字了哟，　目前进度：99%
24   我已经数到了第 300 个数字了哟，　目前进度：100%
25   主线程等待 2 秒，数数线程应该已完成任务，它这时的状态：TERMINATED
26   数数线程的活动情况：false
```

可以看出，线程的活动情况与线程的 RUNNABLE 状态基本一致，也是在线程 start( ) 方法启动后为 true，当线程结束时，线程的活动情况变为 false。

2.2　线程的生命周期

Java 线程的生命周期包含 Java 的六种基本状态，它们按一定的顺序和条件进行转换。Java 线程的生命周期与人的生命周期相似，有一定的趋势，也有一些不可逆的过程。本节将介绍 Java 线程的生命周期。

2.2.1　线程的生命周期图谱

通过 2.1 节的学习，我们可以知道 Java 的线程有六种状态，这些状态之间按一定的规则联系，线程的状态会转变，这些状态间的转变有一定的规律和顺序。线程的活动就像人经历成长一样，有始有终，即有一个生命周期，所以可以将一个线程的活动总结成生命周期图谱，如图 2.1 所示。

图 2.1 中，圆角矩形一共有六个，每一个圆角矩形对应 Java 线程的一个状态。可以看出，线程的生命周期由 NEW 状态开始，由 TERMINATED 状态结束。其中，RUNNABLE 状态中包含 READY(就绪) 和 RUNNING(运行中) 子状态，即 READY 和 RUNNING 都属于 RUNNABLE 状态。

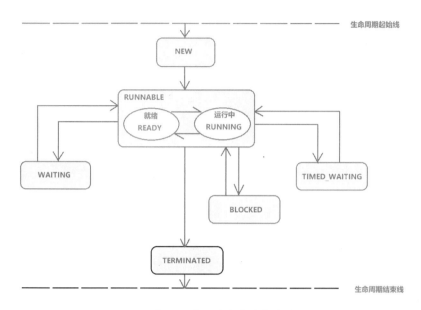

图 2.1　线程的生命周期图谱

当一个线程一开始调用 start( ) 方法时，线程就会处于 RUNNABLE 状态，但可能一开始未得到 CPU 资源，所以会处于 READY 子状态；一旦得到相关的 CPU 资源，就会进入 RUNNING子状态。

注意，READY 和 RUNNING 子状态并非 Java 线程所定义的六大状态之一，也无法通过相关方法得到 READY 和 RUNNING 的值，这里只是对 Java 的 RUNNABLE 状态加以细分说明。线程处于 RUNNABLE 状态时，有可能会与 WAITING、TIMED_WAITING、BLOCKED 状态相互转换。当线程完成所设定的任务后，最终会到达 TERMINATED 状态，完成自己的使命，线程的生命周期结束。

2.2.2　线程的生命周期图谱分析一：新建和可运行中的就绪

用第 1 章介绍的一种方法创建一个线程类，并且使用 NEW 关键字创建一个线程对象实例，就是 NEW（新建）状态。当需要启动线程时，调用 start( ) 方法，就会进入 RUNNABLE 状态。

一般地，RUNNABLE 状态实际上包含预备中的 READY（就绪）状态，以及真正运行起来的 RUNNING（运行中）状态。READY 状态与 RUNNING 状态之间的转换与系统的调度有关，如CPU 资源的获取等，具体可以通过第 3 章的学习加深认识。如果 READY 状态下的线程获得了足够的资源，就会马上转为 RUNNING 状态；同时，如果一个正处于 RUNNING 状态的线程主动做出让步，即使用了 yield( ) 方法把 CPU 等资源让出来，则此时该线程就会重新处于 READY 状态，如图 2.2 所示。

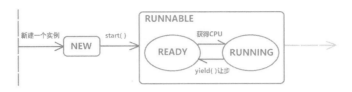

图 2.2　线程生命周期中的新建、就绪与运行中

从图 2.2 中可以看出，圆角矩形中的 NEW 和 RUNNABLE 代表 Java 线程六种状态的前两种，而椭圆形中的 READY 和 RUNNING 为 RUNNABLE 的子状态。Java 中没有把 READY 和 RUNNING 直接作为线程的枚举类型状态，是因为当今的计算机处理能力与几十年前相比已经大幅提高，系统调度中的 CPU 分片的时间段已经非常小，几乎是毫秒级别的。

这对于 Java 的虚拟机在启动多线程的情况下，在这么短的时间内说明一个线程到底是 READY 还是 RUNNING 的意义其实已经不大了，因此 Java 虚拟机把这样的状态统一为 RUNNABLE 状态，告诉操作系统线程是可运行的就足够了。至于到底是 READY 还是 RUNNING，这属于系统调度的工作范围，而且是超短时间内完成的，我们几乎察觉不到。更多多线程的调度知识将在第 3 章中讲解。

2.2.3　线程的生命周期图谱分析二：可运行和阻塞

在多线程中，某个线程需要对一个数据进行操作时，为了确保该数据的操作正确性，需要设置同步来保护数据。可以使用 synchronized 关键字对一段代码设置同步块或设置一个同步方法，这样通过 synchronized 关键字修饰的同步块或同步方法就会加入一个锁，以锁定数据确保同步。只有该线程完成操作后，其他线程才能再次对该数据进行操作。在该过程中，当一个线程设置了同步块或同步方法，而其他线程进入了同步块或同步方法时，就会发生线程的阻塞，如图 2.3 所示。

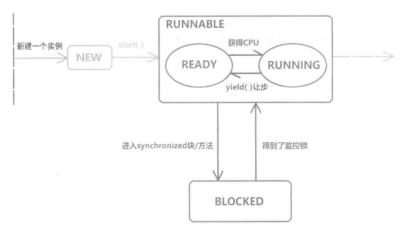

图 2.3　线程生命周期中的运行与阻塞

图 2.3 中，圆角矩形中的 RUNNABLE 和 BLOCKED 代表 Java 线程六种状态的其中两种，也展示出了 RUNNABLE 状态与 BLOCKED 状态之间的转换是如何发生的。可见，由 RUNNABLE 到 BLOCKED 状态的转换与多线程同步关键字 synchronized 定义的块 / 方法有关。多线程的同步是一个难点，关于多线程的同步及 synchronized 关键字的详细内容将在第 7 章中重点介绍。同样，这里也用一个简单的示例先简单说明。

假设有一个游戏欢乐城，里面有许多电子投币式的娱乐设备。有 5 个孩子，每个人手上都有 300 个 1 元硬币，可以随时向娱乐设备中投掷硬币。每投掷一个硬币，游戏欢乐城的商家今日的收入就会增加 1 元。尝试用多线程来模拟这个过程，参考代码如下：

```
1  public class UpdateAmountIncome {
2      public static int amount = 0;
3      public static void main(String[] args){
4          ThreadPut1000Times canPut100RMB = newThreadPut1000Times();
5          Thread threadBoy01 = new Thread(canPut100RMB);
6          Thread threadBoy02 = new Thread(canPut100RMB);
7          Thread threadBoy03 = new Thread(canPut100RMB);
8          Thread threadBoy04 = new Thread(canPut100RMB);
9          Thread threadBoy05 = new Thread(canPut100RMB);
10         threadBoy01.start();
11         threadBoy02.start();
12         threadBoy03.start();
13         threadBoy04.start();
14         threadBoy05.start();
15         try {
16             Thread.sleep(1000);
17         } catch (InterruptedException e) {
18             e.printStackTrace();
19         }
20         System.out.println(amount);
21     }
22 }
23 class ThreadPut1000Times implements Runnable {
24     @Override
25     public void run() {
26         for (int i = 0; i < 300; i++){
27             UpdateAmountIncome.amount = UpdateAmountIncome
28                 .amount + 1;
29         }
30         System.out.println(" 我用完了 300 个硬币了。");
```

```
31         }
32     }
```

如果这 5 个孩子都用完了自己的 300 个硬币，那么商家增加的收入是 1500 元。运行代码，看是否真的能够计算出这个结果。一般地，大部分运行结果会和下面的参考结果相似：

```
1   我用完了 300 个硬币了。
2   我用完了 300 个硬币了。
3   我用完了 300 个硬币了。
4   我用完了 300 个硬币了。
5   我用完了 300 个硬币了。
6   1500
```

但当我们运行多次时，偶尔会出现非 1500 的情况。例如：

```
1   我用完了 300 个硬币了。
2   我用完了 300 个硬币了。
3   我用完了 300 个硬币了。
4   我用完了 300 个硬币了。
5   我用完了 300 个硬币了。
6   1452
```

这些数值一般小于 1500，如果把循环中的 300 改为 3000，甚至 30000，结果会更为明显。这是因为上面的代码中，在多线程的情况下对同一个值进行操作时，其中的一个线程取了另外一个线程还没有来得及更新的数值，然后在此基础上进行更新，这就导致了数据错漏的情况，是一种线性不安全的表现。这时，可以加入多线程的同步机制来解决这个问题。修改后的同步代码如下：

```
1   public class UpdateAmountIncome {
2       public static int amount = 0;
3       public static void main(String[] args){
4           ThreadPut1000Times canPut100RMB = new ThreadPut1000Times();
5           Thread threadBoy01 = new Thread(canPut100RMB);
6           Thread threadBoy02 = new Thread(canPut100RMB);
7           Thread threadBoy03 = new Thread(canPut100RMB);
8           Thread threadBoy04 = new Thread(canPut100RMB);
9           Thread threadBoy05 = new Thread(canPut100RMB);
10          threadBoy01.start();
11          threadBoy02.start();
12          threadBoy03.start();
13          threadBoy04.start();
14          threadBoy05.start();
15          try {
```

```
16              Thread.sleep(1000);
17          } catch (InterruptedException e) {
18              e.printStackTrace();
19          }
20          System.out.println(amount);
21      }
22  }
23  class ThreadPut1000Times implements Runnable {
24      @Override
25      public void run() {
26          for (int i = 0; i < 300; i++){
27              synchronized (this){
28                  UpdateAmountIncome.amount = UpdateAmountIncome
29                      .amount + 1;
30              }
31          }
32          System.out.println("我用完了 300 个硬币了。");
33      }
34  }
```

这个带有同步功能的代码，只是加入了 synchronized 关键字并修改了下面这几行代码：

```
1  synchronized (this){
2  UpdateAmountIncome.amount = UpdateAmountIncome.amount + 1;
3  }
```

也就是说，当多线程中的其中一个线程对 amount 变量进行 +1 操作时，其他线程如果也进入该同步块区域，就会进入阻塞状态，直到对 amount 变量进行 +1 的操作完成了该步骤后，其他线程中的一个才能进行下一步操作。

2.2.4 线程的生命周期图谱分析三：等待与恢复

因为一些业务的需求，在多线程的项目中，部分线程经常需要进入等待。在 Java 的线程中，与等待相关的状态占据了六种 Java 状态中的两种：WAITING，即等待状态；TIMED_WAITING，即调校时间的等待状态。

一般地，如果代码中出现了 wait( ) 方法或 join( ) 方法，则线程会进入 WAITING 状态；如果代码中出现了 sleep(long 型毫秒数) 方法、wait(long 型毫秒数) 方法、join(long 型毫秒数) 方法，则线程会进入 TIMED_WAITING 状态。它们的重新唤醒恢复都是通过 notify( ) 及 notifyAll( ) 方法完成的。线程生命周期中的等待与调校时间的等待，如图 2.4 所示。

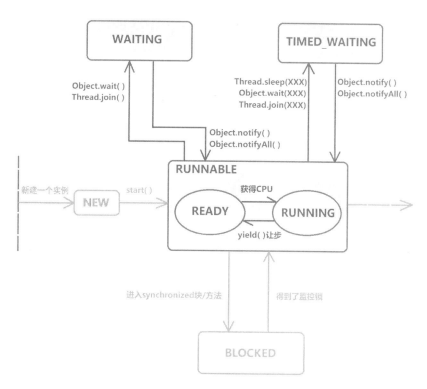

图 2.4　线程生命周期中的等待与调校时间的等待

图 2.4 中，圆角矩形代表 Java 的线程状态。其中，WAITING 及 TIMED_WAITING 状态分别可以与 RUNNABLE 状态相互转换。而 WAITING 状态与 TIMED_WAITING 状态的进入，从表面上来看，最大的不同在于进入 TIMED_WAITING 状态的触发方法一般都带有一个长整型（long）的颗粒度为毫秒数的时间参数，以代表需要调校的定时等待时间为这么多毫秒数。wait( )、wait(XXX)、join( )、join(XXX)、notify( )、notifyAll( ) 等方法将在第 3 章中详细介绍。

2.2.5　线程的终止与关闭

一个线程的终止，可以划分为内在原因和外在原因两类。

内在原因：当一个线程完成了自己的使命，处理完所有的业务逻辑后，会自动进入 TERMINATED 状态，该线程的生命周期结束；因为线程的内部逻辑处理中出现了未能控制好的异常，导致报错，线程异常终止。

外在原因：操作人员手动杀死线程或进程；人工调用了关闭线程的方法，如用 interrupt( ) 方法设置了中断标志，然后在捕获 InterruptedException 异常的代码中处理线程的安全关闭。

线程一旦到了 TERMINATED 状态，也就意味着线程的生命周期结束，则该线程的所有方法都应该停止再次调用，包括 start( ) 方法，不能重新恢复该线程的生命周期。到这里，我们结合之前

的内容，对图 2.1 的线程生命周期图谱进行扩充，可以得到更详细的线程生命周期图谱，如图 2.5
所示。

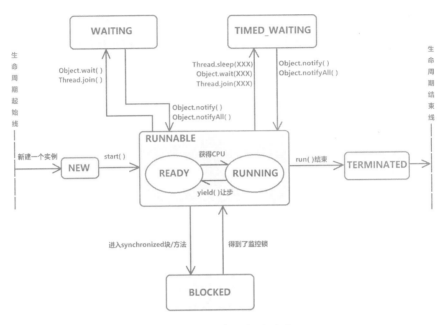

图 2.5　线程的生命周期图谱详细版

以上就是整个 Java 线程的生命周期完整图谱。理解线程的生命周期，将有助于了解在多线程
环境下的各个线程的协同处理，以及某些业务需求下的多线程的高并发情景。线程的安全关闭将在
第 5 章中详细讲解。

2.3　多线程的优先级

为了满足多线程下每一个线程的重要主次的差异性，每一个线程启动后，实际上都会被设置
一个代表优先级的数值，通常情况下，该数值是 5，代表中等优先级别。本节将介绍不同优先级的
线程协同工作时的不同表现及设置线程的优先级等内容。

2.3.1　线程的优先级范围

Java 线程的优先级使用 int 型的数值来表示，范围为 1~10。其中，一个线程如果没有显式设置，
则默认为 5，属于中等优先级别；如果设置的数据是其他类型，或者不在 1~10 范围内，线程就会报错。
实际上，Java 线程的源代码中已经对线程的优先级做了预定义处理，可以参考 Thread 中的一段源
代码来加深认识。参考代码如下：

```
1  public class Thread implements Runnable {
2      /* Make sure registerNatives is the first thing <clinit> does. */
```

```
3      private static native void registerNatives();
4      static {
5          registerNatives();
6      }
7      ……// 省略部分代码
8      /**
9       * The minimum priority that a thread can have.
10      */
11     public final static int MIN_PRIORITY = 1;
12     /**
13      * The default priority that is assigned to a thread.
14      */
15     public final static int NORM_PRIORITY = 5;
16     /**
17      * The maximum priority that a thread can have.
18      */
19     public final static int MAX_PRIORITY = 10;
20     ……// 省略部分代码
21 /* Some private helper methods */
22 private native void setPriority0(int newPriority);
23     private native void stop0(Object o);
24     private native void suspend0();
25     private native void resume0();
26     private native void interrupt0();
27     private native void setNativeName(String name);
28 }
```

由 Thread 源代码可以看到，Java 线程已经将数值等于 5 作为线程优先级的默认值；另外，它还将数值等于 1 作为线程的最小优先级，数值等于 10 作为线程的最大优先级。

2.3.2　设置线程的优先级

在 Java 线程中，可以使用 setPriority( ) 方法来设置线程的优先级。我们来看下面的参考代码：

```
1 public class ThreadPriority {
2     public static void main(String[] args){
3         Thread thread01 = new Thread(new PriorityTestRun());
4         thread01.setPriority(8);
5         thread01.start();
6     }
7 }
8 class PriorityTestRun implements Runnable {
9     @Override
```

```
10      public void run() {
11          System.out.println("I am running");
12      }
13  }
```

上面的代码将线程 01 设置了数值为 8 的优先级，这是比较高的优先级，程序照常运行，输出 I am running 的信息。因为没有其他线程与之比较，所以暂时无法确定这样的较高优先级是否生效，2.3.3 小节将尝试多线程下的优先级。

2.3.3 多线程下的线程优先级体现

我们设置了线程的优先级，那多线程的情况下，是否真的就如所设置的情况一样？不妨来做一个测试。参考代码如下：

```
1  public class ConcurrentPriority {
2      public static void main(String[] args){
3          Thread thread01 = new Thread(new PriorityGoRun());
4          Thread thread02 = new Thread(new PriorityGoRun());
5          Thread thread03 = new Thread(new PriorityGoRun());
6          Thread threadMax = new Thread(new PriorityGoRun());
7          thread01.setPriority(8);
8          thread01.setName("thead01");
9          thread01.start();
10         thread02.setPriority(3);
11         thread02.setName("thead02");
12         thread02.start();
13         thread03.setPriority(1);
14         thread03.setName("thead03");
15         thread03.start();
16         threadMax.setPriority(10);
17         threadMax.setName("theadMax");
18         threadMax.start();
19     }
20  }
21  class PriorityGoRun implements Runnable {
22      @Override
23      public void run() {
24          int calcValue = 0;
25          for(int i = 0; i < 1000; i++){
26              calcValue = calcValue + i;
27          }
```

```
28              System.out.println("[" + Thread.currentThread().getName() +
29                  "] I finish the job , the value is: " + calcValue);
30      }
31 }
```

由于是多线程的运行，因此运行后的结果可能会存在多种情况，但绝大多数情况属于下面的两种参考结果之一：

```
1  [ 参考结果 01]
2  [theadMax] I finish the job , the value is: 499500
3  [thead01] I finish the job , the value is: 499500
4  [thead02] I finish the job , the value is: 499500
5  [thead03] I finish the job , the value is: 499500
6  [ 参考结果 02]
7  [thead01] I finish the job , the value is: 499500
8  [theadMax] I finish the job , the value is: 499500
9  [thead02] I finish the job , the value is: 499500
10 [thead03] I finish the job , the value is: 499500
```

读者可以多尝试几次。可以看出，在多线程的情况下，拥有最高优先级的 threadMax 及较高优先级 thread01 一般最先完成任务（有时 thread01 比 threadMax 还快，因为 thread01 启动 start( ) 方法的瞬间先于 threadMax）；而较低优先级的 thread02 和 thread03 往往最迟完成，特别是拥有最低优先级的 thread03。

2.3.4　守护线程的运行

第 1 章已经简单介绍了守护线程和用户线程。作为使用者在编写代码时，绝大部分都是建立普通的用户线程。如果不加以设置和说明，一般创建的线程都默认为普通的用户线程。而守护线程用得比较少，有时接触到也未必察觉到，但守护线程的存在却有着重要的意义。Java 中的垃圾回收线程（Garbage Collections，GC）就是一个守护线程，其不参与用户的业务逻辑，而是作为系统的内存守护者，GC 会不定期地回收过期的占用内存的对象资源，释放出内存空间，合理地防止内存泄漏和溢出的问题。

守护线程：本身是一个线程，该线程几乎不处理用户的业务逻辑，而是作为一个守护者，守护着一组用户线程，并且会为这些线程提供便利的服务。当最后一个用户线程终止时，该守护线程才算完成使命。在 Java 中需要通过 Thread.setDaemon(true) 方法来显式设定守护线程。

接下来，我们将以实际的示例来说明用户线程和守护线程。下面先通过一组普通线程的组合运行，来看运行的情况，参考代码如下。

DoOnceThread 线程类，即只做一件事的线程：

```
1  public class DoOnceThread extends Thread {
2      @Override
3      public void run(){
4          Thread.currentThread().setName("A001");
5          System.out.println(Thread.currentThread().getName() +
6            ": Hi, 我是做完一件事 " +
7            " 就走人的线程喔，后面的事情就交给我的朋友线程 B001 了 ");
8          Thread myFriendThread = new Thread(new
9            CommonRunnableThread());
10         myFriendThread.start();
11     }
12 }
```

CommonRunnableThread 线程类，属于普通用户线程的一种：

```
1  public class CommonRunnableThread implements Runnable {
2      @Override
3      public void run() {
4          while(true){
5              Thread.currentThread().setName("B001");
6              System.out.println(Thread.currentThread().getName() +
7                ": Hi~~, 我是 " + " 普通的用户线程 " +
8                Thread.currentThread().getName() + " 哟, " +
9                " 我每隔一秒就和大家打一声招呼。");
10             try {
11                 Thread.sleep(1000L);
12             } catch (InterruptedException e) {
13                 e.printStackTrace();
14             }
15         }
16     }
17 }
```

main( ) 方法，启动线程类：

```
1  public class DaemonThreadTest01 {
2      public static void main(String[] args){
3          DoOnceThread doOncePrintThread = new DoOnceThread();
4          doOncePrintThread.start();
5      }
6  }
```

运行的参考结果如下：

```
1   A001: Hi, 我是做完一件事就走人的线程喔, 后面的事情就交给我的朋友线程 B001 了
2   B001: Hi~~, 我是普通的用户线程 B001 哟, 我每隔一秒就和大家打一声招呼。
3   B001: Hi~~, 我是普通的用户线程 B001 哟, 我每隔一秒就和大家打一声招呼。
4   B001: Hi~~, 我是普通的用户线程 B001 哟, 我每隔一秒就和大家打一声招呼。
5   B001: Hi~~, 我是普通的用户线程 B001 哟, 我每隔一秒就和大家打一声招呼。
6   B001: Hi~~, 我是普通的用户线程 B001 哟, 我每隔一秒就和大家打一声招呼。
7   B001: Hi~~, 我是普通的用户线程 B001 哟, 我每隔一秒就和大家打一声招呼。
8   B001: Hi~~, 我是普通的用户线程 B001 哟, 我每隔一秒就和大家打一声招呼。
9   B001: Hi~~, 我是普通的用户线程 B001 哟, 我每隔一秒就和大家打一声招呼。
10  B001: Hi~~, 我是普通的用户线程 B001 哟, 我每隔一秒就和大家打一声招呼。
11  B001: Hi~~, 我是普通的用户线程 B001 哟, 我每隔一秒就和大家打一声招呼。
12  B001: Hi~~, 我是普通的用户线程 B001 哟, 我每隔一秒就和大家打一声招呼。
13  ……
```

虽然 main( ) 方法所在的运行类是 DaemonThreadTest01，但实际上其并未明确设置守护线程，后面的示例中出现包含守护线程的 DaemonThreadTest02 类会与之对比。看运行的参考结果，一共有两个线程进行了输出，其中一个是 A001，另外一个是 B001。其中，B001 线程是在 A001 线程的 run( ) 方法中进行实例化和运行的，A001 把 B001 线程带起后就终止了。而 B001 线程由于有 while(true) 循环标识，即使 A001 线程终止，B001 也会一直循环输出"Hi~~，我是普通的用户线程 B001 哟，我每隔一秒就和大家打一声招呼。"的相关内容。

如果将 B001 线程进行修改，即将 B001 线程设置为 A001 的守护线程，那么会怎么样？不妨继续看下面改版后的示例，参考代码如下。

WithDaemonFriendThread 线程类，其中包含另一个守护线程：

```
1   public class WithDaemonFriendThread extends Thread {
2       @Override
3       public void run(){
4           Thread.currentThread().setName("A002");
5           System.out.println(Thread.currentThread().getName() +
6               ": Hi, 我是做完一件事 " +
7               " 就走人的线程喔, 后面的事情就交给我的朋友线程 B002 了 ");
8           Thread myFriendThread = new Thread(new
9               DaemonRunnableThread());
10          myFriendThread.setDaemon(true);
11                          // 将它的朋友, 即线程 B002 设置为守护线程
12          myFriendThread.start();
13          try {
14              Thread.sleep(200L);
15          } catch (InterruptedException e) {
```

```
16              e.printStackTrace();
17          }
18      }
19  }
```

可以看出，比起之前的 DoOnceThread 线程类，WithDaemonFriendThread 线程类几乎只是多了一个 myFriendThread.setDaemon(true) 方法，将它的朋友（线程 B002）设置为守护线程。

DaemonRunnableThread 线程类是一个守护线程类，代码如下：

```
1  public class DaemonRunnableThread implements Runnable {
2      @Override
3      public void run() {
4          while(true){
5              Thread.currentThread().setName("B002");
6              System.out.println(Thread.currentThread().getName() +
7                ": Hi~~, 我是 " + "守护线程 " +
8                Thread.currentThread().getName() + " 哟, 作为守护线程, " +
9                " 我不参与业务处理，但我每隔一秒就和大家打一声招呼。");
10             try {
11                 Thread.sleep(1000L);
12             } catch (InterruptedException e) {
13                 e.printStackTrace();
14             }
15         }
16     }
17 }
```

main( ) 方法，启动线程类：

```
1  public class DaemonThreadTest02 {
2      public static void main(String[] args){
3          WithDaemonFriendThread withDaemonThread = new
4            WithDaemonFriendThread();
5          withDaemonThread.start();
6      }
7  }
```

参考的运行结果如下：

```
1  A002: Hi, 我是做完一件事就走人的线程喔，后面的事情就交给我的朋友线程 B002 了
2  B002: Hi~~, 我是守护线程 B002 哟, 作为守护线程, 我不参与业务处理，但我每隔一
3  秒就和大家打一声招呼。
4  Process finished with exit code 0
```

包含 while(true) 永恒循环方法的 B002 线程本应该一直循环下去，但它在 A002 线程输出一句话结束且终止后也随之终止。

这是因为 A002 线程在其 run( ) 方法中将它的朋友 B002 线程设置为守护线程，即 B002 线程应该要守护 A002 线程。如果被守护的 A002 线程不存在，那么 B002 线程在目前时刻就没有其他需要守护的线程，B002 线程也会非常快速地消失。

为了验证 B002 线程作为 A002 线程的守护线程，到底是否会伴随 A002 线程的终止而终止，我们可以适当地调整 A002 线程的生存时间。参考代码如下：

```
1  public class WithDaemonFriendThread extends Thread {
2      @Override
3      public void run(){
4          Thread.currentThread().setName("A002");
5          System.out.println(Thread.currentThread().getName() +
6            ":Hi, 我是做完一件事 " +
7            " 就走人的线程喔，后面的事情就交给我的朋友线程 B002 了 ");
8          Thread myFriendThread = new Thread(new
9            DaemonRunnableThread());
10         myFriendThread.setDaemon(true);
11                                 // 将它的朋友，即线程 B002 设置为守护线程
12         myFriendThread.start();
13         try {
14             Thread.sleep(6000L);// 睡眠 6 秒后再终止
15         } catch (InterruptedException e) {
16             e.printStackTrace();
17         }
18     }
19 }
```

我们将 A001 线程睡眠多 6 秒后再终止，观察运行结果有何变化。运行的参考结果如下：

```
1  A002: Hi, 我是做完一件事就走人的线程喔，后面的事情就交给我的朋友线程 B002 了
2  B002: Hi~~, 我是守护线程 B002 哟，作为守护线程，我不参与业务处理，但我每隔一
3     秒就和大家打一声招呼。
4  B002: Hi~~, 我是守护线程 B002 哟，作为守护线程，我不参与业务处理，但我每隔一
5     秒就和大家打一声招呼。
6  B002: Hi~~, 我是守护线程 B002 哟，作为守护线程，我不参与业务处理，但我每隔一
7     秒就和大家打一声招呼。
8  B002: Hi~~, 我是守护线程 B002 哟，作为守护线程，我不参与业务处理，但我每隔一
9     秒就和大家打一声招呼。
10 B002: Hi~~, 我是守护线程 B002 哟，作为守护线程，我不参与业务处理，但我每隔一
```

```
11      秒就和大家打一声招呼。
12      B002：Hi~~，我是守护线程 B002 哟，作为守护线程，我不参与业务处理，但我每隔一
13      秒就和大家打一声招呼。
14      Process finished with exit code 0
```

可以看到，A002 线程的生命周期延长后，B002 线程的打招呼次数增多了。守护线程 B002 总是比其要守护的普通用户线程 A002 多运行一段时间，即 B002 线程要守护好 A002 线程的完整的生命周期。

设置守护线程时一般需要注意以下几点。

（1）守护线程中尽量不要书写业务逻辑相关的内容，因为被守护的线程一旦终止，守护线程就会几乎立刻终止，甚至是在执行了一半的任务当中也会终止，如上面示例中的永恒循环照样会被终止。

（2）守护线程应该书写与被守护线程的生命周期如线程状态或属性，以及被守护线程占用的资源释放与回收等相关的内容。例如，GC，它作为一个守护线程，一般不参与业务逻辑，但它会不断检测被守护线程的内存使用情况。

（3）守护线程要在其启动之前设置好，即 setDaemon(true) 方法要出现在与线程启动有关的 start( ) 方法之前，否则会抛出 IllegThreadStateException 异常。

第 3 章

>>> 多线程的调度方式

本章讲解多线程的另一个重要内容：线程之间的调度。由操作系统的调度原理入手，讲解 Java 多线程之间的调度；同时，通过实例讲解睡眠、唤醒、让步、插队等不同情况下的线程的调度方式。

本章内容主要涉及以下知识点。

● 操作系统中的抢占式调度。

● 操作系统中的非抢占式调度。

● Java 线程的上下文切换。

● Java 线程的 sleep、notify 及 notifyAll 机制。

● 多线程的让步中的 yield 和 wait 机制。

● 多线程插队中的 join 机制。

● 多线程下的线程安全与线程不安全的表现。

3.1 多线程的调度概述

操作系统调度如果反映到细颗粒度的线程上，实际上就是对多线程的调度。理解好系统调度的原理，对于认识多线程的调度是非常有帮助的。本节将由操作系统的调度入手简单介绍多线程的调度。

3.1.1 操作系统的调度原理

现在的操作系统绝大多数是支持多任务的，可以说每一个操作系统都有一定的调度原则，由内核来负责多个任务之间的处理切换。这里所说的多个任务间的切换，实际上是内核重新分配 CPU 时间片段到不同的任务。

如今的 CPU 的运算能力相比几十年前有了非常大的提升，而且能力非常强，其时钟频率（Clock Rate）非常高，单核能力一般能达到 2~4GHz，即 1 秒就能运算数亿条指令。由于切换的过程是一瞬间的，而且每一个 CPU 时间片划分都非常短暂，因此一个任务的运行和切换一般在几十毫秒内就能完成，并且这几十毫秒内能处理上千万条指令。

由于系统调度的合理性，对于用户来说，使用计算机时一般感觉不到多个任务下的系统发生了任务间的切换，甚至觉得系统非常强大，能同时运行多个任务，满足自己多方面的需要，如边听歌、边查资料、边接收语音消息等。如果是多核多线程的 CPU，其甚至能同时运行多个大型软件，如大型的设计工具、管理工具及大型游戏等，如图 3.1 所示。

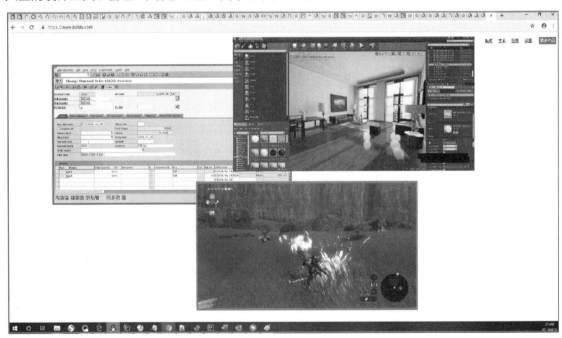

图 3.1 多核多线程的 CPU 运行多个大型软件

系统的调度的最小实体是线程，即系统调度中颗粒度最细的就是对线程的调度。实际上，一个应用软件能够同时让多线程协作运行，也正是系统调度在发挥着作用。

3.1.2　抢占式调度

线程的抢占式调度是指在多线程的情况下，系统要求各个线程都需要按照竞争抢占系统资源的方式来获得系统资源的使用权，例如，以竞争方式获取系统的一个 CPU 的时间片分配。由于时间片的划分一般都非常小，只有几十毫秒甚至几毫秒，因此对于人体的感知而言，这样的线程调度方式下的多线程就像是并行执行。但这样的调度方式能够让优先级高的线程更容易获得资源，所以优先级高的线程的执行效率会更有可能提高。抢占式调度如图 3.2 所示。

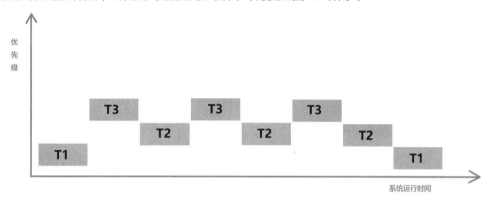

图 3.2　抢占式调度

3.1.3　非抢占式调度

线程的非抢占式调度是指在多线程的情况下，系统对各个线程按照一定的排序方式分配系统资源，而且系统资源一旦分配到一个线程，就允许该线程使用资源直到完成了整个线程任务为止。这种调度方式适合简单而又大量的线程运算，能够快速地让线程完成当前的任务处理。但如果某一线程的运算大或存在逻辑缺陷导致资源无法释放，就会导致其他线程处于一直等待甚至出现死锁的问题。非抢占式调度如图 3.3 所示。

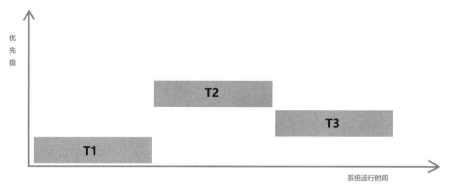

图 3.3　非抢占式调度

3.1.4　多线程的上下文环境切换

阅读相关的技术文献时经常会出现"上下文"一词，上下文是计算机的专业术语，是对国外计算机文献常用词汇 context 的中文翻译。该词汇由字面上来看非常难理解，上下文，到底何为上，何为下，而文又是什么？对于初学者来说，"上下文"一词非常抽象，甚至查阅了许多资料和文献，也未能给出一个易于理解的概念。

虽然对 context 的中文替代词——上下文下定义和解释都非常抽象，但为了让读者多一个参考，笔者适当地给出一个解释，以说明 context 的中文翻译"上下文"一词的含义。

上下文是一种特定的计算机语境词，是特定环境的抽象化，其常用于命名程序代码中的某个全局变量或某作用域下的一种变量。该类变量能对某环境下的数据和配置进行管理，或者作为中间的重要环节，起到上层和下层内容的连接或交互，其可以贯穿某事物生命周期的上上下下、方方面面，所以称之为"上下文"。

如果觉得"上下文"一词太难意会，不妨将其扩展为另外几个词汇来帮助理解，如上下文环境、上下文容器、上下文信息（其中，"上下文环境"一词可以在多种场景下表达出 context 的含义，所以本书后面对 context 的中文翻译，将直接使用"上下文环境"替代"上下文"一词）。例如，一些企业级开发中经常用到的 Spring 框架的 ApplicationContext 就是一个上下文环境对象，它包含 Spring 项目的许多系统信息、对象信息和配置信息等，可以贯穿整个 Spring 项目，让用户可以方便得到。

同样，每一个线程都有自己的 context，我们称之为线程的上下文环境。当在多线程的情况下，线程之间就可能会发生上下文环境切换。结合之前学习的线程的生命周期来看，在多线程的情况下，当其中一个线程由 RUNNABLE 状态转为 BLOCKED、WAITING、TIMED_WAITING 状态时，就会发生线程间的上下文环境切换。

我们可以给出这样的定义：线程的上下文环境切换是指在多线程的情况下，如果其中的一个线程进入了 BLOCKED、WAITING 及 TIMED_WAITING 状态，这时由另外的一个线程切换介入的过程就可以称为线程的上下文切换。

3.2　线程的睡眠、等待与让步

线程的 sleep( ) 是常用的线程方法，该方法能让某个线程睡眠一段给定的时间，这期间该线程不再参与整个进程的活动，直到睡眠时间结束为止。值得注意的是，线程的睡眠会占用监控锁。yield( ) 也是线程的方法之一，它能让一个线程重新回到资源竞争的状态。而 wait( ) 是对象的方法，不占用监控锁等资源。

3.2.1　线程的 sleep( ) 方法

Java 的 sleep( ) 方法是经常被用到的方法，它能让一个运行中的线程睡眠或休息一段时间（线程由 RUNNABLE 状态变为 TIMED_WAITING 状态），然后继续执行。该方法带有一个 long 型的参数，代表睡眠的毫秒数。下面的示例将展示输出第一条数据后，再相隔 3 秒输出第二条数据。参考代码如下：

```
1  import java.text.SimpleDateFormat;
2  import java.util.Date;
3  public class InSleepDemo {
4      public static void main(String[] args){
5          SimpleDateFormat dateFormat = new SimpleDateFormat(
6            "yyyy-MM-dd HH:mm:ss");
7          System.out.println(dateFormat.format(new Date()) +
8            " -- 嗯，这个时刻，先输出第一行吧。");
9          try {
10             //睡眠休息 3 秒
11             Thread.sleep(3000);
12         } catch (InterruptedException e) {
13             e.printStackTrace();
14         }
15         System.out.println(dateFormat.format(new Date()) +
16           " -- OK，休息 3 秒了，这个时刻，再输出第二行吧。");
17     }
18 }
```

运行的参考结果如下：

```
1  2019-04-17 10:49:11 -- 嗯，这个时刻，先输出第一行吧。
2  2019-04-17 10:49:14 -- OK，休息 3 秒了，这个时刻，再输出第二行吧。
```

以上就是 sleep( ) 方法的简单使用。另外，还可以借助 Java 的时间工具类 TimeUtil 来进行睡眠。例如，上面的 Thread.sleep(3000) 可以使用 TimeUnit.SECONDS.sleep(3) 这样的语句来替换，效果一样。

3.2.2　线程的 wait( ) 方法

与 sleep( ) 方法类似，wait( ) 方法也能让一个线程休息一段时间，这时线程会由 RUNNABLE 状态变为 WAITING 状态或 TIMED_WAITING 状态。一般地，wait( ) 方法需要使用 notify( ) 方法或 notifyAll( ) 方法来重新唤醒，但使用这些唤醒方法时，它们只是随机将其中一个处于 WAITING 状态或 TIMED_WAITING 状态的线程唤醒，因为可能在这类状态中有其他线程也使用了 wait( ) 方法，所以一般无法预测唤醒的是否正好是刚使用 wait( ) 方法的线程。notify( )、notifyAll( ) 方法的具体内容将在 3.3 节中介绍。下面的这段代码展示了 wait( ) 方法的运行情况，如下：

```java
public class ToWaitDemo {
    public static void main(String[] args){
        // 这是一个能让一个线程等待，并且具有自动唤醒功能的线程实例
        Thread letYouWaitingThread = new Thread(new
          WaitingRunnable());
        //wait() 方法、notify() 方法、notifyAll() 方法等，
        // 都需要放入 synchronized 块中
        synchronized (letYouWaitingThread){
            letYouWaitingThread.start();
            try {
                System.out.println(" 我们让 main 线程休息等待一下。");
                letYouWaitingThread.wait();
                System.out.println(" 目测 main 休息完毕。");
            } catch (InterruptedException e) {
                e.printStackTrace();
            }
        }
    }
}
//wait 模拟线程，其实例能使用 wait() 方法，且具备自动唤醒功能
class WaitingRunnable implements Runnable {
    @Override
    public void run() {
        //wait() 方法、notify() 方法、notifyAll() 方法等，
        // 都需要放入 synchronized 块中
        synchronized (this){
            try {
                Thread.sleep(2000);
            } catch (InterruptedException e) {
                e.printStackTrace();
            }
            System.out.println(" 唤醒等待中的一个实例 ");
            this.notify();
        }
    }
}
```

运行的参考结果如下：

> 1　我们让 main 线程休息等待一下。
> 2　唤醒等待中的一个实例
> 3　目测 main 休息完毕。

上面代码中的 letYouWaitingThread.wait( ) 指的是让 main( ) 主线程等待，而并非让 letYouWaitingThread 线程等待。

值得注意的是，在使用 wait( ) 方法时，需要加上 synchronized 关键字，让 wait( ) 方法处于 synchronized 所管辖的同步块中，否则程序会在使用该方法的地方抛出一个 java.lang. IllegalMonitorStateException 异常，这是因为程序无法获取监控锁的状态。

可以在 wait( ) 方法中加入一个整数，以代表等待毫秒数，如 wait(2000)。如果 wait( ) 方法中加入了时间参数，线程就会进入 TIMED_WAITING 状态，当时间到达时，该线程就会被自动唤醒。对上一个示例修改 wait( ) 方法，加入 200 毫秒的参数，参考代码如下：

```
1   public static void main(String[] args){
2       // 这是一个能让一个线程等待，并且具有自动唤醒功能的线程实例
3       Thread letYouWaitingThread = new Thread(new
4         WaitingRunnable());
5       //wait() 方法、notify() 方法、notifyAll() 方法等，
6       // 都需要放入 synchronized 块中
7       synchronized (letYouWaitingThread){
8           letYouWaitingThread.start();
9           try {
10              System.out.println(" 我们让 main 线程休息等待一下。");
11              letYouWaitingThread.wait(200);
12              System.out.println(" 目测 main 休息完毕。");
13          } catch (InterruptedException e) {
14              e.printStackTrace();
15          }
16      }
17  }
```

运行的参考结果如下：

> 1　我们让 main 线程休息等待一下。
> 2　目测 main 休息完毕。
> 3　唤醒等待中的一个实例

可以看到，该运行结果与之前的示例有出入，虽然同样是输出三行文字，但最后的两行文字对调了，这是因为在 wait( ) 方法中加入了 200 毫秒的参数。加入了毫秒数的 wait( ) 方法，实际上自

带了定时唤醒的功能，即使不明确使用 notify( ) 或 notifyAll( ) 方法，只要时间一到，自己也能被自动唤醒。

修改后的示例中，虽然有 sleep(2000) 这样的睡眠 2 秒后才调用 notify( ) 的唤醒方法，但因为 wait(200) 中定义了 200 毫秒的等待时间，所以不需要等待 2 秒，而是 200 毫秒后就自动醒来，输出休息完毕的表述。读者可以自己尝试在原来的示例中，分别在 sleep( ) 方法和 wait( ) 方法中加入不同时间长度的毫秒数参数，看看输出的结果会有何变化。

3.2.3　线程的 yield( ) 方法

与 sleep( ) 方法和 wait( ) 方法相似，yield( ) 方法也能让一个线程退出运行状态一段时间，然后再次运行。但 yield( ) 方法又有些特别，由线程生命周期图谱可以知道，yield( ) 方法能把一个运行中的线程转成就绪状态，但实际上这些状态都还在线程的 RUNNABLE 状态当中。

yield( ) 方法的让步，只是把 CPU 的资源让出，让操作系统去调度，但对于 Java 内部机制来说，Java 虚拟机还是把这样的状态当作 RUNNABLE 状态来看待，这样的处理能简化许多烦琐的逻辑。因为 Java 对于毫秒级别的 CPU 分片去区分一个线程到底是 READY 还是 RUNNING 的意义其实已经不大了，所以 Java 虚拟机把这样的状态统一为 RUNNABLE 状态，告诉操作系统该线程是可运行的就足够了。

通过一组多线程的让步来加深理解，下面的代码中就是进行两个线程互相让步的操作，如下：

```
1  public class ToYieldDemo {
2      public static void main(String[] args){
3          Thread yiledThread01 = new Thread(new YieldRunnable());
4          Thread yiledThread02 = new Thread(new YieldRunnable());
5          yiledThread01.start();
6          yiledThread02.start();
7      }
8  }
9  class YieldRunnable implements Runnable{
10     @Override
11     public void run() {
12         for (int i = 1; i <= 20; i++) {
13             System.out.println(Thread.currentThread().getName() +
14             "-----" + i);
15             // 当运行到大概一半时，线程进行让步操作
16             if (i == 10) {
17                 Thread.yield();
18             }
19         }
```

```
20          }
21   }
```

运行的参考结果如下：

```
1    Thread-0-----1
2    Thread-0-----2
3    Thread-0-----3
4    Thread-0-----4
5    Thread-0-----5
6    Thread-0-----6
7    Thread-0-----7
8    Thread-0-----8
9    Thread-0-----9
10   Thread-0-----10
11   Thread-1-----1
12   Thread-1-----2
13   Thread-1-----3
14   Thread-1-----4
15   Thread-1-----5
16   Thread-1-----6
17   Thread-1-----7
18   Thread-1-----8
19   Thread-1-----9
20   Thread-1-----10
21   Thread-0-----11
22   Thread-0-----12
23   Thread-0-----13
24   Thread-0-----14
25   Thread-0-----15
26   Thread-0-----16
27   Thread-0-----17
28   Thread-0-----18
29   Thread-0-----19
30   Thread-0-----20
31   Thread-1-----11
32   Thread-1-----12
33   Thread-1-----13
34   Thread-1-----14
35   Thread-1-----15
36   Thread-1-----16
37   Thread-1-----17
```

```
38  Thread-1-----18
39  Thread-1-----19
40  Thread-1-----20
```

可以看到，线程 Thread-0 在运行到输出 10 时做出了让步，让 Thread-1 先进行；同样，Thread-1 在运行到 10 时也做出了让步，让 Thread-0 进行之前 10 之后的输出。

这样的结果会大概率出现，但也不是每一次 Thread-0 或 Thread-1 的让步都会让给其他的线程，也有可能是自己再次运行起来。这是因为让步只是让线程处于就绪状态，但实际上线程还是属于 RUNNABLE 状态下的，即操作系统的调度可能会再次把 CPU 分片给到刚才让步的线程，让它继续运行。

3.2.4　wait( ) 方法与 sleep( ) 方法的对比

wait( ) 方法及 sleep( ) 方法从表面上看似乎异曲同工，都会让线程停顿一段时间，但实际上它们有不同的内部实现机制。本小节将对比 wait( ) 方法和 sleep( ) 方法。

首先，wait( ) 方法虽然使用后涉及线程的状态的变化，但它并非线程自带的方法，反而是对象实例中的成员方法之一；而 sleep( ) 方法是线程自带的方法。

其次，对于监控锁的问题，它们的使用机制也不同。wait( ) 方法一旦被调用，该对象就会先释放监控锁，使其他使用同一个监控锁的同步块或同步方法能够进行线程的同步处理。而 sleep( ) 方法被调用后不会释放监控锁，所以如果当前线程是在监控锁内进行 sleep( ) 方法操作，代码如下：

```
1   public class WaitAndSleepLockTest {
2       public static void main(String[] args){
3           // 定义一个监控锁
4           Object monitorLock = new Object();
5           Thread waitThread = new Thread(new WaitUseLockRunnable(
6             monitorLock));
7           Thread sleepThread = new Thread(new SleepUseLockRunnable(
8             monitorLock));
9           waitThread.start();
10          sleepThread.start();
11      }
12  }
13  class WaitUseLockRunnable implements Runnable {
14      private Object monitorLock;
15      WaitUseLockRunnable(Object lock){
16          this.monitorLock = lock;
17      }
18      @Override
```

```
19    public void run() {
20        synchronized (monitorLock){
21            System.out.println(" 我是等待线程，我要等待一下 ...");
22            try {
23                monitorLock.wait();
24            } catch (InterruptedException e) {
25                e.printStackTrace();
26            }
27            System.out.println(" 我等待完毕了。");
28        }
29    }
30 }
31 class SleepUseLockRunnable implements Runnable {
32     private Object monitorLock;
33     SleepUseLockRunnable(Object lock){
34         this.monitorLock = lock;
35     }
36     @Override
37     public void run() {
38         synchronized (monitorLock){
39             System.out.println(" 我是睡觉线程，我要睡觉了！！
40                 ZZzz...ZZzz...");
41             // 通知一下等待线程
42             monitorLock.notify();
43             try {
44                 Thread.sleep(3000);
45             } catch (InterruptedException e) {
46                 e.printStackTrace();
47             }
48             System.out.println(" 我睡醒了，真香。");
49         }
50     }
51 }
```

运行的参考结果如下：

```
1  我是等待线程，我要等待一下 ...
2  我是睡觉线程，我要睡觉了！！ ZZzz...ZZzz...
3  我睡醒了，真香。
4  我等待完毕了。
```

3.3　多线程的唤醒

线程的唤醒是与线程等待配套的方法，多用于多线程中出现线程的等待状态之后。多线程的唤醒分为随机唤醒一个线程及一次唤醒全部线程两种方法。

3.3.1　线程的 notify( ) 方法

作为经常与 wait( ) 方法配对出现的 notify( ) 方法，其能让进入 WAITING 状态的线程唤醒，但这一过程是随机的，即如果有多条线程处于 WAITING 状态，则一般会有其中的一条被唤醒，然后继续之前的工作。

通过之前的示例，我们已经大致了解到 notify( ) 方法的作用，但随机唤醒这一特性却没能非常好地表现出来。所以，下面的示例中，我们将能看到多线程情况下的随机唤醒。参考代码如下：

```
public class NotifySomeThread {
    public static void main(String[] args){
        // 这是一个监控锁对象
        Object monitorLock01 = new Object();
        Thread waitingRunnableThread01 = new Thread(
                new NewWaitingRunnable(monitorLock01)
            );
        waitingRunnableThread01.setName("Thread-01");
        Thread waitingRunnableThread02 = new Thread(
                new NewWaitingRunnable(monitorLock01)
            );
        waitingRunnableThread02.setName("Thread-02");
        Thread waitingRunnableThread03 = new Thread(
                new NewWaitingRunnable(monitorLock01)
            );
        waitingRunnableThread03.setName("Thread-03");
        waitingRunnableThread01.start();
        waitingRunnableThread02.start();
        waitingRunnableThread03.start();
        try {
            Thread.sleep(2000);
        } catch (InterruptedException e) {
            e.printStackTrace();
        }
        //wait() 方法、notify() 方法、notifyAll() 方法等，
        // 都需要放入 synchronized 块中
        // 这里，我们只使用 monitorLock01 来试一试，看其能否唤醒其他锁的线程
```

```
28              synchronized (monitorLock01){
29                  monitorLock01.notify();
30                  monitorLock01.notify();
31                  monitorLock01.notify();
32              }
33          }
34  }
35  //wait 模拟线程
36  class NewWaitingRunnable implements Runnable {
37      private Object monitorLock;
38      public NewWaitingRunnable(Object monitorLock) {
39          this.monitorLock = monitorLock;
40      }
41      @Override
42      public void run() {
43          //wait() 方法、notify() 方法、notifyAll() 方法等,
44          // 都需要放入 synchronized 块中
45          synchronized (monitorLock){
46              try {
47                  //Thread.sleep(1000);
48                  System.out.println(" 我们让 " + Thread.currentThread()
49                      .getName() + " 休息等待一下。");
50                  monitorLock.wait();
51                  System.out.println(Thread.currentThread()
52                      .getName() + " 被唤醒了! ");
53              } catch (InterruptedException e) {
54                  e.printStackTrace();
55              }
56          }
57      }
58  }
```

运行的参考结果如下:

```
1  我们让 Thread-01 休息等待一下。
2  我们让 Thread-02 休息等待一下。
3  我们让 Thread-03 休息等待一下。
4  Thread-01 被唤醒了!
5  Thread-03 被唤醒了!
6  Thread-02 被唤醒了!
```

可以看出, NewWaitingRunnable 线程类包含一个监控锁 monitorLock 对象, 其能使用该对象作为工具锁, 对 NewWaitingRunnable 的实例进行 wait( ) 和 notify( ) 操作。

本示例中创建了三个线程实例，它们都使用了 monitorLock01 监控锁的 wait( ) 方法，即三个线程共用一个监控锁。另外，在唤醒阶段使用了三个 monitorLock01.notify( ) 方法，再次将三个处于 WAITING 状态的线程唤醒。

由输出结果的顺序也可以看出，被唤醒的线程有一定的随机性，不一定就按 Thread-01、Thread-02、Thread-03 的顺序唤醒。这是因为唤醒的过程需要通过一定的算法，如线程调度算法等运算后最终得出应该唤醒的线程。该示例中一共有三个线程会处在等待池中，所以当调用 notify( ) 方法唤醒时，会按一定的算法将其中的一个线程先唤醒，至于会先唤醒哪一个，也许真的无法给出一个绝对答案。

3.3.2　多线程的 notifyAll( ) 方法

理解好 notify( ) 方法之后，再来学习 notifyAll( ) 方法就容易许多，notifyAll( ) 方法中包含 All 一词，就是指调用该方法，会唤醒所有处在 WAITING 状态的线程。

在 3.3.1 小节的最后一个示例中，由于有三个线程使用了 wait( ) 方法，因此对应地使用了三个 notify( ) 方法进行唤醒操作。而如果使用 notifyAll( ) 方法，则使用一次即可。我们可以尝试注释之前的三个 notify( ) 方法，换成 notifyAll( ) 方法。参考代码如下：

```
1  synchronized (monitorLock01){
2       //monitorLock01.notify();
3       //monitorLock01.notify();
4       //monitorLock01.notify();
5     monitorLock01.notifyAll();
6  }
```

运行结果与之前的示例相似，在此不再列出。

但有时调用 notifyAll( ) 方法并非像我们想象的那样，放任其一次唤醒处在等待池中的所有线程。因为在多线程的情况下，这样的全部唤醒操作往往要考虑到监控锁，特别是其他资源的竞争，若处理不好，可能会出现死锁问题。第 7 章将会介绍锁机制，关于死锁的详细问题将在后面讲解。

3.4　多线程的插队

线程的插队分为主动插队和被动插队两种，其中主动插队使用 join( ) 方法进行，这是线程自带方法中较难理解的一个，但有特殊的用途；而被动插队一般使用调大线程的优先级，使用调大优先级不会发生必然的插队，只是说明有大概率的机会而已。

3.4.1　线程的 join( ) 方法

Java 线程中的 join( ) 方法是一个比较难理解的方法，但有时在多线程的情况下，该方法又非常有用。特别是涉及线程之间的同步等待或插队的特殊情况，join( ) 方法就会派上用场。所以，理解好 join( ) 方法对于编写多线程的程序非常有用。

这里尝试下一个简单的定义，帮助大家理解 join( ) 方法：假设有 A、B 两个线程。若在 A 线程的代码中某一行调用了 B.join( ) 方法，则 A 线程从 B.join( ) 方法的这一行开始，需要一直同步等待 B 线程的执行，直到 B 线程执行完毕后，A 线程才继续进行下一行代码的执行。

在这一过程中，B 线程实际上是进行了一个插队的过程，因为只有 B 线程执行完毕，A 线程才能继续执行；而 A 线程实际上是一个同步等待的过程，因为 A 线程要等待 B 线程执行完毕。

可以通过简单的示例加深对 join( ) 方法的理解。参考代码如下：

```
1  public class ToJoinDemo {
2      public static void main(String[] args){
3          Thread threadA001 = new Thread(new
4              IwillJoinOtherRunnable());
5          //main 线程开始数数，1~19
6          for (int i = 0; i < 20; i++){
7              System.out.println("main:" + i);
8              if (i == 8){
9                  threadA001.start();
10                 try {
11                     threadA001.join();
12                 } catch (InterruptedException e) {
13                     e.printStackTrace();
14                 }
15             }
16         }
17     }
18 }
19 class IwillJoinOtherRunnable implements Runnable {
20     @Override
21     public void run() {
22         for (int i = 1; i <= 10; i++){
23             System.out.println(" 我要插队数数了，目前数到：" + i);
24         }
25     }
26 }
```

运行的参考结果如下：

```
 1  main:0
 2  main:1
 3  main:2
 4  main:3
 5  main:4
 6  main:5
 7  main:6
 8  main:7
 9  main:8
10  我要插队数数了，目前数到：1
11  我要插队数数了，目前数到：2
12  我要插队数数了，目前数到：3
13  我要插队数数了，目前数到：4
14  我要插队数数了，目前数到：5
15  我要插队数数了，目前数到：6
16  我要插队数数了，目前数到：7
17  我要插队数数了，目前数到：8
18  我要插队数数了，目前数到：9
19  我要插队数数了，目前数到：10
20  main:9
21  main:10
22  main:11
23  main:12
24  main:13
25  main:14
26  main:15
27  main:16
28  main:17
29  main:18
30  main:19
```

上面的程序运行展示了在 main 线程和 threadA001 线程的数数过程。其中，main 线程在数到 8 时使用了另外一个线程 threadA001 的 join( ) 方法，这时，threadA001 线程就会开始插队数数，直到 threadA001 线程数数完毕，main 线程才继续刚才未完成的数数过程。

3.4.2　调大线程的优先级

　　调大线程的优先级是多线程被动插队的方法。当一个线程的优先级调大后，该线程会拥有更好的资源获取机会，能较大概率获得优先运行的权利，虽然不是主动地强制插队，却能大概率地进行优先运行。特别是在需要多次循环计算，或者占用大量耗时的多线程业务处理当中，这种被动插队的方法具有极大的优势。

下面通过修改第 2 章中多线程优先级设置的示例，来重新了解设置优先级进行插队的效果。

参考代码如下：

```
1   public class SetHighPriorityForThread {
2       public static void main(String[] args){
3           Thread thread01 = new Thread(new PriorityGoRun());
4           Thread thread02 = new Thread(new PriorityGoRun());
5           Thread thread03 = new Thread(new PriorityGoRun());
6           Thread thread04 = new Thread(new PriorityGoRun());
7           Thread thread05 = new Thread(new PriorityGoRun());
8           thread01.setPriority(1);
9           thread01.setName("thead01");
10          thread01.start();
11          thread02.setPriority(1);
12          thread02.setName("thead02");
13          thread02.start();
14          thread03.setPriority(1);
15          thread03.setName("thead03");
16          thread03.start();
17          thread04.setPriority(1);
18          thread04.setName("thead04");
19          thread04.start();
20          thread05.setPriority(1);
21          thread05.setName("thead05");
22          thread05.start();
23          // 全部线程运行后，立即设置大线程 05 的优先级为满级，
24          // 看是否能发生插队现象
25          thread05.setPriority(10);
26      }
27  }
28  class PriorityGoRun implements Runnable {
29      @Override
30      public void run() {
31          int calcValue = 0;
32          for(int i = 0; i < 1000; i++){
33              calcValue = calcValue + i;
34          }
35          System.out.println("[" + Thread.currentThread().getName() +
36              "] I finish the job , the value is: " + calcValue);
37      }
38  }
```

运行的参考结果如下：

```
1  [thead05] I finish the job , the value is: 499500
2  [thead01] I finish the job , the value is: 499500
3  [thead02] I finish the job , the value is: 499500
4  [thead03] I finish the job , the value is: 499500
5  [thead04] I finish the job , the value is: 499500
```

通过多次运行可以看出，最后运行的线程 05 会大概率发生插队现象，甚至经常是第一个运行完毕。

3.4.3　线程安全与线程不安全的表现

线性安全就是指线程的运行结果是能够预测的，即无论运行多少次，它的值都总是能够确定，与精确计算后的结果一致。对于单线程的运行，一般认为是线程安全的。

但在多线程的并发中有时会带来不确定性，即运算的结果偶尔会与预测结果不同，甚至无法预测某次运行可能的结果是什么，这就是线程不安全的情况。

下面通过一个简单的示例来看线程不安全会发生什么结果。一个多线程累加的参考代码如下：

```java
public class NonThreadSafeDemo {
    public static int count;
    public static void main(String[] args){
        Thread increaseCount01 = new Thread(new IncreaseValueRunnable());
        Thread increaseCount02 = new Thread(new IncreaseValueRunnable());
        Thread increaseCount03 = new Thread(new IncreaseValueRunnable());
        Thread increaseCount04 = new Thread(new IncreaseValueRunnable());
        increaseCount01.start();
        increaseCount02.start();
        increaseCount03.start();
        increaseCount04.start();
        try {
            Thread.sleep(3000);
        } catch (InterruptedException e) {
            e.printStackTrace();
        }
        System.out.println(NonThreadSafeDemo.count);
    }
}
class IncreaseValueRunnable implements Runnable {
    @Override
    public void run() {
        for (int i = 0; i < 10000; i++){
```

```
24                NonThreadSafeDemo.count++;
25            }
26        }
27  }
```

上面的示例创建了四个线程，并且并发地对 count 全局变量进行分别累加 10000 的计算处理，按道理最后的结果应该是 40000。但如果进行多次运行后，就有可能会有少于 40000 的结果出现，如下面的这个结果就是某次运行后的值：

```
1  37319
```

很明显，这个值比 40000 小，这就是因为在线程不安全的情况下，导致部分累加操作被各个线程之间互相覆盖，全局变量在一个线程中还没有累加成功就被另外一个线程先累加，然后不知道情况的该线程又拿到还没有来得及变化的值进行累加，导致数值变小。

其实针对线性不安全的问题，Java 提供了多种处理方法，其中使用多线程同步监控，以及 Java 多线程原子工具包 atomic 下的工具类 AtomicBoolean 类、AtomicInteger 类、AtomicLong 类等都是一些解决方案，第 7 章会讲解这些内容。

实际上不单单是数值型的计算会出现线程不安全的情况，有时字符型的变量也会出现这样的问题。例如，字符串在合并或追加时，如果在多线程的情况下没有注意好线程安全的问题，就会出现字符串的多线程操作可能导致缺失部分信息的问题。下面的示例将展示字符串追加信息时，由于线程不安全导致的信息丢失。参考代码如下：

```
1  public class NonStringThreadSafe {
2      public static String allInfo = "";
3      public static void main(String[] args){
4          // 追加含五个字符的 apple
5          Thread stringThread01 = new Thread(new AppendStringRunnable("apple"));
6          // 追加含三个字符的 boy
7          Thread stringThread02 = new Thread(new AppendStringRunnable("boy"));
8          // 追加含三个字符的 cat
9          Thread stringThread03 = new Thread(new AppendStringRunnable("cat"));
10         // 追加含四个字符的 duck
11         Thread stringThread04 = new Thread(new AppendStringRunnable("duck"));
12         stringThread01.start();
13         stringThread02.start();
14         stringThread03.start();
15         stringThread04.start();
16         try {
17             Thread.sleep(5000);
18         } catch (InterruptedException e) {
```

```
19                  e.printStackTrace();
20              }
21          // 输出到底有多少字符的信息量被追加到 allInfo 变量
22          System.out.println(allInfo.length());
23      }
24  }
25  class AppendStringRunnable implements Runnable {
26      private String info = "";
27      AppendStringRunnable(String info){
28          this.info = info;
29      }
30      @Override
31      public void run() {
32          for (int i = 0; i < 1000; i++){
33              NonStringThreadSafe.allInfo = NonStringThreadSafe
34                  .allInfo + info;
35          }
36      }
37  }
```

也许每次运行的参考结果都差异非常大。我们创建了四个线程，分别追加 apple、boy、cat、duck 一共四种单词，都是 1000 次。按道理，获取的总字符串信息量应该为 5000+3000+3000+4000=15000（个），但实际的运行情况却总不能如我们所愿。下面是其中一次的运行结果：

```
1   9229
```

这个数值不仅是一个不能被 1000 整除的数，而且与预计的 15000 个字符的结果相差很大。也就是说，字符串进行多线程并发操作时的线程不安全情况可能比我们想象的要严重许多。

面对这一问题，Java 实际上给出了许多解决方案，其中一个方案就是使用 StringBuffer 进行这类字符串的信息追加操作。使用 StringBuffer，只需要在原来的示例中修改两处地方即可进行线程安全的字符串信息追加操作。参考代码如下：

```
1   public class StringThreadSafe {
2       public static StringBuffer allInfo = new StringBuffer();
3       public static void main(String[] args){
4           // 追加含五个字符的 apple
5           Thread stringThread01 = new Thread(new NewAppendStrRunnable("apple"));
6           // 追加含三个字符的 boy
7           Thread stringThread02 = new Thread(new NewAppendStrRunnable("boy"));
8           // 追加含三个字符的 cat
9           Thread stringThread03 = new Thread(new NewAppendStrRunnable("cat"));
10          // 追加含四个字符的 duck
```

```
11          Thread stringThread04 = new Thread(new NewAppendStrRunnable("duck"));
12          stringThread01.start();
13          stringThread02.start();
14          stringThread03.start();
15          stringThread04.start();
16          try {
17              Thread.sleep(5000);
18          } catch (InterruptedException e) {
19              e.printStackTrace();
20          }
21          // 输出到底有多少字符的信息量被追加到 allInfo 变量
22          System.out.println(allInfo.length());
23      }
24  }
25  class NewAppendStrRunnable implements Runnable {
26      private String info = "";
27      NewAppendStrRunnable(String info){
28          this.info = info;
29      }
30      @Override
31      public void run() {
32          for (int i = 0; i < 1000; i++){
33              // 使用 StringBuffer 追加字符串信息
34              StringThreadSafe.allInfo = StringThreadSafe.allInfo
35                  .append(info);
36          }
37      }
38  }
```

运行的参考结果如下：

```
1  15000
```

现在，使用 StringBuffer 后可以得到正确的结果。

另外，对于字符串的追加操作，如果不涉及线程安全问题，可以使用 StringBuilder 进行这类操作，它能使效率上升几个数量级。下面是一个简单的使用示例，参考代码如下：

```
1  public class StringBuilderTest {
2      public static void main(String[] args){
3          StringBuilder stringBuilder = new StringBuilder();
4          stringBuilder.append("apple");
5          stringBuilder.append("boy");
6          stringBuilder.append("cat");
```

```
7                stringBuilder.append("duck");
8                System.out.println(stringBuilder);
9         }
10   }
```

运行的参考结果如下：

```
1   appleboycatduck
```

对于数千次的字符串拼接或追加的操作，String 类的耗时会非常大，有时需要数秒甚至数十秒，在一些业务的应用上会使客户的体验大打折扣。但如果使用 StringBuilder 类，则能够立即缩减到原来的千分之一甚至万分之一的时间消耗，即毫秒级的时间就可以出结果。但需要再次强调的是，StringBuilder 与 String 一样，都是线程不安全的，所以使用时要注意它是否合适。

知识拓展

本节的多线程调度的内容基本上介绍完毕，但这里想通过提问的方式补充一些硬件和软件结合的知识点。

市面上的 CPU 一般都公开了一些性能指标参数，如某款高处理能力的 CPU 参数介绍为四核八线程，主频 1.9 GHz。这里的四核八线程，和我们使用 Java 创建的线程有何关系呢？

这里将通过简单的补充，让有兴趣的读者进一步了解硬件和软件的一些关联。

一般而言，CPU 的核心数及线程支持数越大，能力越高，如同一代的四核八线程 CPU 会比双核四线程的 CPU 的处理能力上升几十个百分点。CPU 的一个核心一般可以专注于处理一个线程的任务，但如果一个核心在硬件设计上通过巧妙的方式能够模拟出两个核心的处理方式，则该核心就能同时处理两个线程的任务，这类似于一个人通过左手、右手分别握笔，来模拟两个人同时写字。如果一个 CPU 包含多核，且每个核心的设计都能够模拟出同时处理两个线程的能力，就会出现类似四核八线程的 CPU。

使用 Java 编程时，不是可以随心所欲地创建不同个数的线程吗？有时多线程情况下甚至有十几个线程一同运行，这不是比 CPU 四核八线程的参数还大，超出了 CPU 参数的规定范围了吗？

实际上创建的大量多线程并发进行数据处理时，只是感觉上的并发或同时进行而已。通过进一步的分析可以得知，这只是操作系统的调度让每个线程都得到一定的极短的时间片来处理各自的任务，由于时间极短，无法感知其切换而误认为真的是同时进行的。这些线程最终都是分派到硬件，即 CPU 上的每个核心中处理。

如果能够按 CPU 核心线程数的倍数来创建相应的线程，那么在系统的调度上，效率也许会更高一些。例如，在一个四核八线程的 CPU 上运行 16 个线程，则该 CPU 的每个核心上将会大概率地平均处理这些线程，让该四核八线程 CPU 的处理效率更高。

第 4 章

>>> 多线程的线程组与线程池

线程组和线程池是 Java 多线程中两个应用，特别是线程池，其在许多商业和企业级的系统中都会使用。所以，了解线程组，学习和运用线程池对开发真正的企业级系统非常有帮助。

本章内容主要涉及以下知识点。

● 线程组和线程池的基本定义。

● 线程组的创建与使用。

● 线程池的实现原理。

● 线程池的使用。

● 多线程管理。

4.1 线程组

线程组的创建能让多线程的运行更为规范和易于管理，许多大型的多线程业务系统中都需要使用良好的线程组来管理好多线程，本节将介绍多线程下的线程组的相关内容。

4.1.1 什么是线程组

Java 线程组（Thread Group）的出现，是为了方便用户在多线程的情况下对线程进行分组管理。其类似一群学生，分好了年级和班级后，无论是上课、考试，还是郊游，老师都能方便有效地对学生进行管理。

线程组，即线程的分组，它表示一组线程的集合。线程组中包含一到多个线程，甚至可以包含一到多个其他线程组，即它的组织形式是树状的。线程组的结构如图 4.1 所示。

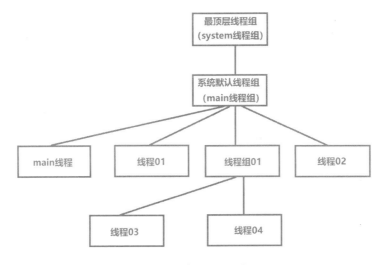

图 4.1 线程组的结构

图 4.1 中一共包含五个线程，三个线程组，他们分别是 main 线程、线程 01、线程 02、线程 03、线程 04、system 线程组、main 线程组和线程组 01。其中，最顶层的是 system 线程组。而 main 线程所在的线程组（main 线程组）是默认的线程组，其父级线程组（system 线程组）永远是最顶级的线程组。

当运行程序时，首先启动的是 main() 方法，实际上就是启动一个运行在默认线程组 main 线程组内的 main 线程。另外，创建自己的业务线程，如果不强调该线程所属的线程组时，则这些线程默认在 main 线程组中。

例如，图 4.1 中线程 01、线程 02 所在的线程组也是 main 线程组。如果一个线程组创建时没有设置其父级线程组，则也默认该线程组在 main 线程组当中；如果为线程指定了线程组，则线程属于该指定线程组，如线程 03、线程 04 属于线程组 01。

4.1.2　线程组的创建与使用

创建线程组的方法非常简单，直接使用线程组的构造方法即可。我们先从线程组的源代码 ThreadGroup 开始了解，参考的 Java 源代码片段如下：

```
1  public class ThreadGroup implements
2    Thread. UncaughtExceptionHandler {
3      private final ThreadGroup parent;
4      String name;
5      int maxPriority;
6
7  ……// 省略部分代码
8      ThreadGroup groups[];
9      private ThreadGroup() {        //called from C code
10         this.name = "system";
11         this.maxPriority = Thread.MAX_PRIORITY;
12         this.parent = null;
13     }
14
15     public ThreadGroup(String name) {
16         this(Thread.currentThread().getThreadGroup(), name);
17     }
18     public ThreadGroup(ThreadGroup parent, String name) {
19         this(checkParentAccess(parent), parent, name);
20     }
21     private ThreadGroup(Void unused, ThreadGroup parent,
22       String name) {
23         this.name = name;
24         this.maxPriority = parent.maxPriority;
25         this.daemon = parent.daemon;
26         this.vmAllowSuspension = parent.vmAllowSuspension;
27         this.parent = parent;
28         parent.add(this);
29     }
30     public final String getName() {
31         return name;
32     }
33     public final ThreadGroup getParent() {
34         if (parent != null)
35             parent.checkAccess();
36         return parent;
37     }
```

```
38    public final int getMaxPriority() {
39        return maxPriority;
40    }
41    public final boolean isDaemon() {
42        return daemon;
43    }
44    public final void setDaemon(boolean daemon) {
45        checkAccess();
46        this.daemon = daemon;
47    }
48    public final void setMaxPriority(int pri) {
49        int ngroupsSnapshot;
50        ThreadGroup[] groupsSnapshot;
51        synchronized (this) {
52            checkAccess();
53            if (pri < Thread.MIN_PRIORITY || pri >
54                Thread.MAX_PRIORITY) {
55                return;
56            }
57            maxPriority = (parent != null) ? Math.min(pri,
58                parent.maxPriority) : pri;
59            ngroupsSnapshot = ngroups;
60            if (groups != null) {
61                groupsSnapshot = Arrays.copyOf(groups,
62                    ngroupsSnapshot);
63            } else {
64                groupsSnapshot = null;
65            }
66        }
67        for (int i = 0; i < ngroupsSnapshot; i++) {
68            groupsSnapshot[i].setMaxPriority(pri);
69        }
70    }
71    public final boolean parentOf(ThreadGroup g) {
72        for (; g != null; g = g.parent) {
73            if (g == this) {
74                return true;
75            }
76        }
77        return false;
78    }
```

```
79     ……// 省略部分代码
80         private final void add(ThreadGroup g){
81             synchronized (this) {
82                 if (destroyed) {
83                     throw new IllegalThreadStateException();
84                 }
85                 if (groups == null) {
86                     groups = new ThreadGroup[4];
87                 } else if (ngroups == groups.length) {
88                     groups = Arrays.copyOf(groups, ngroups * 2);
89                 }
90                 groups[ngroups] = g;
91                 //This is done last so it doesn't matter in case the
92                 //thread is killed
93                 ngroups++;
94             }
95         }
96         private void remove(ThreadGroup g) {
97             synchronized (this) {
98                 if (destroyed) {
99                     return;
100                }
101                for (int i = 0; i < ngroups; i++) {
102                    if (groups[i] == g) {
103                        ngroups -= 1;
104                        System.arraycopy(groups, i + 1, groups, i,
105                            ngroups - i);
106                        //Zap dangling reference to the dead group so that
107                        //the garbage collector will collect it
108                        groups[ngroups] = null;
109                        break;
110                    }
111                }
112                if (nthreads == 0) {
113                    notifyAll();
114                }
115                if (daemon && (nthreads == 0) &&
116                    (nUnstartedThreads == 0) && (ngroups == 0))
117                {
118                    destroy();
119                }
```

```
120            }
121        }
122    ……// 省略部分代码
123    public String toString() {
124            return getClass().getName() + "[name=" + getName() +
125            ",maxpri=" + maxPriority + "]";
126        }
127 }
```

可以看到，ThreadGroup 类中一共有四个构造方法，其中 ThreadGroup(String name) 方法和 ThreadGroup(ThreadGroup parent, String name) 方法是可以对外的公共构造方法，它们都包含设置线程组组名的功能。另外，其也可以设置所隶属的线程组，即将其指向一个父线程组。

线程组及线程可以组成树状结构，我们可以试着编写一个与图 4.1 所示的线程与线程组树状图相同的结构树。参考代码如下：

```
1  public class CreateThreadGroup {
2     public static void main(String[] args){
3        ThreadGroup threadGroup01 = new
4          ThreadGroup("ThreadGroup-01");
5        Thread thread01 = new Thread(new SayHiThread());
6        thread01.setName("Thread-01");
7        Thread thread02 = new Thread(new SayHiThread());
8        thread02.setName("Thread-02");
9        Thread thread03 = new Thread(threadGroup01,
10         new SayHiThread(),"Thread-03");
11        Thread thread04 = new Thread(threadGroup01,
12         new SayHiThread(),"Thread-04");
13        System.out.println(Thread.currentThread().getName() +
14         ": Hi~~!, " + "我在 [" + Thread.currentThread()
15         .getThreadGroup().getName() + "]" + "线程组哟,
16         我的父级线程组是: "+ Thread.currentThread()
17         .getThreadGroup().getParent().getName());
18        thread01.start();
19        thread02.start();
20        thread03.start();
21        thread04.start();
22        try {
23            Thread.sleep(100L);
24        } catch (InterruptedException e) {
25            e.printStackTrace();
```

```
26              }
27              System.out.println(threadGroup01.getName() + ": Hi~~!, " +
28                  " 我是一个线程组, 我属于线程组 ["+ threadGroup01
29                  .getParent().getName() + "]");
30          }
31  }
32  class SayHiThread implements Runnable{
33      @Override
34      public void run() {
35          System.out.println(Thread.currentThread().getName() +
36              ": Hi~~!, " + " 我在 [" + Thread.currentThread()
37              .getThreadGroup().getName() + "]" + " 线程组哟,
38              我的父级线程组是: "+ Thread.currentThread()
39              .getThreadGroup().getParent().getName());
40      }
41  }
```

运行的参考结果如下:

```
1  main: Hi~~!, 我在 [main] 线程组哟, 我的父级线程组是: system
2  Thread-01: Hi~~!, 我在 [main] 线程组哟, 我的父级线程组是: system
3  Thread-02: Hi~~!, 我在 [main] 线程组哟, 我的父级线程组是: system
4  Thread-03: Hi~~!, 我在 [ThreadGroup-01] 线程组哟, 我的父级线程组是: main
5  Thread-04: Hi~~!, 我在 [ThreadGroup-01] 线程组哟, 我的父级线程组是: main
6  ThreadGroup-01: Hi~~!, 我是一个线程组, 我属于线程组 [main]
```

从参考结果可以看出, 其基本上符合图 4.1 的结构。线程组能方便管理一组线程, 可以将一些有相关特性的线程设置到相同的线程组下, 这样就可以通过线程组为这些线程分类。

当获得一个线程组时, 可以通过枚举遍历 enumerate( ) 方法得到该线程组下的所有线程, 这特别适合对一组协同合作的线程做出相同设置的需求。下面的代码就是在上个示例中加入了 main 线程组下的所有线程的遍历, 如下:

```
1  public class FindAllThread {
2      public static void main(String[] args){
3          ThreadGroup threadGroup01 = new ThreadGroup("ThreadGroup-01");
4          Thread thread01 = new Thread(new SayHiThread());
5          thread01.setName("Thread-01");
6          Thread thread02 = new Thread(new SayHiThread());
7          thread02.setName("Thread-02");
8          Thread thread03 = new Thread(threadGroup01, new SayHiThread(),
9              "Thread-03");
```

```
10    Thread thread04 = new Thread(threadGroup01, new SayHiThread(),
11       "Thread-04");
12    System.out.println(Thread.currentThread().getName() + ":
13      Hi~~!, " + "我在 [" + Thread.currentThread()
14      .getThreadGroup().getName() + "]" + "线程组哟,
15       我的父级线程组是: "+ Thread.currentThread()
16      .getThreadGroup().getParent().getName());
17    thread01.start();
18    thread02.start();
19    thread03.start();
20    thread04.start();
21    // 获得当前的 main 线程组, 并且遍历出该线程组下所有的线程
22    ThreadGroup mainGroup = Thread.currentThread().getThreadGroup();
23    Thread[] tmpTreadList = new Thread[10];
24    mainGroup.enumerate(tmpTreadList);
25    int i = 1;
26    for (Thread tmpThread : tmpTreadList){
27        if (tmpThread == null){
28            continue;
29        }
30        System.out.println("main 线程组中运行的线程有: (" + i +
31          ")" + tmpThread.getName());
32        i++;
33    }
34    // 获得 ThreadGroup-01 线程组, 并且遍历出该线程组下所有的线程
35    tmpTreadList = new Thread[10];
36    threadGroup01.enumerate(tmpTreadList);
37    i = 1;
38    for (Thread tmpThread : tmpTreadList){
39        if (tmpThread == null){
40            continue;
41        }
42        System.out.println("ThreadGroup-01 线程组中运行的线程有:
43          (" + i + ")" + tmpThread.getName());
44        i++;
45    }
46    try {
47        Thread.sleep(100L);
48    } catch (InterruptedException e) {
49        e.printStackTrace();
50    }
```

```
51            System.out.println(threadGroup01.getName() + ": Hi~~!, " +
52                " 我是一个线程组，我属于线程组 ["+ threadGroup01
53                .getParent().getName() + "]");
54       }
55  }
```

运行的参考结果如图 4.2 所示。

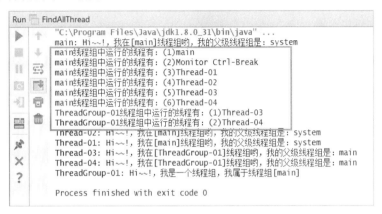

图 4.2　运行的参考结果

上面的示例比之前多了：获取 main 线程组，并且遍历出该线程组下所有的线程；获得 ThreadGroup-01 线程组，并且遍历出该线程组下所有的线程。从图 4.2 中可以看到，框中所示代码正是对 main 线程组及 ThreadGroup-01 线程组的相关线程的遍历。其中，main 线程组包含 main 线程、Monitor Ctrl-Break 线程、Thread-01 线程、Thread-02 线程、Thread-03 线程、Thread-04 线程。

在 main 线程组中，除了多了一个比较意外的 Monitor Ctrl-Break 线程外，其他几个线程正符合我们预想的结果。Monitor Ctrl-Break 线程因为使用了集成开发环境 IntelliJ IDEA 来启动这个程序，所以会多了这样一个监控的线程。

同样地，ThreadGroup 线程组也如预期包含了 Thread-03 线程和 Thread-04 线程。

4.2　线程池

线程池是许多业务系统中的重要工具，也是多线程编程中的一个非常实用的知识点。理解好线程池的实现原理，创建并运用好线程池，这对于开发一个良好的、高效的应用系统具有非常重要的作用。

4.2.1　什么是线程池

线程池是一个包含了能提供相同功能的多个线程的集合，其能为调用者提供线程服务，在许多业务系统中扮演着重要的角色，它也是多线程中非常实用的工具。

线程池犹如一个大的有特定容量的蓄水池，里面已经有一部分预先准备好的某种等级的特殊用途的水，当需要用水时，就借一部分使用。当突然有大量用户需要用水时，蓄水池就会打开水龙头临时加大蓄水量，只要不超过蓄水池的蓄水能力即可。线程池与线程的关系如图 4.3 所示。

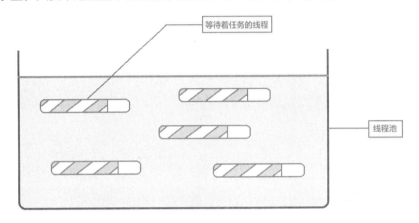

图 4.3　线程池与线程的关系

线程池中的线程一般称为工作线程。线程池能够提前先创建一部分线程待用，特别适合一些创建起来比较耗时，而实时性要求又特别高的线程。因为线程池中已经提前进行了线程的初始化，所以向线程池提交执行新任务时，可以做到线程拿来即用，减少了重复创建线程的等待时间，以及注销线程的时间消耗。有了线程池，就可以帮助我们快速地响应临时的实时性要求高的请求。

同时，线程池可以规定一定的线程容量，包括基本核心线程数和最大线程数，可以做到一定的运算扩容能力，并且控制了并发线程的数量，对于系统稳定和健壮运行起到了一定的帮助作用。

4.2.2　线程池的实现原理

线程池的实现，首先是要设置一个能装载线程的池，可以为它定义初始的核心线程数量、所允许的最大线程数量、核心线程超时时间、预备线程最大允许空闲时间、指定阻塞队列的类型、线程的工程类等。然后线程池会按照给定的配置和初始的核心线程数量，创建特定功能的线程。

线程池会按照所给的配置进行伸缩。例如，一开始创建时，可能线程池的线程数量就是我们给定的核心线程数量；但后来使用频率高时，也许会扩充线程，一直达到所定义的线程池所允许的最大线程数量；若一段时间空闲了，线程的数量又会降至所规定的核心线程数量。所以，一个好的高效的线程池与设置的线程池配置有密切关系。一个好用的线程池，能为我们提供良好的高并发实现方案，同时也节省许多创建线程的等待时间。

可以通过线程池的源代码进一步了解线程池的实现原理。线程池的核心类是 ThreadPoolExecutor 类，其继承了抽象类 AbstractExecutorService 类。ThreadPoolExecutor 类的 Java 源代码片段如下：

```
1  public class ThreadPoolExecutor extends AbstractExecutorService {
2
3  ……// 省略部分代码
4      /**
5       * The queue used for holding tasks and handing off to worker
6       * threads.  We do not require that workQueue.poll() returning
7       * null necessarily means that workQueue.isEmpty(), so rely
8       * solely on isEmpty to see if the queue is empty (which we must
9       * do for example when deciding whether to transition from
10      * SHUTDOWN to TIDYING).  This accommodates special-purpose
11      * queues such as DelayQueues for which poll() is allowed to
12      * return null even if it may later return non-null when delays
13      * expire.
14      */
15     private final BlockingQueue<Runnable> workQueue;
16     /**
17      * Tracks largest attained pool size. Accessed only under
18      * mainLock.
19      */
20     private int largestPoolSize;
21     /**
22      * Factory for new threads. All threads are created using this
23      * factory (via method addWorker).  All callers must be prepared
24      * for addWorker to fail, which may reflect a system or user's
25      * policy limiting the number of threads.  Even though it is not
26      * treated as an error, failure to create threads may result in
27      * new tasks being rejected or existing ones remaining stuck in
28      * the queue.
29      *
30      * We go further and preserve pool invariants even in the face of
31      * errors such as OutOfMemoryError, that might be thrown while
32      * trying to create threads.  Such errors are rather common due to
33      * the need to allocate a native stack in Thread.start, and users
34      * will want to perform clean pool shutdown to clean up.  There
35      * will likely be enough memory available for the cleanup code to
36      * complete without encountering yet another OutOfMemoryError.
37      */
38     private volatile ThreadFactory threadFactory;
39     /**
40      * Handler called when saturated or shutdown in execute.
41      */
```

```
42      private volatile RejectedExecutionHandler handler;
43      /**
44       * Timeout in nanoseconds for idle threads waiting for work.
45       * Threads use this timeout when there are more than
46       * corePoolSize present or if allowCoreThreadTimeOut.
47       * Otherwise they wait forever for new work.
48       */
49      private volatile long keepAliveTime;
50      /**
51       * If false (default), core threads stay alive even when idle.
52       * If true, core threads use keepAliveTime to time out waiting
53       * for work.
54       */
55      private volatile boolean allowCoreThreadTimeOut;
56      /**
57       * Core pool size is the minimum number of workers to keep alive
58       * (and not allow to time out etc) unless allowCoreThreadTimeOut
59       * is set, in which case the minimum is zero.
60       */
61      private volatile int corePoolSize;
62      /**
63       * Maximum pool size. Note that the actual maximum is
64       * internally bounded by CAPACITY.
65       */
66      private volatile int maximumPoolSize;
67      public ThreadPoolExecutor(int corePoolSize,
68                                int maximumPoolSize,
69                                long keepAliveTime,
70                                TimeUnit unit,
71                                BlockingQueue<Runnable> workQueue) {
72        this(corePoolSize, maximumPoolSize, keepAliveTime, unit,
73          workQueue, Executors.defaultThreadFactory(), defaultHandler);
74      }
75      public ThreadPoolExecutor(int corePoolSize,
76                                int maximumPoolSize,
77                                long keepAliveTime,
78                                TimeUnit unit,
79                                BlockingQueue<Runnable> workQueue,
80                                ThreadFactory threadFactory) {
81        this(corePoolSize, maximumPoolSize, keepAliveTime, unit,
82          workQueue,threadFactory, defaultHandler);
```

```
83     }
84     public ThreadPoolExecutor(int corePoolSize,
85                               int maximumPoolSize,
86                               long keepAliveTime,
87                               TimeUnit unit,
88                               BlockingQueue<Runnable> workQueue,
89                               RejectedExecutionHandler handler) {
90       this(corePoolSize, maximumPoolSize, keepAliveTime, unit,
91         workQueue,Executors.defaultThreadFactory(), handler);
92     }
93     public ThreadPoolExecutor(int corePoolSize,
94                               int maximumPoolSize,
95                               long keepAliveTime,
96                               TimeUnit unit,
97                               BlockingQueue<Runnable> workQueue,
98                               ThreadFactory threadFactory,
99                               RejectedExecutionHandler handler) {
100        if (corePoolSize < 0 ||
101            maximumPoolSize <= 0 ||
102            maximumPoolSize < corePoolSize ||
103            keepAliveTime < 0)
104            throw new IllegalArgumentException();
105        if (workQueue == null || threadFactory == null ||
106            handler == null) throw new NullPointerException();
107        this.corePoolSize = corePoolSize;
108        this.maximumPoolSize = maximumPoolSize;
109        this.workQueue = workQueue;
110        this.keepAliveTime = unit.toNanos(keepAliveTime);
111        this.threadFactory = threadFactory;
112        this.handler = handler;
113     }
114     public void execute(Runnable command) {
115        if (command == null)
116            throw new NullPointerException();
117        /*
118         * Proceed in 3 steps:
119         *
120         * 1. If fewer than corePoolSize threads are running, try to
121         * start a new thread with the given command as its first
122         * task.  The call to addWorker atomically checks runState
123         * and workerCount, and so prevents false alarms that would
```

```
124              * add threads when it shouldn't, by returning false.
125              *
126              * 2. If a task can be successfully queued, then we still need
127              * to double-check whether we should have added a thread
128              * (because existing ones died since last checking) or that
129              * the pool shut down since entry into this method. So we
130              * recheck state and if necessary roll back the enqueuing if
131              * stopped, or start a new thread if there are none.
132              *
133              * 3. If we cannot queue task, then we try to add a new
134              * thread.  If it fails, we know we are shut down or
135              * saturated and so reject the task.
136              */
137             int c = ctl.get();
138             if (workerCountOf(c) < corePoolSize) {
139                 if (addWorker(command, true))
140                     return;
141                 c = ctl.get();
142             }
143             if (isRunning(c) && workQueue.offer(command)) {
144                 int recheck = ctl.get();
145                 if (! isRunning(recheck) && remove(command))
146                     reject(command);
147                 else if (workerCountOf(recheck) == 0)
148                     addWorker(null, false);
149             }
150             else if (!addWorker(command, false))
151                 reject(command);
152         }
153         ……// 省略部分代码
154         public void setThreadFactory(ThreadFactory threadFactory) {
155             if (threadFactory == null)
156                 throw new NullPointerException();
157             this.threadFactory = threadFactory;
158         }
159         /**
160          * Returns the thread factory used to create new threads.
161          *
162          * @return the current thread factory
163          * @see #setThreadFactory(ThreadFactory)
164          */
```

```
165    public ThreadFactory getThreadFactory() {
166        return threadFactory;
167    }
168    public void setCorePoolSize(int corePoolSize) {
169        if (corePoolSize < 0)
170            throw new IllegalArgumentException();
171        int delta = corePoolSize - this.corePoolSize;
172        this.corePoolSize = corePoolSize;
173        if (workerCountOf(ctl.get()) > corePoolSize)
174            interruptIdleWorkers();
175        else if (delta > 0) {
176            //We don't really know how many new threads are "needed"
177            //As a heuristic, prestart enough new workers (up to new
178            //core size) to handle the current number of tasks in
179            //queue, but stop if queue becomes empty while doing so
180            int k = Math.min(delta, workQueue.size());
181            while (k-- > 0 && addWorker(null, true)) {
182                if (workQueue.isEmpty())
183                    break;
184            }
185        }
186    }
187    public int getCorePoolSize() {
188        return corePoolSize;
189    }
190    public boolean allowsCoreThreadTimeOut() {
191        return allowCoreThreadTimeOut;
192    }
193    public void allowCoreThreadTimeOut(boolean value) {
194        if (value && keepAliveTime <= 0)
195            throw new IllegalArgumentException("Core threads must
196                have nonzero keep alive times");
197        if (value != allowCoreThreadTimeOut) {
198            allowCoreThreadTimeOut = value;
199            if (value)
200                interruptIdleWorkers();
201        }
202    }
203    public void setMaximumPoolSize(int maximumPoolSize) {
204        if (maximumPoolSize <= 0 || maximumPoolSize < corePoolSize)
205            throw new IllegalArgumentException();
```

```
206        this.maximumPoolSize = maximumPoolSize;
207        if (workerCountOf(ctl.get()) > maximumPoolSize)
208            interruptIdleWorkers();
209    }
210    public int getMaximumPoolSize() {
211        return maximumPoolSize;
212    }
213    public void setKeepAliveTime(long time, TimeUnit unit) {
214        if (time < 0)
215            throw new IllegalArgumentException();
216        if (time == 0 && allowsCoreThreadTimeOut())
217            throw new IllegalArgumentException(
218    "Core threads must have nonzero keep alive times");
219        long keepAliveTime = unit.toNanos(time);
220        long delta = keepAliveTime - this.keepAliveTime;
221        this.keepAliveTime = keepAliveTime;
222        if (delta < 0)
223            interruptIdleWorkers();
224    }
225    public long getKeepAliveTime(TimeUnit unit) {
226        return unit.convert(keepAliveTime, TimeUnit.NANOSECONDS);
227    }
228    public BlockingQueue<Runnable> getQueue() {
229        return workQueue;
230    }
231    public int getPoolSize() {
232        final ReentrantLock mainLock = this.mainLock;
233        mainLock.lock();
234        try {
235            //Remove rare and surprising possibility of
236            //isTerminated() && getPoolSize() > 0
237            return runStateAtLeast(ctl.get(), TIDYING) ? 0
238                : workers.size();
239        } finally {
240            mainLock.unlock();
241        }
242    }
243    public int getActiveCount() {
244        final ReentrantLock mainLock = this.mainLock;
245        mainLock.lock();
246        try {
```

```
247            int n = 0;
248            for (Worker w : workers)
249                if (w.isLocked())
250                    ++n;
251            return n;
252        } finally {
253            mainLock.unlock();
254        }
255    }
256    public int getLargestPoolSize() {
257        final ReentrantLock mainLock = this.mainLock;
258        mainLock.lock();
259        try {
260            return largestPoolSize;
261        } finally {
262            mainLock.unlock();
263        }
264    }
265    ……// 省略部分代码
266 }
```

　　参考源代码可以看出，ThreadPoolExecutor 类一共有四个构造方法，主要区别是通过不同的线程池参数来设定用户想要的线程池。这是多态的一种表现，即 Java 中的方法重载，方法名相同，但传入的参数个数或参数类型不同。实际上前三个构造方法最终会转换和调用到第四个构造方法。

　　在第四个构造方法中涉及许多重要参数的设置，参考代码片段如下：

```
1  public ThreadPoolExecutor(int corePoolSize,
2                            int maximumPoolSize,
3                            long keepAliveTime,
4                            TimeUnit unit,
5                            BlockingQueue<Runnable> workQueue,
6                            ThreadFactory threadFactory,
7                            RejectedExecutionHandler handler) {
8       if (corePoolSize < 0 ||
9           maximumPoolSize <= 0 ||
10          maximumPoolSize < corePoolSize ||
11          keepAliveTime < 0)
12          throw new IllegalArgumentException();
13      if (workQueue == null || threadFactory == null ||
14        handler == null)
```

```
15              throw new NullPointerException();
16        this.corePoolSize = corePoolSize;
17        this.maximumPoolSize = maximumPoolSize;
18        this.workQueue = workQueue;
19        this.keepAliveTime = unit.toNanos(keepAliveTime);
20        this.threadFactory = threadFactory;
21        this.handler = handler;
22    }
```

其中，输入参数如下。

（1）int corePoolSize：核心线程池的大小，也是一开始初始化后的线程池基本核心线程数。如果没有设置 allowCoreThreadTimeout 参数，则该参数就是线程池中永远不会超时的最小可工作线程数。可以按照业务的需求及项目的运营经验，设置一个大部分时间线程池都能良好运作的相对数值。

（2）int maximumPoolSize：线程池的最大允许线程池数，也是线程池承载峰值时的最大值，一般用于突发大量调用的情况。实际上该值并非设置多大，线程池中的线程数就能达到该数值，该值与机器性能及系统有关。

（3）long keepAliveTime：线程池中线程的允许空闲的时间。如果超过这个数值，线程一般有可能会被终止。特别是在目前线程池中的线程数量已经超过了 corepoolsize 规定的数值时，会有部分线程被拿出来与 keepAliveTime 进行空闲时间对比，如果超时了，则终止该线程。

（4）TimeUnit unit：TimeUnit 枚举类中的时间常量，有 SECONDS、MINUTES、HOURS，即时分秒等多种时间单位可以选择。

（5）BlockingQueue<Runnable> workQueue：排队的策略，是线程池中的等待工作队列，其一般用于线程阻塞的情况时存储等待执行的任务。常用的实现 BlockingQueue 接口的实现类有 SynchronousQueue 类、LinkedBlockingQueue 类和 ArrayBlockingQueue 类。选择哪一个作为参数，具体要看哪一个类适合项目中的排队等待策略。

（6）ThreadFactory threadFactory：用于创建线程池中线程的工厂类。其内部通过 addworker() 方法来新增线程。所有调用方都必须为调用 addWorker() 方法时做好失败的准备，因为调用该方法时，可能受线程池的策略及线程数限制。

（7）RejectedExecutionHandler handler：拒绝的策略，拒绝任务时的把控处理类。常用的实现 RejectedExecutionHandler 接口的实现类有 CallerRunsPolicy 类、AbortPolicy 类、DiscardPolicy 类和 DiscardOldestPolicy 类。选择哪一个作为参数，具体要看哪一个类适合项目中的排队等待策略。

除了上面所列的一些线程池初始化相关的方法外，线程池还有几个比较重要的方法：execute()

方法、submit( ) 方法和 addWorker( ) 方法。

一起来看 Java 中的源代码的内容：

```
1   public void execute(Runnable command) {
2       if (command == null)
3           throw new NullPointerException();
4
5       int c = ctl.get();
6       if (workerCountOf(c) < corePoolSize) {
7           if (addWorker(command, true))
8               return;
9           c = ctl.get();
10      }
11      if (isRunning(c) && workQueue.offer(command)) {
12          int recheck = ctl.get();
13          if (! isRunning(recheck) && remove(command))
14              reject(command);
15          else if (workerCountOf(recheck) == 0)
16              addWorker(null, false);
17      }
18      else if (!addWorker(command, false))
19          reject(command);
20  }
```

源代码的内容比较简单，实际上 execute( ) 方法主要可以拆分为三种情况进行处理。

（1）如果线程池目前的线程数没有达到线程池初始化时要求的核心线程数，则线程池会调用 addWorker( ) 方法，将该任务作为新开启的线程，放入该线程池充当其中一个工作线程。对 addWorker( ) 方法的调用会自动检查 runstate 和 workercount，这样可以防止错误的警报，在不需要时通过返回 false 来添加线程。

（2）如果一个任务可以成功地排队，那么仍然需要再次检查是否应该添加一个线程（因为自上次检查以来，已有的线程已停止），或者是否应该在进入此方法后关闭池。因此，重新检查状态，如果有必要，则在停止时回滚排队；如果没有必要，则启动一个新线程。

（3）如果不能将任务排队，那么尝试添加一个新线程。如果失败，则表示该线程池已经饱和，因此拒绝了该任务。

execute( ) 方法中调用到的 addWorker( ) 方法逻辑较为复杂，涉及许多状态的判断及流程的处理，这里就不再列举其 Java 中的源代码，而是通过文字简单介绍它大致所做的操作：addWorker(Runnable firstTask, boolean core) 方法会根据当前池状态，并且参考初始化时线程池规定的核心线程数 corePoolSize 和线程池允许的最大线程数 maximumPoolSize 这两个中的一个，来判断是否需要添加新的工作线程。其中，第一个参数 firstTask 是一个线程，是由 execute( ) 方法提交的任务。第二个参数 core 是一个 bool 值，若为 true，则使用线程池规定的核心线程数 corePoolSize 作为参考；若为 false，则使用线程池允许的最大线程数 maximumPoolSize 作为参考。

　　submit( ) 方法与 execute( ) 方法类似，但它具有异步特性，有返回值，能够返回一个 Future 对象，即未来能得到执行的结果。submit( ) 方法能够让用户更方便地得到任务的信息，特别是有 Exception 异常时，可以通过 Future.get( ) 方法捕获异常来查阅任务失败的原因。第 5 章会对该内容进行进一步讲解。

4.2.3　线程池的创建与使用

　　通过前两小节，我们已经简单了解了线程池的一些基本知识，本小节将通过自己编写代码来实现一个简单的线程池，该示例能让读者更清楚线程池中线程的调整，参考代码如下：

```
1  public class CreateThreadPool01 {
2      public static void main(String[] args) {
3          ThreadPoolExecutor threadPool01 = new
4            ThreadPoolExecutor(3, 5, 500, TimeUnit.MILLISECONDS,
5            new ArrayBlockingQueue<Runnable>(5));
6          for (int i = 0; i < 10; i++) {
7              DoWork doWork = new DoWork(i);
8              threadPool01.execute(doWork);
9              System.out.println("Hi，我是线程池，目前池内线程总数量为: " +
10                 threadPool01.getPoolSize() + "，BlockingQueue
11                 中等待执行的任务为: " + threadPool01.getQueue().size());
12         }
13         for (int i = 0; i < 8; i++){
14             System.out.println("Hi，我是01号线程池，目前池内线程总数量
15                为: " + threadPool01.getPoolSize() + "，BlockingQueue
16                中等待执行的任务为: " + threadPool01.getQueue().size());
17             try {
18                 Thread.currentThread().sleep(100);
19             } catch (InterruptedException e) {
20                 e.printStackTrace();
21             }
22         }
23         threadPool01.shutdown();
24     }
25  }
26  class DoWork implements Runnable {
```

```
27      private int sequence;
28      public DoWork(int num) {
29          this.sequence = num;
30      }
31      @Override
32      public void run() {
33          System.out.println("Hi~~，我是" + sequence + "号任务");
34          try {
35              Thread.currentThread().sleep(100);
36          } catch (InterruptedException e) {
37              e.printStackTrace();
38          }
39      }
40  }
```

运行的参考结果如下：

```
1   Hi，我是线程池，目前池内线程总数量为：1，BlockingQueue 中等待执行的任务为：0
2   Hi，我是线程池，目前池内线程总数量为：2，BlockingQueue 中等待执行的任务为：0
3   Hi，我是线程池，目前池内线程总数量为：3，BlockingQueue 中等待执行的任务为：0
4   Hi，我是线程池，目前池内线程总数量为：3，BlockingQueue 中等待执行的任务为：1
5   Hi，我是线程池，目前池内线程总数量为：3，BlockingQueue 中等待执行的任务为：2
6   Hi，我是线程池，目前池内线程总数量为：3，BlockingQueue 中等待执行的任务为：3
7   Hi，我是线程池，目前池内线程总数量为：3，BlockingQueue 中等待执行的任务为：4
8   Hi，我是线程池，目前池内线程总数量为：3，BlockingQueue 中等待执行的任务为：5
9   Hi，我是线程池，目前池内线程总数量为：4，BlockingQueue 中等待执行的任务为：5
10  Hi，我是线程池，目前池内线程总数量为：5，BlockingQueue 中等待执行的任务为：5
11  Hi，我是 01 号线程池，目前池内线程总数量为：5，BlockingQueue 中等待执行的任务为：5
12  Hi~~，我是 0 号任务
13  Hi~~，我是 1 号任务
14  Hi~~，我是 2 号任务
15  Hi~~，我是 8 号任务
16  Hi~~，我是 9 号任务
17  Hi，我是 01 号线程池，目前池内线程总数量为：5，BlockingQueue 中等待执行的任务为：5
18  Hi~~，我是 3 号任务
19  Hi~~，我是 5 号任务
20  Hi~~，我是 4 号任务
21  Hi~~，我是 6 号任务
22  Hi~~，我是 7 号任务
23  Hi，我是 01 号线程池，目前池内线程总数量为：5，BlockingQueue 中等待执行的任务为：0
24  Hi，我是 01 号线程池，目前池内线程总数量为：5，BlockingQueue 中等待执行的任务为：0
25  Hi，我是 01 号线程池，目前池内线程总数量为：5，BlockingQueue 中等待执行的任务为：0
```

26	Hi，我是 01 号线程池，目前池内线程总数量为：3，BlockingQueue 中等待执行的任务为：0
27	Hi，我是 01 号线程池，目前池内线程总数量为：3，BlockingQueue 中等待执行的任务为：0
28	Hi，我是 01 号线程池，目前池内线程总数量为：3，BlockingQueue 中等待执行的任务为：0

上面的示例创建了一个线程池 threadPool01，并且规定了核心线程数为 3，允许的最大线程数为 5，线程池中每一个线程的 keepAlive 时间为 0.5 秒，排队的任务队列为 5。

当向这个线程池中放入 10 个简单的可执行的任务时，该线程池的变化：线程池中的工作线程数由 0 逐步上升到该线程池规定的核心线程数 3，然后上升到规定的最大线程数 5。其中，当线程池中达到核心线程数时，新加入的任务会先放入 BlockingQueue 任务排队队列中排队。

当线程池中的 BlockingQueue 任务排队队列也排满时，才会继续增加线程池中的工作线程。所以，在这个示例中，线程池的工作线程会在 3 个工作线程中保持一段时间，然后才逐步上升到规定的最大线程数 5。如果任务排队队列已经满了，而且线程池也达到了最大工作线程数，就会使用某种 RejectedExecutionHandler 类中的策略，拒绝新增任务。

当线程池中的工作线程逐步运行了一部分任务时，任务排队队列中的任务又会放入线程池中运行。随着任务的完成，线程池中的工作线程数又会逐步由最大线程数 5 下降到核心线程数 3，然后会继续保持工作线程数 3，等待以后的新增任务。

由于 ThreadPoolExecutor 构造方法的参数及参数的选型众多，因此合理的配置可以创造出良好的符合业务需求的线程池。但如果一时间不清楚到底怎样去配置这些参数才对时，不妨使用下面这些 Java 多线程包中提供的线程池创建类。

（1）newCachedThreadPool：是带缓存功能的线程池。如果任务不多，则该线程池会自动缩小线程数量，可灵活回收空闲线程，若无可回收，则新建线程。当线程发现下一个任务与前一个任务相同，且前一个任务已经完成时，该线程池会复用前一个任务的工作线程来服务新的任务。

（2）newFixedThreadPool：能设置最大工作线程数的线程池。一开始每当提交一个任务时，它都会新建一个工作线程来运行任务，同时该线程会仍然作为工作线程在线程池中待命，以便服务其他任务。当后来任务加入导致工作线程数量达到我们设定的最大工作线程数时，该线程池会将新加入的任务放入 BlockingQueue 任务排队队列中。当一段时间没有了任务时，该线程池中的工作线程仍然不会减少，会一直等待新的任务。

（3）newSingleThreadExecutor：只有一个线程的线程池，即其内部只有唯一的一个工作线程来完成任务，这样做的好处是能够保证所有任务按照指定顺序来执行。

（4）newScheduleThreadPool：设置最大的工作线程数的线程池。其与 newFixedThreadPool 不同，它的主要任务是定时调度任务，如 TimerTask 定时任务，第 6 章将会介绍该线程池。

下面以 newFixedThreadPool 为例，介绍通过 Java 多线程工具类包简化创建的线程池的流程。

参考代码如下：

```
1   import java.util.concurrent.ExecutorService;
2   import java.util.concurrent.Executors;
3
4   public class CreateThreadPool02 {
5       public static void main(String[] args){
6           ExecutorService fixedThreadPool = Executors
7             .newFixedThreadPool(10);
8           for (int i = 0; i < 10; i++) {
9               DoWork doWork = new DoWork(i);
10              fixedThreadPool.execute(doWork);
11          }
12      }
13  }
14  class DoWork implements Runnable {
15      private int sequence;
16      public DoWork(int num) {
17          this.sequence = num;
18      }
19      @Override
20      public void run() {
21          System.out.println("Hi~~, 我是 " + sequence + " 号任务 ");
22          try {
23              Thread.currentThread().sleep(100);
24          } catch (InterruptedException e) {
25              e.printStackTrace();
26          }
27      }
28  }
```

其运行结果与之前的相似，这里省略不列。可以看到，在引入了 Java 多线程的包（java.util.concurrent.Executors）后，使用 Executors.newFixedThreadPool(10) 方法，就能非常方便地创建一个最大工作线程数为 10 的线程池；并且能像手动方式一样，调用 execute( ) 方法来执行任务。

4.3　多线程管理

在大型系统中，往往需要多线程来进行大量的数据处理，所以对多线程的管理在大型业务系统中尤为重要。通常可以对线程进行分组，以及给予合适的命名，结合日志系统就能够较好地跟

踪多线程中各个线程目前的运行情况。另外，也可以借助一些多线程监控工具来观察线程的运行
情况。

4.3.1 多线程管理常用方法

在编写多线程的业务系统中，有意识地对每一个线程进行分类管理，是构建稳定的、易维护的
系统的良好习惯。对多线程的管理，我们可以从线程的基本方法入手，一般可以通过以下方式做到
对线程的简单管理。

（1）为线程设置易于区分的名字。

（2）将线程归类，然后放入一个线程组中。

（3）对线程进行优先级分类，让重要的线程能更好地得到资源。

（4）设置守护线程，能检测重点用户线程的活跃情况。

4.3.2 多线程的监控

在有多线程参与数据处理的业务系统中，对多线程进行监控能让我们及时了解系统的实时运行
情况。一般地，我们可以通过自己编写的日志程序，以及使用多线程的监控工具来实现多线程的可
视化监控。

JDK 其实是自带多线程监控工具的，在 JDK 安装目录的 bin 文件夹下提供了许多简易的 Java
工具，其中就有一个可用于多线程监控的 jconsole.exe 工具，如图 4.4 所示。

本地磁盘 (C:) > Program Files > Java > jdk1.8.0_31 > bin			
名称	修改日期	类型	大小
appletviewer.exe	2017/9/11 10:29	应用程序	16 KB
extcheck.exe	2017/9/11 10:29	应用程序	16 KB
idlj.exe	2017/9/11 10:29	应用程序	16 KB
jabswitch.exe	2017/9/11 10:29	应用程序	34 KB
jar.exe	2017/9/11 10:29	应用程序	16 KB
jarsigner.exe	2017/9/11 10:29	应用程序	16 KB
java.exe	2017/9/11 10:29	应用程序	187 KB
javac.exe	2017/9/11 10:29	应用程序	16 KB
javadoc.exe	2017/9/11 10:29	应用程序	16 KB
javafxpackager.exe	2017/9/11 10:29	应用程序	93 KB
javah.exe	2017/9/11 10:29	应用程序	16 KB
javap.exe	2017/9/11 10:29	应用程序	16 KB
javapackager.exe	2017/9/11 10:29	应用程序	93 KB
java-rmi.exe	2017/9/11 10:29	应用程序	16 KB
javaw.exe	2017/9/11 10:29	应用程序	187 KB
javaws.exe	2017/9/11 10:29	应用程序	313 KB
jcmd.exe	2017/9/11 10:29	应用程序	16 KB
jconsole.exe	2017/9/11 10:29	应用程序	17 KB
jdb.exe	2017/9/11 10:29	应用程序	16 KB
jdeps.exe	2017/9/11 10:29	应用程序	16 KB
jhat.exe	2017/9/11 10:29	应用程序	16 KB

图 4.4　JDK 自带 jconsole.exe 工具的位置

我们可以使用该工具进行简单的线程观测。双击该执行文件，选择一个要观测的 Java 进程（如
IntelliJ IDEA 或 Eclipse），这时就可以观测到该进程下的一些运行指标，如内存占用、线程数、
创建类的数量等，如图 4.5 所示。

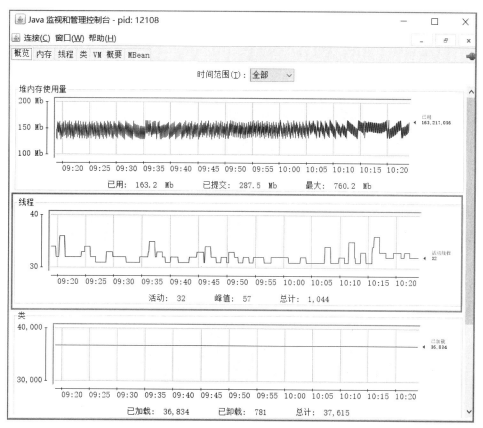

图 4.5　jconsole 运行指标展示

使用IDE工具进行多线程的创建和运行，然后使用jconsole工具观察这些线程。参考代码如下：

```
1  public class ThreadWatchMonitor {
2      public static void main(String[] args) {
3          Thread thread01 = new Thread(new LongTimeExistThread());
4          Thread thread02 = new Thread(new LongTimeExistThread());
5          thread01.setName("Thread-No10001");
6          thread02.setName("Thread-No10002");
7          thread01.start();
8          thread02.start();
9      }
10 }
11 class LongTimeExistThread implements Runnable {
12     @Override
```

```
13    public void run() {
14        while (true){
15            System.out.println(Thread.currentThread().getName() +
16              ": Hi~~ 我还在哟。");
17            try {
18                Thread.sleep(1000);
19            } catch (InterruptedException e) {
20                e.printStackTrace();
21            }
22        }
23    }
24  }
```

通过 jconsole 工具观察到的信息如图 4.6 所示。

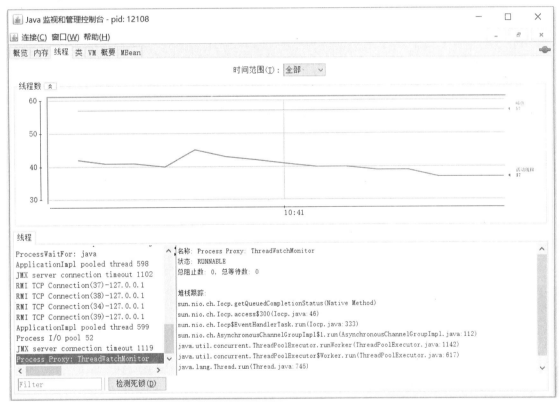

图 4.6　线程信息展示

第5章

多线程的异常处理

异常处理是每一个企业级项目中都必须存在的重要且必要的环节。好的系统当然需要良好的异常处理机制来保证系统的健壮性。

本章内容主要涉及以下知识点。

● Exception 与 Error。

● 异常的抛出与捕获。

● 常见的多线程异常。

● 自定义异常。

5.1　异常的基本概念

Java 的异常可以分为两类，它们都是继承自 Throwable 类的，正因为异常时能抛出相关信息，所以我们能对其进行捕获。本节会初步介绍异常的相关知识。

5.1.1　Exception 与 Error

平常写程序时，有时需要对异常进行捕捉和处理，而能处理的异常一般是指 Exception 及它所衍生的子类。但实际上除了 Exception 外，程序中还会出现 Error 这类更为严重的异常。由于 Error 及其所衍生的子类是严重的系统级别的异常，即俗称的严重错误，因此 Error 出现，代表程序已经无法再正常运行，故一般异常处理中，只关注 Exception 的处理即可；同时，我们应该避免 Error 的出现。

Error 出现的原因往往是程序中含有某些不合理的逻辑处理，其已经导致系统内部出现了严重的错误，甚至运行过程已经无法逆转，即无法继续执行下去。而 Exception 的出现则表示可能是业务上的处理出现了突发情况，但可以补救。也正是由于上述原因，所以才会将异常的处理与 Exception 的捕获和处理等同起来，而非常少地提出捕获 Error。

5.1.2　异常的抛出

实际上，我们能够对异常进行捕捉，是因为 Exception 和 Error 都是继承自一个 Throwable 类的。在程序运行的过程当中，当有意外情况发生时，如某对象未初始化、指定的文件不存在，Throwable 类能够将这一意外抛出，让特殊的代码来进行捕获和处理。其中，Exception 和 Error 这两个类都是 Throwable 的直接子类，它们的关系如图 5.1 所示。

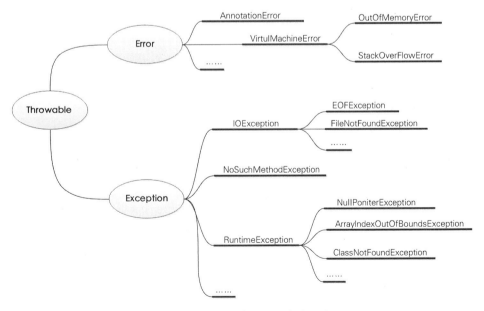

图 5.1　Exception 与 Error 的层级图

　　从图 5.1 中可以看到 Throwable 与 Error、Exception，以及它们所衍生的子类的层级关系，并且可以看到一些程序运行中熟悉的异常字眼。例如，内存泄漏 OutOfMemoryError、栈溢出 StackOverFlowError 等严重的错误；空指针 NullPointException、指定文件无法找到 FileNotFoundException 等异常。

　　可以通过阅读 Java 中 Throwable 的源代码对其加深理解，参考源代码的片段如下：

```
1   public class Throwable implements Serializable {
2       private static final long serialVersionUID =
3         -3042686055658047285L;
4       ……// 省略部分代码
5       // 这里是异常的详细信息
6       private String detailMessage;
7       // 异常的起因
8       private Throwable cause = this;
9       // 异常描述的记录栈（数组）
10      private StackTraceElement[] stackTrace = UNASSIGNED_STACK;
11      ……// 省略部分代码
12      public Throwable() {
13          fillInStackTrace();
14      }
15      public Throwable(String message) {
16          fillInStackTrace();
17          detailMessage = message;
18      }
19      public Throwable(String message, Throwable cause) {
20          fillInStackTrace();
21          detailMessage = message;
22          this.cause = cause;
23      }
24      public Throwable(Throwable cause) {
25          fillInStackTrace();
26          detailMessage = (cause == null ? null : cause.toString());
27          this.cause = cause;
28      }
29      protected Throwable(String message, Throwable cause,
30                          boolean enableSuppression,
31                          boolean writableStackTrace) {
32          if (writableStackTrace) {
33              fillInStackTrace();
34          } else {
35              stackTrace = null;
```

```
36          }
37          detailMessage = message;
38          this.cause = cause;
39          if (!enableSuppression)
40              suppressedExceptions = null;
41      }
42  ……// 省略部分代码
43  // 输出错误信息栈
44  public void printStackTrace() {
45      printStackTrace(System.err);
46  }
47  // 输出错误信息栈
48  public void printStackTrace(PrintStream s) {
49      printStackTrace(new WrappedPrintStream(s));
50  }
51  ……// 省略部分代码
52  }
```

从源代码中可以看到 Throwable 类一共有四个构造函数。另外,Throwable 类包含异常的详细描述信息、异常的起因、异常信息的栈等内容,还能通过 printStackTrace( ) 方法将异常信息栈输出。由于 Exception 和 Error 类及其衍生的子类都继承了 Throwable,因此也能使用 printStackTrace( )等方法。

5.2　Java 中的异常处理

Java 的异常处理有一套自己的规范,合理地使用 Java 的异常处理结构代码,能较好地处理运行中可能出现的突发情况,让自己编写的程序有更强的健壮性。

5.2.1　异常处理的一般形式: try-catch

既然异常会抛出信息,那如何得到这些抛出的信息? 实际上,Java 提供了简单的代码组合:try-catch,对异常进行捕获。该代码组合能通过 try 关键字对一段代码进行特定的异常检测,当检测到有相关的异常被抛出时,会在 catch 关键字所定义的代码段中进行处理。

下面以一则简单的代码来学习 try-catch 的使用。参考代码如下:

```
1  public class DividerByZeroDemo {
2      public static void main(String[] args){
3          // 被除数初定为 30
4          int dividend = 30;
5          // 除数初定为 3
```

```
6          int divisor = 3;
7          while(divisor >= 0){
8              System.out.println(dividend + "与" + divisor +
9                  "相除结果为 :" + dividend/divisor);
10             divisor--;
11         }
12         System.out.println("结束运算");
13     }
14 }
```

运行的参考结果如下 :

```
1  30 与 3 相除结果为 :10
2  30 与 2 相除结果为 :15
3  30 与 1 相除结果为 :30
4  Exception in thread "main" java.lang.ArithmeticException: / by zero
5    at com.ljp.concurr.chapter05.DividerByZeroDemo.main(
6      DividerByZeroDemo.java:12)
```

上面的示例是一个经典的除数为 0 时的异常错误。当除数由 3 递减到 0 时，由于 0 作为除数不符合逻辑，因此程序运行中会抛出 java.lang.ArithmeticException: / by zero 异常信息。由于没有对该异常进行捕获，因此当程序运行到除数为 0 这一运算时就停止了，导致程序的最后一句 System.out.println("结束运算"); 并没有成功输出。

针对上面的异常，可以对其进行 try-catch 捕获，这样程序就可以继续向下运行。修改后的参考代码如下 :

```
1  public class DividerByZeroDemo {
2      public static void main(String[] args){
3          // 被除数初定为 30
4          int dividend = 30;
5          // 除数初定为 3
6          int divisor = 3;
7          while(divisor >= 0){
8              try{
9                  System.out.println(dividend + "与" + divisor +
10                     "相除结果为 :" + dividend/divisor);
11             }catch(ArithmeticException exception){
12                 System.out.println("除数为 0 了，不符合逻辑。");
13             }
14             divisor--;
15         }
```

```
16              System.out.println(" 结束运算 ");
17          }
18  }
```

运行的参考结果如下：

```
1   30 与 3 相除结果为 :10
2   30 与 2 相除结果为 :15
3   30 与 1 相除结果为 :30
4   除数为 0 了，不符合逻辑。
5   结束运算
```

5.2.2 使用 finally 进行最后处理

try-catch 是异常处理的最基本形式，实际上还有另外一个关键字 finally 可以和 try-catch 配套使用，这就构成了 try-catch-finally 异常代码组合。其中，finally 代码块是程序运行时经过 try-catch 代码块的逻辑后，无论有无异常都会在最后一定运行的逻辑。但偶然情况下，如 Java 虚拟机退出、线程中断、硬件断电等情况下则没有机会运行。

下面的示例就是前面除法计算示例加上了 finally 代码块，组合成一个简单的 try-catch-finally 异常处理形式，加强运算过程中信息的输出。参考代码如下：

```java
1   public class DividerByZeroDemo {
2       public static void main(String[] args){
3           // 被除数初定为 30
4           int dividend = 30;
5           // 除数初定为 3
6           int divisor = 3;
7           int step = 1;
8           while(divisor >= 0){
9               try{
10                  System.out.println(dividend + " 与 " + divisor +
11                      " 相除结果为 :" + dividend/divisor);
12              }catch(ArithmeticException exception){
13                  System.out.println(" 除数为 0 了，不符合逻辑。");
14              }finally{
15                  System.out.println(" 第 " + step + " 次除法计算结束 ");
16                  step++;
17              }
18              divisor--;
19          }
```

```
20              System.out.println(" 结束运算 ");
21          }
22  }
```

运行的参考结果如下：

```
1   30 与 3 相除结果为 :10
2   第 1 次除法计算结束
3   30 与 2 相除结果为 :15
4   第 2 次除法计算结束
5   30 与 1 相除结果为 :30
6   第 3 次除法计算结束
7   除数为 0 了，不符合逻辑。
8   第 4 次除法计算结束
9   结束运算
```

由运行结果可以看出，每一次 try-catch 代码块运行完后，都会进入 finally 代码段中，而且通过自己多次修改和测试，可以得出无论 try-catch 代码块中是否抛出异常，finally 代码块都会被执行。

由于上述特性，finally 在许多项目中都会用到，特别是一些与有用资源的使用相关的业务逻辑中，finally 正好可以做到在最后逻辑处理中进行资源的回收或释放。

5.3　Java 多线程的异常

多线程的异常有别于一般的主线程异常，多线程的异常一般只能在各自的 run( ) 方法中进行捕获，不能外放到主线程中。所以，做好线程内部 run( ) 方法的异常处理非常重要。同时，做好线程的安全关闭能有效释放资源，减少各个线程之间的冲突，防止突然发生异常情况。

5.3.1　常见的多线程异常

对于 Thread 类及实现 Runnable 接口的线程，当它们运行中出现异常并对外抛出时，外层的主线程即使继续 try-catch 操作，有时对这样的线程异常也无法捕获成功。一起来看下面的参考代码：

```
1   public class CommonThreadException {
2       public static void main(String[] args){
3           Thread thread01 = new Thread(new ThrowsExceptionRunnable());
4           try{
5               thread01.start();
6           } catch(Exception e){
```

```
7              System.out.println(" 成功捕获到线程的异常！ ");
8          }
9      }
10 }
11 class ThrowsExceptionRunnable implements Runnable {
12     @Override
13     public void run() {
14         // 被除数初定为 30
15         int dividend = 30;
16         // 除数初定为 3
17         int divisor = 3;
18         int step = 1;
19         while(divisor >= 0){
20             System.out.println(dividend + " 与 " + divisor +
21                 " 相除结果为 :" + dividend/divisor);
22             divisor--;
23         }
24         System.out.println(" 结束运算 ");
25     }
26 }
```

按道理，线程运行到除数为 0 时会抛出异常，然后 main 线程使用 try-catch 应该是可以捕获到相应的线程的，但运行时可能得到这样的参考结果：

```
1  30 与 3 相除结果为 :10
2  Exception in thread "Thread-0" 30 与 2 相除结果为 :15
3  30 与 1 相除结果为 :30
4  java.lang.ArithmeticException: / by zero
5    at com.ljp.concurr.chapter05.ThrowsExceptionRunnable.run(
6      CommonThreadException.java:29)
7    at java.lang.Thread.run(Thread.java:745)
```

可以看到，在输出结果中并没有得到捕获异常之后的输出“成功捕获到线程的异常！ ”。这是因为 Thread 和 Runnable 所创建的线程需要在自己的逻辑中，即在 run( ) 方法内部进行异常的捕获，而不能抛出异常给外界的其他线程。

虽然示例中 thread01 线程是 main 线程的子线程，但由于 thread01 只能内部自己处理异常而不能将异常抛出给上一级线程，因此 main 线程无法得知子线程 thread01 到底有没有发生异常。

对于多线程异常处理中存在的类似问题，可以通过下面几种方法解决。

（1）在 Thread 及 Runnable 中的 run( ) 方法中进行 try-catch 操作。

（2）使用 Callable 接口创建线程，并通过 get( ) 方法获取异常。

（3）使用线程池 Executor 设置改写的 ExceptionHandler 来处理线程异常。

　　其中,第二种方法会在 5.3.2 小节中讲解,而第三种方法我们会在 5.4.1 小节和 5.4.2 小节中讲解。这里介绍第一种方法,即在 Thread 及 Runnable 的 run( ) 方法中进行 try-catch 操作。修改后的参考代码如下:

```java
public class CommonThreadException {
    public static void main(String[] args){
        Thread thread01 = new Thread(new ThrowsExceptionRunnable());
        try{
            thread01.start();
        } catch(Exception e){
            System.out.println(" 成功捕获到线程的异常! ");
        }
    }
}
class ThrowsExceptionRunnable implements  Runnable {
    @Override
    public void run() {
        // 被除数初定为 30
        int dividend = 30;
        // 除数初定为 3
        int divisor = 3;
        int step = 1;
        while(divisor >= 0){
            try {
                System.out.println(dividend + " 与 " + divisor +
                    " 相除结果为:" + dividend/divisor);
            } catch (Exception e){
                System.out.println(" 成功在 run() 方法中捕获到线程的
                    异常! ");
            }
            divisor--;
        }
        System.out.println(" 结束运算 ");
    }
}
```

运行的参考结果如下:

```
1  30 与 3 相除结果为 :10
2  30 与 2 相除结果为 :15
3  30 与 1 相除结果为 :30
```

```
4   成功在 run() 方法中捕获到线程的异常！
5   结束运算
```

虽然没有能够在 main 线程中捕获到异常，但至少 run() 方法中还是能够成功捕获到异常的。

5.3.2 Future 的 get() 方法获取异常

第 1 章简单介绍了创建线程的三种基本方法，其中最为复杂的是第三种方法：以实现 Callable 接口来创建线程的方法。读者可能会有这样的疑问，既然有了之前两种简单创建线程的方法，那为何还要有第三种？

实际上，通过实现 Callable 接口创建的线程，有着可以替代其他线程方法中的 run() 方法的另一个方法：call() 方法。同时，它的一般表现形式如下：public String call() throws Exception。也就是说，与 run() 方法不同，call() 方法包含 throws Exception 的能力，即当该线程内部发生异常时，能够抛出异常给外层的线程（一般为 main 主线程）捕获。

实现 Callable 接口的线程类一般需要与 Future 结合使用，才能得到可运行的线程。同时，可以通过 Future 的 get() 方法得到 call() 方法中的返回值。若在该过程中发生了异常，还可以在 Future 的 get() 方法这一层加入 try-catch 代码将异常捕获。

下面将以一个字符串越界的示例，讲解通过实现 Callable 接口创建的线程是如何进行异常抛出的。参考代码如下：

```
1   import java.util.concurrent.Callable;
2   import java.util.concurrent.FutureTask;
3   public class FutureCatchExceptionDemo {
4     public static void main(String[] args){
5       Callable<String> getSubString = new SubStringCallable();
6       FutureTask<String> stringFutureTask = new
7         FutureTask<String>(getSubString);
8       Thread subStringThread = new Thread(stringFutureTask);
9       subStringThread.start();
10      try {
11          System.out.println(stringFutureTask.get());
12      } catch (Exception e) {
13          System.out.println(" 返回子字符串失败了，应该是截取下标越界
14             了吧？ ");
15      }
16    }
17  }
18  class SubStringCallable implements Callable<String> {
19    @Override
```

```
20      public String call() throws Exception {
21          String fullInfoString = "我是 AAA 字符串，据说我要被截取一小段，
22              然后返回…";
23          //这里的子字符串 startIndex、endIndex，可以自己多设置几次不同的值，
24          // 这样做是为了测试当下标越界时，
25          //callable 线程是否能抛出异常及主线程是否可以获取到异常
26          String tmpSubString = fullInfoString.substring(15, 50);
27          return tmpSubString;
28      }
29  }
```

运行的参考结果如下：

```
1   返回子字符串失败了，应该是截取下标越界了吧？
```

5.3.3　多线程的安全关闭

多线程的关闭涉及其他线程的运行和稳定，所以一般情况下，线程并不是直接调用一个关闭的方法就能够马上关闭的，要考虑线程使用的资源是否已经释放、线程是否需要在退出服务之前通知其他线程或需要进行一些准备工作等。

多线程的安全关闭就是为了让一个线程在关闭的过程中，能够尽量做到对其他线程的影响降到最低。一般地，可以使用线程的 interrupt( ) 方法来设置终止状态，接着线程会在某个时刻抛出终止异常 InterruptedException，可以通过捕获这样的异常，在 catch 代码块中进行线程中断及终止前的一些准备工作，如释放资源等。我们来看下面的参考代码：

```
1   public class CloseThread {
2     public static void main(String[] args){
3         Thread waitToCloseThread = new Thread(new
4           waitToCloseRunnable());
5         waitToCloseThread.start();
6         try {
7             Thread.sleep(3000);
8         } catch (InterruptedException e) {
9             e.printStackTrace();
10        }
11        // 终止线程，设置线程的中断状态为 true
12        waitToCloseThread.interrupt();
13      }
14  }
15  class waitToCloseRunnable implements Runnable {
```

```
16      @Override
17  public void run() {
18        // 判断线程的状态是否为中断
19        while (Thread.currentThread().isInterrupted() == false){
20            try {
21                System.out.println(Thread.currentThread()
22                    .getName() + "线程正在运行");
23                // 每次循环睡眠 200 毫秒
24                Thread.sleep(200);
25            } catch (InterruptedException e) {
26                // 这里可以做一些线程中断前的准备工作,如释放资源等
27                System.out.println("正在释放资源……");
28                // 释放完资源后,可以关闭线程
29                System.out.println("立即中断线程,线程关闭中…");
30                // 再次运行 interrupt() 方法,真正关闭线程
31                Thread.currentThread().interrupt();
32            }
33        }
34    }
35  }
```

运行的参考结果如下:

```
1   Thread-0 线程正在运行
2   Thread-0 线程正在运行
3   Thread-0 线程正在运行
4   Thread-0 线程正在运行
5   ……
6   Thread-0 线程正在运行
7   Thread-0 线程正在运行
8   Thread-0 线程正在运行
9   Thread-0 线程正在运行
10  正在释放资源……
11  立即中断线程,线程关闭中…
```

可以看到,线程通过调用 interrupt() 方法,使得中断状态由 false 变为 true。如果线程在 WAITING 状态或 TIMED_WAITING 状态下的中断状态变成 true,则该线程会抛出一个 InterruptedException 异常。

通过捕获该异常,可以进行该线程终止前的最后的逻辑处理,如释放资源等操作。最后,当完成了关闭前的一系列操作,需要真正关闭该线程时,可以再次调用 interrupt() 方法,或者使用 break,又或者使用 return 真正关闭线程。

5.4　自定义多线程异常处理

通过前面内容的学习，我们已经了解了多线程的异常处理有一些特殊性，即外部线程无法捕获内部线程所抛出的异常。一般地，一个线程的内部异常需要在该线程内部进行处理。但是，如果能够自定义线程的异常处理类，当一个线程内部异常往外抛出时，也可以将其捕获。本节将讲解该内容。

5.4.1　创建切合业务的自定义线程异常处理类

在 5.3.1 小节中已经简单介绍过多线程的异常处理的特殊性，即当 Thread 类及实现 Runnable 接口的线程运行中出现异常并对外抛出时，外层的主线程即使继续 try-catch 操作，一般情况下对这样的线程异常也是无法捕获成功的。

这主要是因为在线程 Thread 类中有一个接口 UncaughtExceptionHandler，它包含一个 uncaughtException( ) 方法。该方法原意是专门对原本线程中没有捕获成功的异常进行最终捕获处理，同时，当线程未捕获异常而进入该方法后，所有抛出的异常都会被 Java 虚拟机所忽略，即不再对外抛出。

由于 Java 的 Thread 类默认使用 uncaughtException( ) 进行空处理，而 Java 虚拟机又会忽略该方法之后的抛出异常，因此我们经常看到的结果是内部线程发生异常时，在外层线程看来，是既不能成功对内部线程的异常进行 catch，也不能获得更加详细的信息。

但如果适当地改写线程的异常处理类，并且使用线程池 Executor，告诉该线程池使用自定义的异常处理类来处理多线程异常，那么外层线程还是能 catch 到内部线程抛出的异常的。下面将介绍如何编写自定义的线程异常处理类。参考代码如下：

```
1  public class SuccessCatchThreadExceptionHandler
2          implements Thread.UncaughtExceptionHandler {
3      @Override
4      public void uncaughtException(Thread thread, Throwable e) {
5          System.out.println(thread.getName() +
6            "抛出了异常信息： " + e.toString());
7      }
8  }
```

上面的代码创建了一个简单的自定义线程异常处理类，其中只有简单的通过线程名称将对应的异常信息输出。实际上可以创建多种不同的自定义线程异常处理类，进行多种不同情况的异常信息处理。这里不再详细展示，读者可以自行创建更多的处理类进行尝试。

5.4.2　捕获多线程运行时的自定义异常

5.4.1 小节中创建了一个自定义线程异常处理类，但还需要替换默认的线程异常处理类才能让自己的自定义处理类生效。下面将通过线程异常处理工厂类，将自定义线程异常处理类放入并运行，看是否能在多线程运行下捕捉到自定义的异常处理信息。参考代码如下：

```
1  public class SuccessCatchThreadExceptionFactory
2          implements ThreadFactory {
3      @Override
4      public Thread newThread(Runnable runnable) {
5          Thread tmpThread = new Thread(runnable);
6          tmpThread.setUncaughtExceptionHandler(
7              new SuccessCatchThreadExceptionHandler()
8          );
9          return tmpThread;
10     }
11 }
```

另外，再创建一个含有 main( ) 方法的运行类，查看相关运行结果。参考代码如下：

```
1  public class ThreadSuccessCatchException {
2      public static void main(String[] args){
3          ExecutorService execService = Executors.newCachedThreadPool(
4              new SuccessCatchThreadExceptionFactory());
5          execService.execute(new DividerByZeroRunnable());
6      }
7  }
8  class DividerByZeroRunnable implements Runnable {
9      @Override
10     public void run() {
11         // 被除数初定为30
12         int dividend = 30;
13         // 除数初定为3
14         int divisor = 3;
15         int step = 1;
16         while(divisor >= 0){
17             System.out.print(dividend + "与" + divisor +
18                 "相除结果为:");
19             System.out.println( dividend/divisor);
20             divisor--;
21         }
22         System.out.println("结束运算");
```

```
23        }
24  }
```

运行的参考结果如下：

```
1   30 与 3 相除结果为 :10
2   30 与 2 相除结果为 :15
3   30 与 1 相除结果为 :30
4   30 与 0 相除结果为 :Thread-0 抛出了异常信息 :
5     java.lang.ArithmeticException: / by zero
```

由运行结果可以知道，已经成功地捕获到了该异常。如果自定义线程异常类中编写的不是简单的异常输出信息，而是异常后的修复处理，也许可以更好地进行线程异常修复的尝试。

第6章

>>> 多线程定时任务 TimerTask

第1章已经简单介绍了Java的三种基本的线程创建方法。本章将介绍Java自带的多线程定时任务TimerTask工具，其在创建任务的过程中，实际上也会创建一个新的线程。

本章内容主要涉及以下知识点。

● 定时任务调度的概念。

● 使用Timer与TimerTask进行定时任务调度。

● 常见的一些优秀的Java定时任务调度工具介绍。

6.1　定时任务

许多编程语言都支持定时任务功能，它能够让程序自动地在某个时间触发某个方法来完成某个任务。Java 中自带了 Timer 及 TimerTask，可以简单和方便地进行每日定时统计。定时任务通常是启动一个线程来独立完成的。

6.1.1　初识定时任务

定时任务是许多商业系统中包含的一个重要的处理环节。例如，一些商业系统需要在深夜对昨日的一些订单、用户活跃数据进行统计汇总等，手机的一些应用会在深夜某个时刻进行版本检测和升级，以及每日早上的手机定时闹钟等。

另外，有一些物联网的设备，为了与后台服务端保持联系，需要定时向后台服务端发送心跳包，让后台服务端知道该设备仍然在工作中。可见，定时任务离我们并不远，而且我们生活中使用的许多应用和系统，每日可能都会有一个或多个定时任务，它们会在我们不经意时启动一个线程，以完成一项任务。

图 6.1 所示为终端售货机定时发送心跳包示意图。其中，中心应用服务器是部署于远端的用于处理终端售货机的连接情况、用户支付、出货操作、记账等一系列计算的服务器。

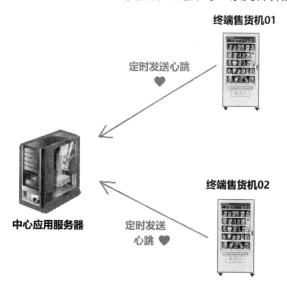

图 6.1　终端售货机定时发送心跳包

一般而言，终端售货机需要每隔一段时间定时向服务器发送一段心跳报文，以说明自己仍然在线，处于正常工作中。如果服务器在一段时间内，其统计到某一台终端售货机累计心跳未发送次数达到一个数值时，就可以认为该终端售货机失联，需要派工作人员去查看和维护。

6.1.2 Java 的定时器 Timer 类

Timer 源代码的内容并不多，可以通过其源代码来认识 Timer 的一些方法和特性。下面是 Java 中 Timer 源代码主要方法的一些片段：

```
1   public class Timer {
2       private final TaskQueue queue = new TaskQueue();
3       private final TimerThread thread = new TimerThread(queue);
4       ……// 省略部分代码
5       public Timer() {
6           this("Timer-" + serialNumber());
7       }
8       public Timer(boolean isDaemon) {
9           this("Timer-" + serialNumber(), isDaemon);
10      }
11      public Timer(String name) {
12          thread.setName(name);
13          thread.start();
14      }
15      public Timer(String name, boolean isDaemon) {
16          thread.setName(name);
17          thread.setDaemon(isDaemon);
18          thread.start();
19      }
20      public void schedule(TimerTask task, long delay) {
21          if (delay < 0)
22              throw new IllegalArgumentException("Negative delay.");
23          sched(task, System.currentTimeMillis() + delay, 0);
24      }
25      public void schedule(TimerTask task, Date time) {
26          sched(task, time.getTime(), 0);
27      }
28      public void schedule(TimerTask task, long delay, long period) {
29          if (delay < 0)
30              throw new IllegalArgumentException("Negative delay.");
31          if (period <= 0)
32              throw new IllegalArgumentException("Non-positive period.");
33          sched(task, System.currentTimeMillis() + delay, -period);
34      }
35      public void schedule(TimerTask task, Date firstTime, long period) {
36          if (period <= 0)
```

```
37              throw new IllegalArgumentException("Non-positive period.");
38          sched(task, firstTime.getTime(), -period);
39      }
40      public void scheduleAtFixedRate(TimerTask task, long delay,
41        long period) {
42          if (delay < 0)
43              throw new IllegalArgumentException("Negative delay.");
44          if (period <= 0)
45              throw new IllegalArgumentException("Non-positive period.");
46          sched(task, System.currentTimeMillis() + delay, period);
47      }
48      public void scheduleAtFixedRate(TimerTask task, Date firstTime,
49        long period) {
50          if (period <= 0)
51              throw new IllegalArgumentException("Non-positive period.");
52          sched(task, firstTime.getTime(), period);
53      }
54      private void sched(TimerTask task, long time, long period) {
55          if (time < 0)
56              throw new IllegalArgumentException("Illegal execution
57                  time.");
58          //Constrain value of period sufficiently to prevent numeric
59          //overflow while still being effectively infinitely large
60          if (Math.abs(period) > (Long.MAX_VALUE >> 1))
61              period >>= 1;
62          synchronized(queue) {
63              if (!thread.newTasksMayBeScheduled)
64                  throw new IllegalStateException("Timer already
65                      cancelled.");
66              synchronized(task.lock) {
67                  if (task.state != TimerTask.VIRGIN)
68                      throw new IllegalStateException(
69                          "Task already scheduled or cancelled");
70                  task.nextExecutionTime = time;
71                  task.period = period;
72                  task.state = TimerTask.SCHEDULED;
73              }
74              queue.add(task);
75              if (queue.getMin() == task)
76                  queue.notify();
77          }
```

```
78        }
79    ……// 省略部分代码
80    }
```

通过查阅 Timer 的源代码，我们可以看到，其主要分为以下两部分。

（1）Timer 的构造方法。

（2）Timer 的核心方法 schedule( ) 及 scheduleAtFixedRate( ) 方法。

其中，Timer 的构造方法有多个，它带有 0~2 个不同的参数，这些参数主要是一些构建对象时用的与配置相关的变量。例如，无参数的构造方法代表默认按顺序生成线程名，字符型参数的构造方法用于设置线程名，布尔型参数代表是否设置为守护线程。

6.1.3　Java 的定时器任务 TimerTask 抽象类

如果说 Timer 是一个定时器，那么 TimerTask 就是该定时器所要触发的真实任务。实际上 TimerTask 是一个抽象类，我们可以查阅 TimerTask 的 Java 源代码来进一步对其进行了解。参考代码如下：

```
1   public abstract class TimerTask implements Runnable {
2       final Object lock = new Object();
3       int state = VIRGIN;
4       static final int VIRGIN = 0;
5       static final int SCHEDULED = 1;
6       static final int EXECUTED = 2;
7       static final int CANCELLED = 3;
8       long nextExecutionTime;
9       long period = 0;
10      protected TimerTask() {
11      }
12      /**
13       * The action to be performed by this timer task.
14       */
15      public abstract void run();
16      public boolean cancel() {
17          synchronized(lock) {
18              boolean result = (state == SCHEDULED);
19              state = CANCELLED;
20              return result;
21          }
22      }
23      public long scheduledExecutionTime() {
```

```
24          synchronized(lock) {
25              return (period < 0 ? nextExecutionTime + period
26                          : nextExecutionTime - period);
27          }
28      }
29  }
```

可以看出，TimerTask 实际上是一个实现了 Runnable 接口的线程类，此时，run( ) 方法使用的是抽象方法的定义，即未给出真实的、具体的逻辑，而是需要用户去实现具体的业务逻辑。

例如，下面的示例使用 Timer 及 TimerTask 实现每 5 秒输出当前时间。参考代码如下：

```
1  public class FirstTimerTest {
2      public static void main(String[] args){
3          Timer timer001 = new Timer();
4          SimpleDateFormat dFormat = new SimpleDateFormat(
5              "yyyy-MM-dd HH:mm:ss");
6          // 延迟 2000 毫秒执行程序
7          timer001.schedule(new TimerTask() {
8              @Override
9              public void run() {
10                 System.out.println(" 当前时间为: " +
11                     dFormat.format(new Date()));
12             }}, 2000, 5000
13         );
14     }
15  }
```

运行的参考结果如下：

```
1  当前时间为: 2019-03-10 11:14:54
2  当前时间为: 2019-03-10 11:14:59
3  当前时间为: 2019-03-10 11:15:04
4  当前时间为: 2019-03-10 11:15:09
5  当前时间为: 2019-03-10 11:15:14
6  当前时间为: 2019-03-10 11:15:19
7  当前时间为: 2019-03-10 11:15:24
```

该示例中的 Timer 使用了 schedule(TimerTask task, long delay, long period) 方法：

```
1  timer001.schedule(new TimerTask() {
2      @Override
3      public void run() {
```

```
4          System.out.println(" 当前时间为: " + dFormat.format(new
5            Date()));
6      }}, 2000, 5000
7   );
```

其中，第一个参数是需要重写 run( ) 方法的 TimerTask 类，第二个参数代表延时的毫秒数时间，第三个参数代表每隔多久再次运行一次的毫秒数时间。该示例要求程序每隔 5 秒打印一次当前的时间，并且延迟 2 秒（当程序成功运行后开始计算），才进行首次输出。

6.2 多线程定时任务

使用 Timer 和 TimerTask 可以快速创建多任务的调度，对于简单的任务运行，其可以作为临时的方案选择。但对于复杂的任务逻辑处理，从于 Timer 及 TimerTask 没有良好的异常处理和失败恢复等机制，这就要求我们使用时格外小心。本节将介绍多线程定时任务。

6.2.1 创建多个任务

6.1 节已经简单介绍了 Timer 及 TimerTask，并且知道了它们都属于线程类。实际上，一个 Timer 可以同时调用多个 TimerTask，即同时启动多个任务。如下面的示例，Timer 类 timer002 一共启动了两个 TimerTask。但同时，由示例中也看出了一个问题：如果通过 Timer 类启动多个任务，当其中一个任务出现异常而没有捕获时，会导致另一个没有出现异常的任务终止。参考代码如下：

```
1   public class SecondTimerTest {
2       static int decreaseInteger = 8;
3       public static void main(String[] args) {
4           Timer timer002 = new Timer();
5           SimpleDateFormat dFormat = new SimpleDateFormat(
6             "yyyy-MM-dd HH:mm:ss");
7           // 延迟 2000 毫秒执行程序
8           timer002.schedule(new TimerTask() {
9               @Override
10              public void run() {
11                  System.out.println("Hi，我是第一个 TimerTask 线程，
12                      当前时间为: " + dFormat.format(new Date()));
13              }
14          }, 2000, 5000
15          );
16          // 延迟 3001 毫秒执行程序
17          timer002.schedule(new TimerTask() {
```

```
18              @Override
19              public void run() {
20                  System.out.println("Hi, 我是第二个 TimerTask 线程,
21                      当前时间为: " + dFormat.format(new Date()));
22                  // 随着 decreaseInteger 的值不断递减, 当到达 0 时,
23                  // 就会出现除以 0 的逻辑错误,
24                  // 并且程序会抛出 java.lang.ArithmeticException: / by zero 异常
25                  SecondTimerTest.decreaseInteger--;
26                  int i = (100/SecondTimerTest.decreaseInteger);
27              }
28          }, 3001, 1000
29      );
30  }
```

运行的参考结果如下:

```
1  Hi, 我是第一个 TimerTask 线程, 当前时间为: 2019-03-17 17:49:01
2  Hi, 我是第二个 TimerTask 线程, 当前时间为: 2019-03-17 17:49:02
3  Hi, 我是第二个 TimerTask 线程, 当前时间为: 2019-03-17 17:49:03
4  Hi, 我是第二个 TimerTask 线程, 当前时间为: 2019-03-17 17:49:04
5  Hi, 我是第二个 TimerTask 线程, 当前时间为: 2019-03-17 17:49:05
6  Hi, 我是第一个 TimerTask 线程, 当前时间为: 2019-03-17 17:49:06
7  Hi, 我是第二个 TimerTask 线程, 当前时间为: 2019-03-17 17:49:06
8  Hi, 我是第二个 TimerTask 线程, 当前时间为: 2019-03-17 17:49:07
9  Hi, 我是第二个 TimerTask 线程, 当前时间为: 2019-03-17 17:49:08
10 Hi, 我是第二个 TimerTask 线程, 当前时间为: 2019-03-17 17:49:09
11 Exception in thread "Timer-0" java.lang.ArithmeticException: / by
12 zero
13     at com.ljp.concurr.chapter06.SecondTimerTest$2.run(
14     SecondTimerTest.java:34)
15     at java.util.TimerThread.mainLoop(Timer.java:555)
16     at java.util.TimerThread.run(Timer.java:505)
17 Process finished with exit code 0
```

上面的示例中, 我们看到第二个任务运行到一定次数后会因为除数为 0 而出现逻辑错误, 导致抛出 java.lang.ArithmeticException: / by zero 异常。正是因为这个异常没有被 try-catch 捕获, 所以导致第二个任务终止, 而第一个任务在第二个任务终止后也没有继续运行。

6.2.2　ScheduledExecutorService 运行多任务

6.2.1 小节中, Timer 和 TimerTask 虽然也可以进行多任务的定时触发, 但由于其内部实现较为简单, 没有健壮的机制辅助多任务运行, 如失败重试等。因此, 在多任务多线程下, 如果

其中一个没有捕获抛出的异常，就会导致该任务连同其他任务也一同终止。由此可见，Timer 及 TimerTask 一般只适合简单的定时任务或简单的任务调度，而如果需要更为稳健和准确的任务调度，甚至满足大数据处理情况下的任务调度，则需要使用其他的类或框架辅助。

实际上，Java 当中有许多优秀的定时任务调度类及框架。例如，针对 6.2.1 小节中的 Timer 运行多个任务这一示例，可以稍做修改，使用 ScheduledExecutorService 的实现类来更好地完成多个任务或线程的运行。我们可以引入 Apache 的 commons-lang3 的 jar 包，来更好地以线程池的方法创建 ScheduledExecutorService 的实现类。改版后的多任务运行的代码如下：

```
1   public class SchedulerExecutorServiceTest {
2       static int decreaseInteger = 8;
3       public static void main(String[] args) {
4           SimpleDateFormat dFormat = new SimpleDateFormat(
5             "yyyy-MM-dd HH:mm:ss");
6           ScheduledExecutorService executorService =
7             new ScheduledThreadPoolExecutor(10,
8               new BasicThreadFactory.Builder()
9                 .namingPattern("example-schedule-pool-%d")
10                .daemon(true).build());
11          executorService.scheduleAtFixedRate(new TimerTask(){
12              @Override
13              public void run() {
14                  System.out.println("Hi, 我是第一个 TimerTask 线程，
15                      当前时间为: " + dFormat.format(new Date()));
16              }
17          }, 2000, 5000, TimeUnit.MILLISECONDS);
18          executorService.scheduleAtFixedRate(new TimerTask(){
19              @Override
20              public void run() {
21                  System.out.println("Hi, 我是第二个 TimerTask 线程，
22                      当前时间为: " + dFormat.format(new Date()));
23                  // 随着 decreaseInteger 的值不断递减，当到达 0 时，
24                  // 就会出现除以 0 的逻辑错误，
25                  // 并且程序会抛出 java.lang.ArithmeticException: / by zero 异常
26                  SecondTimerTest.decreaseInteger--;
27                  int i = (100/SecondTimerTest.decreaseInteger);
28              }
29          }, 3001, 1000, TimeUnit.MILLISECONDS);
30          while (true){
31              // 让 main 线程保持活性
32          }
```

```
33       }
34   }
```

运行的参考结果如下：

```
1    Hi，我是第一个 TimerTask 线程，当前时间为：2019-03-18 16:41:14
2    Hi，我是第二个 TimerTask 线程，当前时间为：2019-03-18 16:41:15
3    Hi，我是第二个 TimerTask 线程，当前时间为：2019-03-18 16:41:16
4    Hi，我是第二个 TimerTask 线程，当前时间为：2019-03-18 16:41:17
5    Hi，我是第二个 TimerTask 线程，当前时间为：2019-03-18 16:41:18
6    Hi，我是第一个 TimerTask 线程，当前时间为：2019-03-18 16:41:19
7    Hi，我是第二个 TimerTask 线程，当前时间为：2019-03-18 16:41:19
8    Hi，我是第二个 TimerTask 线程，当前时间为：2019-03-18 16:41:20
9    Hi，我是第二个 TimerTask 线程，当前时间为：2019-03-18 16:41:21
10   Hi，我是第二个 TimerTask 线程，当前时间为：2019-03-18 16:41:22
11   Hi，我是第一个 TimerTask 线程，当前时间为：2019-03-18 16:41:24
12   Hi，我是第一个 TimerTask 线程，当前时间为：2019-03-18 16:41:29
13   Hi，我是第一个 TimerTask 线程，当前时间为：2019-03-18 16:41:34
14   Hi，我是第一个 TimerTask 线程，当前时间为：2019-03-18 16:41:39
15   Hi，我是第一个 TimerTask 线程，当前时间为：2019-03-18 16:41:44
```

对比 6.2.1 小节的内容，可以看出，即使第二个 TimerTask 抛出异常终止，也不会影响第一个 TimerTask 的运行，第一个 TimerTask 能够继续不断地执行下去。

6.2.3　其他常见 Java 定时任务调度框架简介

前面介绍了通过 Timer、TimerTask 及 ScheduledExecutorService 的实现类来执行任务调度，这些特别适合简单的或需要快速开发测试的场景。但如果需要更为功能全面和性能稳健的调度，特别是需要满足大数据处理的定时任务调度，则可能需要其他更为强大的 Java 任务调度框架的辅助。

（1）Spring-Task 任务调度工具。它是 Spring 框架中包含的定时任务工具，如果在项目中引入了 Spring 框架，或者在 Spring Boot、Spring Cloud 项目中，则可以直接引用。Spring-Task 支持 xml 配置和直接注解的形式来使用，同时可以使用 cron 表达式，达到比 Timer 更为灵活和精准的定时调度。如果读者有兴趣进一步了解，可以到 Spring 的官网查询更多信息。

（2）Quartz 大数据任务调度框架。它是由开源组织 OpenSymphony 贡献的一个开源项目，是 Java 中难得的经过众多大中型项目的使用和磨炼，并在不断改进的，能满足海量大数据处理和海量任务并行执行的任务调度框架，第 9 章会进一步讲解该内容。

第 7 章

多线程并发处理

经过前面多章的学习，我们已经有了一定的 Java 多线程的基础。从本章开始，讲解一些线程及多线程情况下的线程的高级特性，其中多线程的并发处理是重点和难点。能够把握好多线程的并发处理，基本上就掌握了运用多线程的能力了。

本章内容主要涉及以下知识点。

- 多线程可以并发执行所需的三大特性。
- synchronized 关键字的详细分析。
- volatile 关键字的详细分析。
- 多线程的锁。
- ThreadLocal 的详细分析。
- 多线程的同步。
- 多线程的异步。

7.1　多线程的并发基础

多线程并发的情况下，要保证各个线程的线程安全，需要满足三大多线程的并发特性，即原子性（Atomic）、内存可见性和避免指令重排序。本节将分别对这三大特性进行讲解。

7.1.1　多线程的原子性

原子性是指一系列的操作是连贯的不可分割的。例如，银行的划账，A 账户划拨 20000 元到 B 账户，是瞬间的不可分割的，即 A 账户减少 20000 元的同时，B 账户要即刻增加 20000 元，而中途不许有其他账户的干扰或人为插手。

上述过程可以使用 Java 代码来示范。参考代码如下：

```
1   // 用户银行账号模拟类
2   public class SimpleAccount {
3       private String accountId;
4       private BigDecimal totalAccount;
5       public String getAccountId() {
6           return accountId;
7       }
8       public void setAccountId(String accountId) {
9           this.accountId = accountId;
10      }
11      public BigDecimal getTotalAccount() {
12          return totalAccount;
13      }
14      public void setTotalAccount(BigDecimal totalAccount) {
15          this.totalAccount = totalAccount;
16      }
17  }
```

使用这样的虚拟银行账户类进行转账。参考代码如下：

```
1   public class AtomicOpsDemo {
2       public static void main(String[] args){
3           SimpleAccount account001 = new SimpleAccount();
4           SimpleAccount account002 = new SimpleAccount();
5           account001.setAccountId("A001");
6           account001.setTotalAccount(new BigDecimal(65000.00));
7           account002.setAccountId("B001");
8           account002.setTotalAccount(new BigDecimal(30000.00) );
9           System.out.println(" 账户 " + account001.getAccountId() +
```

```
10          ", 现在金额: " + account001.getTotalAccount());
11          System.out.println("账户" + account002.getAccountId() +
12          ", 现在金额: " + account002.getTotalAccount());
13          System.out.println("账户" + account001.getAccountId() + "向账户" +
14          account002.getAccountId() + "转账 20000");
15          transferFromFirstAccountToSecondAccount(account001,
16          account002,new BigDecimal(20000));
17          System.out.println("账户" + account001.getAccountId() +
18          ", 现在金额: " + account001.getTotalAccount());
19          System.out.println("账户" + account002.getAccountId() +
20          ", 现在金额: " + account002.getTotalAccount());
21     }
22     //synchronized 关键字定义了一个原子操作方法,
23     // 即使内部分为多个步骤, 但实际上还是一个原子操作
24     public static synchronized boolean
25          transferFromFirstAccountToSecondAccount(SimpleAccount
26          fAccount,SimpleAccount sAccount, BigDecimal money){
27          // 以下是转账的核心代码,
28          // 分两步: (1) 账户 1 减少相应金额; (2) 账户 2 增加相应金额
29          fAccount.setTotalAccount(fAccount.getTotalAccount()
30          .subtract(money));
31          sAccount.setTotalAccount(sAccount.getTotalAccount()
32          .add(money));
33          return true;
34     }
35 }
```

运行的参考结果如下:

```
1    账户 A001, 现在金额: 65000
2    账户 B001, 现在金额: 30000
3    账户 A001 向账户 B001 转账 20000
4    账户 A001, 现在金额: 45000
5    账户 B001, 现在金额: 50000
```

上面的代码模拟了由一个账户向另一个账户转账 20000 元的过程。这个转账实际上是分两步完成的: (1) 账户 1 减少 20000 元; (2) 账户 2 增加 20000 元。为了体现出原子性, 代码中使用了同步关键字 synchronized 将这两步合并成一个原子操作。在这个原子操作完成之前, 任何其他线程都不能再对该原子操作中涉及的两个账户进行修改信息操作。同步关键字 synchronized 将在 7.2.2 小节中详细讲解。

实际上, Java 还提供了原子操作类来完成多线程情况下对某些类型的数值修改, 即 Java 多线

程原子工具包 atomic 下的 AtomicBoolean 类、AtomicInteger 类及 AtomicLong 类。

这里以普通 int 类型和 AtomicInteger 类分别写一段多线程对变量累加的代码，参考代码如下：

```
1   // 普通整型的多线程累加示例
2   public class CommonIntegerAccDemo {
3       public static int commonInt = 0;
4       public static void main(String[] args){
5           Thread thread01 = new Thread(new AccCommonInt());
6           Thread thread02 = new Thread(new AccCommonInt());
7           Thread thread03 = new Thread(new AccCommonInt());
8           thread01.start();
9           thread02.start();
10          thread03.start();
11          try {
12              Thread.sleep(1000L);
13          } catch (InterruptedException e) {
14              e.printStackTrace();
15          }
16          System.out.println(CommonIntegerAccDemo.commonInt);
17      }
18  }
19  // 普通线程累加器
20  class AccCommonInt implements Runnable {
21      @Override
22      public void run() {
23          for (int i = 0; i < 10000; i++){
24              CommonIntegerAccDemo.commonInt++;
25          }
26      }
27  }
```

运行的参考结果如下：

```
1   24559
```

实际上，如果运行多次，那么每次的结果可能都会不同，绝大部分的结果是在 20000~30000。我们先不说结论，而是看原子类操作的情况下会怎样。参考代码如下：

```
1   import java.util.concurrent.atomic.AtomicInteger;
2   // 原子整型多线程累加示例
3   public class AtomicIntegerAccDemo {
4       public static AtomicInteger atomicInt = new AtomicInteger(0);
```

```
5     public static void main(String[] args){
6         Thread thread01 = new Thread(new AccAtomicInt());
7         Thread thread02 = new Thread(new AccAtomicInt());
8         Thread thread03 = new Thread(new AccAtomicInt());
9         thread01.start();
10        thread02.start();
11        thread03.start();
12        try {
13            Thread.sleep(1000L);
14        } catch (InterruptedException e) {
15            e.printStackTrace();
16        }
17        System.out.println(AtomicIntegerAccDemo.atomicInt);
18    }
19 }
20 // 使用了原子整型的线程累加器
21 class AccAtomicInt implements Runnable {
22    @Override
23    public void run() {
24        for (int i = 0; i < 10000; i++){
25            AtomicIntegerAccDemo.atomicInt.getAndIncrement();
26        }
27    }
28 }
```

运行的参考结果如下：

```
1   30000
```

对该段代码运行多次，会发现每次输出都是 30000。

为何一个简单的累加操作，在两段看似相近的代码中会得到不一定相同的结果？这就是多线程的情况下（特别是高并发下），线程不安全的代码总是会带来不可预测的结果。第一个使用了普通 int 类型的累加器是线程不安全的累加器，而第二个使用了原子类型 AtomicInteger 类的累加器则是符合原子性的线程安全的累加器。

一个累加的操作看似简单，但实际上如果不加以强调，程序处理这样的操作时就未必能按照原子操作来进行，因为一个累加的操作总是会涉及先读原值，再加一这样的可拆分的操作。其中，AtomicInteger 类的 getAndIncrement( ) 方法就是以原子方法来定义下面的操作，先取原值，然后在该值上递增 1。

7.1.2　多线程的内存可见性

内存可见性是一个比较难理解的概念，其要求是在多线程的情况下，每一个线程都可以看见其他线程对一个它所关注的共享变量的操作，这个共享变量一旦发生改变，它能立即刷新看到最新的值，这些操作都是在内存中进行的，这就是多线程的内存可见性。

可以将内存可见性扩展理解成内存共享变量值的立即刷新可见性，内存可见性的重点，就是多线程中的某个被标记的共享变量值一旦改变，其他线程能立即刷新得到最新值。但一般情况下，编写程序时如果不加以强调，那么在多线程的情况下，对同一个共享变量的操作往往不能满足内存可见性，从而经常导致线程不安全的问题出现。我们可以通过 Java 多线程的内存模型来进一步了解内存可见性和无内存立即可见性的区别。Java 多线程的内存模型如图 7.1 所示。

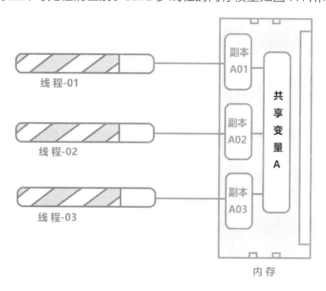

图 7.1　Java 多线程的内存模型

从图 7.1 中可以看出，如果有多个线程同时要使用内存中的一个共享变量，会在各自的工作内存中以该共享变量为参照建立一个副本变量，然后各自的线程会先对自己工作内存中的副本进行读写，最后才会刷新到共享变量中。但在多线程的情况下，如果在极其接近的时间或同一时刻进行这样的读写操作，就可能会导致某个线程的某一次的值的刷新被另外一个线程的刷新覆盖，从而导致不可预测的值出现，这就是线程不安全的表现。

若要开发好一个多线程的高并发系统，就需要注意上面这样的问题，所以前辈们提出了内存可见性这一要求。若在编程时对一个在多个线程中共享的变量加以说明，要求这个共享变量满足内存可见性，则可以避免这样的问题，这时 Java 多线程的内存模型会满足内存可见性，如图 7.2 所示。

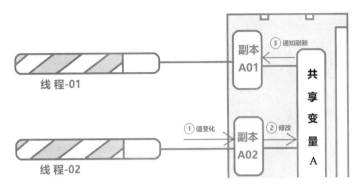

图 7.2　内存可见性情况下的 Java 多线程的内存模型

从图 7.2 中可以看到，线程 02 中的共享变量副本 A02 值一旦变化，就会修改共享变量 A 的值，共享变量 A 的值变化了，会立即通知其他有使用和关注该共享变量的线程，要求它们也立即刷新该副本中的值。这样就做到了一个线程中的共享变量的值一修改，其他线程能立即可见的效果。

下面以一个示例来说明，如果不满足内存可见性，会有怎样的潜在问题。交通信号灯是我们日常生活常见的交通辅助工具，下面模拟交通信号灯的显示。参考代码如下：

```
1   public class MemValCannotSawDemo {
2       // 共享变量
3       public static String trafficLight = "green";
4       public static void main(String[] args){
5           int i = 0;
6           // 创建和启动三个信号输出对象，替代现实中的交通信号灯
7           Thread outputThread01 = new Thread(new
8             OutputSignalRunnable());
9           Thread outputThread02 = new Thread(new
10            OutputSignalRunnable());
11          Thread outputThread03 = new Thread(new
12            OutputSignalRunnable());
13          outputThread01.start();
14          outputThread02.start();
15          outputThread03.start();
16          // 以下的循环实际上是模拟一定时间内，交通信号灯信号的转变
17          while (i < 80000){
18              System.out.println("交通信号灯的信号是: " + trafficLight);
19              i++;
20              if (i == 20000){
21                  Thread changeSignalThread = new Thread(new
22                    ChangeSignalRunnable());
23                  changeSignalThread.start();
```

```
24            }
25            if (i == 30000){
26                Thread changeSignalThread = new Thread(new
27                    ChangeSignalRunnable());
28                changeSignalThread.start();
29            }
30            if (i == 60000){
31                Thread changeSignalThread = new Thread(new
32                    ChangeSignalRunnable());
33                changeSignalThread.start();
34            }
35        }
36    }
37 }
38 // 定义信号转换线程
39 class ChangeSignalRunnable implements Runnable{
40    @Override
41    public void run() {
42        if (MemValCannotSawDemo.trafficLight
43            .equalsIgnoreCase("green")){
44                MemValCannotSawDemo.trafficLight = "yellow";
45                System.out.println(" 交通信号灯的信号是: " +
46                    MemValCannotSawDemo.trafficLight);
47        } else if (MemValCannotSawDemo.trafficLight
48            .equalsIgnoreCase("yellow")){
49                MemValCannotSawDemo.trafficLight = "red";
50                System.out.println(" 交通信号灯的信号是: " +
51                    MemValCannotSawDemo.trafficLight);
52        } else if (MemValCannotSawDemo.trafficLight
53            .equalsIgnoreCase("red")){
54                MemValCannotSawDemo.trafficLight = "green";
55                System.out.println(" 交通信号灯的信号是: " +
56                    MemValCannotSawDemo.trafficLight);
57        }
58    }
59 }
60 // 定义信号输出线程
61 class OutputSignalRunnable implements Runnable{
62    @Override
63    public void run() {
64        while (true){
```

```
65              System.out.println(" 交通信号灯的信号是: " +
66                  MemValCannotSawDemo.trafficLight);
67          }
68      }
69  }
```

如果按照正常的信号输出，应该是连贯的 green—green—green—…，然后到 yellow—yellow—yellow—…，再到 red—red—red—…。但当我们运行该程序时，偶尔会出现不可预测的结果。参考输出如下：

```
1   交通信号灯的信号是: grenn
2   交通信号灯的信号是: green
3   交通信号灯的信号是: green
4   ……
5   交通信号灯的信号是: yellow
6   交通信号灯的信号是: yellow
7   交通信号灯的信号是: green
8   交通信号灯的信号是: yellow
9   交通信号灯的信号是: yellow
10  交通信号灯的信号是: yellow
11  交通信号灯的信号是: yellow
12  ……
13  交通信号灯的信号是: yellow
14  交通信号灯的信号是: yellow
15  交通信号灯的信号是: yellow
16  交通信号灯的信号是: red
17  交通信号灯的信号是: yellow
18  交通信号灯的信号是: red
19  交通信号灯的信号是: red
20  交通信号灯的信号是: red
21  交通信号灯的信号是: red
22  交通信号灯的信号是: red
23  交通信号灯的信号是: yellow
24  交通信号灯的信号是: red
25  交通信号灯的信号是: red
26  交通信号灯的信号是: red
27  交通信号灯的信号是: red
28  交通信号灯的信号是: red
29  交通信号灯的信号是: red
30  ……
```

也就是说，每次信号转换时，总是有部分信号灯得不到最新交通信号的值，给人慢一拍的感觉，这就是没有满足内存可见性引发的问题。

在 Java 中，关键字 synchronized 和 volatile 都可以做到内存可见性。对于上面的示例，可以尝试给共享变量加上 volatile 限制，让其达到内存可见性。参考代码如下：

```
1  public static volatile String trafficLight = "green";
```

volatile 关键字将在 7.2.3 小节中详细讲解。

7.1.3　多线程的避免指令重排序

程序在运行过程中，Java 虚拟机实际上会对编写的代码进行一定的优化。特别是 Java 虚拟机为了提高多线程的并发能力，有时需要对 Java 代码的内部指令进行重新排序后执行，称为指令重排序。例如，程序中有多个变量的赋值，那么指令优化时，就可能会将后几行的变量先于前面几行的变量进行赋值，这是因为后几行的变量可能更加空闲或更能就近使用资源进行赋值，所以指令优化的情况下会优先进行这样的操作。

如果整个程序应用只有一个线程，那么当然不会有一些意外的结果出现；但如果在多线程的情况下，这样的指令重排序优化可能会导致线程的不安全，特别是多个线程数据读写操作并存的情况下，会有较大概率出现数据的错误读取。

所以，我们在编写多线程并发程序时，需要避免指令重排序性。下面先来看在多线程情况下有可能存在的指令重排序现象。参考代码如下：

```
1  public class ReorderTestDemo {
2      // 创建三个共享变量
3      public static int a = 0;
4      public static int b = 0;
5      public static int c = 0;
6      // 循环 100000 次，看能否出现重排序现象
7      public static void main(String[] args){
8          for (int i = 0; i < 100000; i++){
9              Thread setValueThread = new Thread(new
10                 SetValueRunnable());
11             Thread reorderOpThread = new Thread(new
12                 ReorderOutputRunnable());
13             setValueThread.start();
14             reorderOpThread.start();
15             try {
16                 setValueThread.join();
17             } catch (InterruptedException e) {
```

```
18                    e.printStackTrace();
19                }
20                try {
21                    reorderOpThread.join();
22                } catch (InterruptedException e) {
23                    e.printStackTrace();
24                }
25                a = 0;
26                b = 0;
27                c = 0;
28            }
29        }
30    }
31    // 按 a、b、c 的顺序设置共享变量的线程
32    class SetValueRunnable implements Runnable {
33        @Override
34        public void run() {
35            ReorderTestDemo.a = 1 - ReorderTestDemo.b -
36              ReorderTestDemo.c;
37            ReorderTestDemo.b = 1;
38            ReorderTestDemo.c = 1;
39        }
40    }
41    // 当发现重排序现象出现时，会输出信息的线程
42    class ReorderOutputRunnable implements  Runnable {
43        @Override
44        public void run() {
45            if (ReorderTestDemo.b > ReorderTestDemo.a){
46                System.out.println(" 指令重排序出现了，b > a 了 ");
47            }
48            if (ReorderTestDemo.c > ReorderTestDemo.b){
49                System.out.println(" 指令重排序出现了，c > b 了 ");
50            }
51            if (ReorderTestDemo.c > ReorderTestDemo.a){
52                System.out.println(" 指令重排序出现了，c > a 了 ");
53            }
54        }
55    }
```

　　上面的示例按照 a、b、c 的顺序来设置值，所以一般情况下每次循环都是 a 由 0 变成 1 →
b 由 0 变成 1 → c 由 0 变成 1。但有时性能优化会进行指令的重排序，这样就有可能会变成 c
最先由 0 变成 1，或者 b 先于 a 由 0 变成 1，即 c 或 b 有可能先于 a 成长，这就会出现比 a 大

的情况。所以，上面的输出信息线程，就是把这样的情况输出，这实际上也是指令重排序的信息输出。

当运行一定的次数后，会出现输出重排序的信息。运行的参考结果如下：

```
1   指令重排序出现了，c > b 了
2   指令重排序出现了，c > b 了
3   指令重排序出现了，b > a 了
4   指令重排序出现了，c > b 了
5   指令重排序出现了，c > b 了
6   指令重排序出现了，c > b 了
7   指令重排序出现了，c > b 了
8   指令重排序出现了，b > a 了
```

在 Java 中，关键字 synchronized 和 volatile 都可以做到屏蔽指令重排序对多线程的影响。我们也可以试着在定义这三个共享变量时，使用关键字 volatile 进行限制。参考代码如下：

```
1   public static volatile int a = 0;
2   public static volatile int b = 0;
3   public static volatile int c = 0;
```

这样指令重排序就不会出现了。实际上，无论是关键字 synchronized 还是 volatile，都是通过同步机制来达到屏蔽某个操作的指令重排序的。这样的程序，在多线程的情况下，遇上指令重排序优化策略，也可以避免重排序带来的影响。

7.2　Java 的多线程的同步

多线程的同步是多线程并发控制的重要内容，也是难点之一。理解高并发下的多线程的同步，以及同步监控锁的原理，对于设计和编写高并发业务系统有着重要的意义。本节将重点讲解多线程同步的内容，包括 synchronized 关键字的使用，以及同步监控锁的使用。

7.2.1　什么是同步

在多线程的领域中，同步是一个多线程并发的情况下的特殊需求，即同步首先要求在多线程并发的情况下才能发生。多线程同步的要求：当一个线程对某内存块 A 进行操作时，若其他线程同时也需要对内存块 A 进行操作，则需要等待前一个线程操作完成后才可以进行。

同步的"同"，并不是指同时进行，而更多是等待的含义，类似于有共"同"的需要而等待。更多情况下，我们不应该对其拆分，而是应对"同步"整个词进行理解。同步可以理解为生活中的结伴行走的情形：如果其中一位朋友因为手上抱着东西突然慢了几步，另一位朋友发现之后，则在

前方等待一会儿，等到他们同步后他接过朋友手上的东西，然后再一同行走。

实际上除了线程的同步外，计算机或软件开发领域还有许多地方也使用了"同步"一词。例如，软件中方法或模块的调用也有同步调用一说，此处同步的含义与线程的同步接近。方法或模块的同步调用，是指当某个方法或模块被调用时，调用方需要等待该方法和模块运行完毕，并且有结果返回后，才继续后面的操作。

7.2.2 synchronized 关键字

说到线程的同步，不得不提的就是 synchronized 关键字。前面的一些示例已经使用了 synchronized 关键字，可见 synchronized 的重要性。实际上，在大型应用的开发中，一旦涉及多线程的大数据处理，基本上都会用到 synchronized 进行同步计算。下面将以两个简单的累加运算的示例，查看在多线程的情况下，无同步和有 synchronized 同步的运行结果的差距。

参考代码一（无同步多线程累加递增运算）：

```
1  public class RunWithoutSync {
2      public static int count = 0;
3      public static void main(String[] args){
4          // 创建四个线程，让它们一齐跑累计递增计算
5          Thread increaseValueThread01 = new Thread(new
6              IncreaseWithoutSyncRunnable());
7          Thread increaseValueThread02 = new Thread(new
8              IncreaseWithoutSyncRunnable());
9          Thread increaseValueThread03 = new Thread(new
10             IncreaseWithoutSyncRunnable());
11         Thread increaseValueThread04 = new Thread(new
12             IncreaseWithoutSyncRunnable());
13         increaseValueThread01.start();
14         increaseValueThread02.start();
15         increaseValueThread03.start();
16         increaseValueThread04.start();
17         try {
18             Thread.sleep(2000);
19         } catch (InterruptedException e) {
20             e.printStackTrace();
21         }
22         System.out.println(RunWithoutSync.count);
23     }
24  }
25  // 用于值累加递增的线程
```

```
26  public class IncreaseWithoutSyncRunnable implements Runnable {
27      @Override
28      public void run() {
29          for(int i = 0; i < 10000; i++){
30              RunWithoutSync.count++;
31          }
32      }
33  }
```

这个示例中，按照逻辑预期结果应该是 40000，但由于该示例没有使用同步，因此运行结果有时会出现少于 40000 的情况。以下是某次运行后的特殊结果：

```
1  32393
```

这一数值与 40000 有一定的差距。

下面再看改进后的示例。其中加入了同步监控锁及同步关键字 synchronized 进行累加时候的同步控制。

参考代码二（带同步的多线程累加递增运算）：

```
1   public class RunWithSync {
2       public static int count = 0;
3       public static void main(String[] args){
4           // 创建一个监控锁
5           Object monitorLock = new Object();
6           // 创建四个线程，让它们一齐跑累计递增计算，并且加入相同的监控锁，
7           // 作为同步监控锁
8           Thread increaseValueThread01 = new Thread(
9                   new IncreaseWithSyncRunnable(monitorLock));
10          Thread increaseValueThread02 = new Thread(
11                  new IncreaseWithSyncRunnable(monitorLock));
12          Thread increaseValueThread03 = new Thread(
13                  new IncreaseWithSyncRunnable(monitorLock));
14          Thread increaseValueThread04 = new Thread(
15                  new IncreaseWithSyncRunnable(monitorLock));
16          increaseValueThread01.start();
17          increaseValueThread02.start();
18          increaseValueThread03.start();
19          increaseValueThread04.start();
20          try {
21              Thread.sleep(2000);
22          } catch (InterruptedException e) {
```

```
23                    e.printStackTrace();
24               }
25          System.out.println(RunWithSync.count);
26      }
27  }
28  // 用于值累加递增的线程
29  public class IncreaseWithSyncRunnable implements Runnable {
30      private Object monitorLock;
31      public IncreaseWithSyncRunnable(Object monitorLock) {
32          this.monitorLock = monitorLock;
33      }
34      @Override
35      public void run() {
36          for(int i = 0; i < 10000; i++){
37              // 同步关键字 synchronized 进行累加的同步控制
38              synchronized (monitorLock){
39                  RunWithSync.count++;
40              }
41          }
42      }
43  }
```

运行结果与预期一致：

```
1  40000
```

上面的例子中，main( ) 方法开始的第一步就是创建一个同步用的监控锁 monitorLock。而该 monitorLock 会作为参数传入后面四个线程当中作为共同使用的同步锁。它能针对这四个相关的线程，要求这四个并发的线程一同参与到累加递增的同步计算当中。如果其中一个线程正在使用共享变量 RunWithSync.count 进行累加递增，它会使用该同步监控锁进行锁定，其他线程一直监控该同步监控锁，并需要一直等待，直到该线程完成了此系列的计算，其他线程才能争夺同步监控锁，获得监控锁的其中一个线程进行新的一轮累加递增操作。

以上的示例中，synchronized 只是控制在一小段代码中，这实际上只是同步关键字 synchronized 的其中一种用法。同步关键字 synchronized 实际上一共可以作用在以下三种位置：某方法中的一段逻辑代码块、某一普通方法、某一静态方法。

下面给出后两种情况的示例。作用在普通方法上的 synchronized 的参考代码如下：

```
1  public class SynchronizedCommonMethod implements Runnable {
2      @Override
3      public synchronized void run() {
```

```
4            for(int i = 0; i < 100; i++){
5                System.out.println(Thread.currentThread().getName() +
6                    ": 我来数数了，目前数到" + i);
7            }
8        }
9    }
```

作用在静态方法上的 synchronized 的参考代码如下：

```
1    public class SynchronizedStaticMethod implements Runnable  {
2        @Override
3        public void run() {
4            numberOff();
5        }
6        public synchronized static void numberOff(){
7            for(int i = 0; i < 100; i++){
8                System.out.println(Thread.currentThread().getName() +
9                    ": 我来数数了，目前数到" + i);
10            }
11        }
12    }
```

这 里 的 SynchronizedCommonMethod 线 程 类 中 的 run( ) 方 法 中 加 了 同 步 关 键 字
synchronized，而 SynchronizedStaticMethod 的静态方法 numberOff( ) 方法中也加了同步关键字
synchronized，但这两者的含义不同。

如果对一个类的某个普通方法加同步关键字 synchronized，则这个方法的同步监控锁是该类
的实例化后的该对象级别的，即一个类实例化了多个对象实例，则会产生多个同步监控锁，对应着
每一个对象实例。这样的对象级别的同步监控锁，能监控该对象中的所有使用了 synchronized 修
饰的普通方法，能保证同一时间只有一个这样的方法被一个线程调用。

使用 synchronized 修饰的普通方法可以转换为如下同步代码块：

```
1    synchronized(this){
2        ……// 省略部分代码
3    }
```

也就是说，这里的同步监控锁是每一个对象自身，如图 7.3 所示。

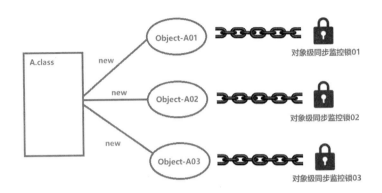

图 7.3   对象级同步监控锁

如果对一个类的静态方法加同步关键字 synchronized，则这个方法的同步监控锁是整个类的级别，即一个类无论实例化了多少个对象实例，它们都用同一把同步监控锁，因为这些对象都归为这个类的实例，受类级别同步监控锁的监控。这样的类级别的同步监控锁能监控该类的所有新建出来的对象实例中的所有使用了 synchronized 修饰的静态方法，能保证同一时间只有一个这样的方法被一个线程调用。

一般地，使用 synchronized 修饰的静态方法可以转换为如下同步代码块：

```
1    synchronized(XXX.class){
2        ……// 省略部分代码
3    }
```

也就是说，这里的同步监控锁是整个类本身，而并非实例化的对象，如图 7.4 所示。

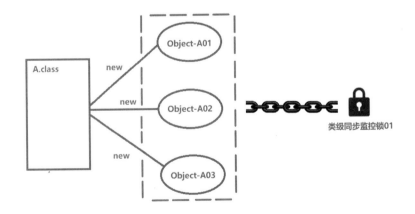

图 7.4   类级同步监控锁

7.2.3 volatile 关键字

volatile 的英文含义为易变的、不稳定。Java 中使用该英文单词作为多线程中特殊功能的关键字，就是想强调和告诉系统，要它留意被这个关键字定义的变量，一旦有变化，要即时做出通知。

在介绍内存可见性时已经提到和使用了关键字 volatile，它能做到在多线程的情况下，对一个许多线程都彼此关心的变量进行内存可见性的强调。当其中一个线程对该众多线程都关心的变量进行修改时，其他线程能马上从内存中刷新得到该变量的最新值，内存值的变化立即可见。另外，它还能避免指令重排序。

使用关键字 volatile 时，可以直接在变量前面加上该修饰。参考代码如下：

```
1  volatile long count = 0;
```

volatile 与 synchronized 都能保证内存可见性和避免指令重排序，volatile 可以说是 synchronized 的一个轻量级版本，但 volatile 却无法全面替代 synchronized，因为 volatile 无法满足多线程三大并发基础中的第一条——多线程的原子性。所以，如果是关键的多线程计算，应当尽量使用 synchronized 作为并发中的同步控制，而非简单地使用 volatile。

7.2.4 多线程的同步锁机制

前面已经介绍了同步关键字，实际上同步关键字就是告诉系统要使用同步监控锁来监控程序的运行。本小节介绍同步监控锁的原理和机制。

Java 中的同步监控锁有以下三种分级：重量级锁、轻量级锁和偏向锁。其中，synchronized 同步关键字所使用到的同步监控锁就是一种重量级锁，这样的重量级锁对系统的资源消耗相对较大。

7.2.5 多线程的死锁和活锁

在多线程的情况下，如果并发中的一个线程对某些共同的资源需要持续占用使用，但资源的分配不足，就可能会导致死锁的情况出现。而活锁不同，若一个线程无法一次获得全部的资源，则它会马上释放所有的资源然后等待下一次机会再次获得全部的资源。

由于在同步操作中每个资源都会上一把同步监控锁，所以可以先用同步监控锁来替代资源的占用。下面的示例就是当有多个资源（多个同步监控锁）被多个线程占用时，可能会出现的死锁情况。参考代码如下：

```
1  public class DeadLockTest {
2      public static void main(String[] args){
3          Object monitorLock01 = new Object();
4          Object monitorLock02 = new Object();
```

```
 5              // 两个线程获取锁的顺序刚好相反
 6          Thread needLockThread01 = new Thread(
 7                  new NeedLockRunnable(monitorLock01, monitorLock02));
 8          Thread needLockThread02 = new Thread(
 9                  new NeedLockRunnable(monitorLock02, monitorLock01));
10          needLockThread01.setName("Thread-01");
11          needLockThread02.setName("Thread-02");
12          needLockThread01.start();
13          needLockThread02.start();
14      }
15  }
16  class NeedLockRunnable implements Runnable {
17      Object monitorLock01;
18      Object monitorLock02;
19      NeedLockRunnable(Object monitorLock01,
20                                Object monitorLock02) {
21          this.monitorLock01 = monitorLock01;
22          this.monitorLock02 = monitorLock02;
23      }
24      @Override
25      public void run() {
26          synchronized (monitorLock01) {
27              System.out.println(Thread.currentThread().getName() +
28                "得到了监控锁: " + monitorLock01 +
29                ", 准备获取第二把监控锁: " + monitorLock02);
30              try {
31                  Thread.sleep(1000);
32              } catch (InterruptedException e) {
33                  e.printStackTrace();
34              }
35              synchronized (monitorLock02) {
36                  System.out.println(Thread.currentThread()
37                    .getName() + "得到了监控锁: " + monitorLock02);
38                  try {
39                      Thread.sleep(1000);
40                  } catch (InterruptedException e) {
41                      e.printStackTrace();
42                  }
43              }
44          }
45      }
46  }
```

运行的参考结果如下：

```
1  Thread-01 得到了监控锁：java.lang.Object@32b04d4b，准备获取第二把监控锁：
2    java.lang.Object@3c77b56d
3  Thread-02 得到了监控锁：java.lang.Object@3c77b56d，准备获取第二把监控锁：
4    java.lang.Object@32b04d4b
```

这个结果并非最终结果，即程序并非执行完毕；相反，实际上这次的程序启动后，因为这两个线程分别争抢对方的监控锁而导致死锁出现，程序一直处于两线程争夺资源的纠缠中，而无法终止。

死锁的发生，实际上有四个必要条件，内容如下。

（1）互斥，即只能有一个线程在一个时刻独立占有该资源，而其他线程不能占有使用。

（2）不可剥夺资源，即资源若在其中一个线程中使用，则其他线程不能强制从该线程中夺取该资源，资源只能由占用的线程主动释放。

（3）保持资源并继续请求，当线程已经有了部分资源，但还需要其他资源时，它会保持原来已有的资源不放，而继续请求更多的资源。

（4）闭环等待资源，即每一个线程都在等待另一个线程刚好持有的资源，形成一个闭环。

只要破坏任意一个死锁的必要条件，就可以把死锁变成活锁。其中，最简单的做法是将某线程占用的资源设定一种策略，让其释放后重新获取即可。

针对上面死锁的示例，可以加入一些策略逻辑，以有效避免死锁的发送。其中，最重要的是引入资源状态工具（代码中的 resourceInUseMap），每次线程在请求资源之前，都先通过该资源状态工具判断是否有其他线程在占用该资源，有则先等待一段时间再重新申请。上例中，能有效解决死锁的参考代码修改如下：

```
1  public class DeadLockTest {
2    public static Map<String, Boolean> resourceInUseMap = new
3      HashMap<String, Boolean>();
4    public static void main(String[] args){
5      Object monitorLock01 = new Object();
6      Object monitorLock02 = new Object();
7      // 设置锁未被占用
8      resourceInUseMap.put("monitorLock01", false);
9      resourceInUseMap.put("monitorLock02", false);
10     // 两个线程获取锁的顺序刚好相反
11     Thread needLockThread01 = new Thread(
12         new NeedLockRunnable(monitorLock01, monitorLock02));
13     Thread needLockThread02 = new Thread(
14         new NeedLockRunnable(monitorLock02, monitorLock01));
15     needLockThread01.setName("Thread-01");
```

```
16              needLockThread02.setName("Thread-02");
17              needLockThread01.start();
18              needLockThread02.start();
19          }
20      }
21  class NeedLockRunnable implements Runnable {
22      Object monitorLock01;
23      Object monitorLock02;
24      NeedLockRunnable(Object monitorLock01, Object monitorLock02) {
25          this.monitorLock01 = monitorLock01;
26          this.monitorLock02 = monitorLock02;
27      }
28      @Override
29      public void run() {
30          boolean finishFlag = false;
31          while (finishFlag == false){
32              if (DeadLockTest.resourceInUseMap
33                  .get("monitorLock01") != true){
34                  // 马上使用未占用的锁，并且快速标记，防止其他线程争抢
35                  DeadLockTest.resourceInUseMap
36                      .put("monitorLock01", true);
37                  synchronized (monitorLock01) {
38                      System.out.println(Thread.currentThread()
39                          .getName() + "得到了监控锁: " + monitorLock01 +
40                          ", 准备获取第二把监控锁: " + monitorLock02);
41                      try {
42                          Thread.sleep(1000);
43                      } catch (InterruptedException e) {
44                          e.printStackTrace();
45                      }
46                      if (DeadLockTest.resourceInUseMap
47                          .get("monitorLock02") != true){
48                          // 马上使用未占用的锁，并且快速标记，防止其他线程争抢
49                          DeadLockTest.resourceInUseMap
50                              .put("monitorLock02", true);
51                          synchronized (monitorLock02) {
52                              System.out.println(Thread.currentThread()
53                                  .getName() + "得到了监控锁: " + monitorLock02);
54                              try {
55                                  Thread.sleep(1000);
56                              } catch (InterruptedException e) {
57                                  e.printStackTrace();
```

```
58                                          }
59                                      }
60                                      // 这把锁用完了，可以释放资源了，改回未占用状态
61                                      DeadLockTest.resourceInUseMap
62                                          .put("monitorLock02", false);
63                                  } else {
64                                      try {
65                                          Thread.sleep(1000);
66                                      } catch (InterruptedException e) {
67                                          e.printStackTrace();
68                                      }
69                                  }
70                              }
71                              // 这把锁用完了，可以释放资源了，改回未占用状态
72                              DeadLockTest.resourceInUseMap
73                                  .put("monitorLock01", false);
74                              finishFlag = true;
75                          } else {
76                              try {
77                                  Thread.sleep(1000);
78                              } catch (InterruptedException e) {
79                                  e.printStackTrace();
80                              }
81                          }
82                      }
83                  }
84  }
```

运行的参考结果如下：

```
1  Thread-01 得到了监控锁：java.lang.Object@4727e4b6，准备获取第二把监控锁：
2    java.lang.Object@49e00222
3  Thread-01 得到了监控锁：java.lang.Object@49e00222
4  Thread-02 得到了监控锁：java.lang.Object@49e00222，准备获取第二把监控锁：
5    java.lang.Object@4727e4b6
6  Thread-02 得到了监控锁：java.lang.Object@4727e4b6
```

知识拓展

除了死锁和活锁这样对立的锁外，类似的还有悲观锁和乐观锁。

（1）悲观锁：总是以最悲观的心态，为每一次数据的修改都上锁，这样能提高多线程下数据修改的安全性，但同时也会因频繁上锁而导致数据处理的效率降低。实际上，同步关键字

synchronized 就是悲观锁的一种实现方式。

（2）乐观锁：总是以最乐观的心态，让多线程并发的处理如常进行，只在最后一刻才进行检测，查看被锁的数据是否发生数据冲突。乐观锁能有效地提高非频繁的数据处理的效率，但如果在非常大量的线程并发下，则有可能导致数据处理的效率降低。

7.3　多线程的异步

与多线程的同步不同，多线程的异步是为提高并发效率而设置的多线程处理方法。使用多线程的异步，能让我们更合理地划分各个线程的职责，达到解耦效果。另外，多线程异步的实现能提高多线程的并行处理能力，能更好地利用各种系统资源参与各个环节的运算。

7.3.1　什么是异步

在多线程的领域内，异步是指在多线程的并发合作中，每个线程都负责某个特定的环节，并且处于松耦合结构。这些线程都是并行且独立，能够互相不影响各自的计算和处理。

多线程的异步与稳定状态下的流水作业或生产线非常相似。例如，高峰期的大型餐饮店，大堂服务员招待客人和点菜，厨房的厨工在切菜，厨师在炒菜，而传菜服务员会不断地穿梭厨房和大堂将炒好的菜式传递到指定客人的饭桌上。虽然每个人的工作表面上看都算是完成一个任务的特定环节，有前后依赖的关系，但实际上在高峰期的情况下，每个工作内容都是独立的，并且它们是同时进行的。

同样，线程的异步也有类似的表现。在系统业务处理高峰期，若多个线程都同时并发处理各自独立的计算或操作环节，并且最终能共同完成某项业务，则线程的异步就出现了。

实际上除了线程的异步外，计算机或软件开发领域中还有许多地方也使用了"异步"一词。例如，软件中方法或模块的调用也有异步调用一说，这个异步的含义与线程的异步大同小异。方法或模块的异步调用，是指当某个方法或模块被调用时，调用方无须等待该方法和模块运行完毕后的结果，而是继续后面的操作。

7.3.2　生产者 / 消费者

生产者和消费者模式是线程异步的一个重要运用模式。生产者就像是面包铺中的制作师傅，不断地制作新鲜的面包，放到店铺购买窗口的玻璃展示柜，供应客户；与此同时，店铺的购买窗口也不断地有人流和客户，过来购买新鲜的面包。

用程序来表达，这是一个线程在不断地生产数据，然后放入一个地方存放，如消息队列（Message Queue，MQ）中，待消费者前来消费；而消费者线程一般与生产者线程同步进行，一旦发现存放区（MQ）有数据，就马上取出使用，如图 7.5 所示。

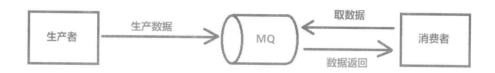

图 7.5 生产者与消费者

下面通过创建简单的逻辑代码来实现生产者和消费者。我们将分别创建生产者线程和消费者线程；另外，在 main 线程中模拟创建一个简单的 MQ，作为生产者和消费者的解耦中间件，用于生产数据的临时存放区，供生产者线程和消费者线程使用。

生产者线程的参考代码如下：

```
1   public class MsgProducer implements Runnable {
2       private String tmpMessage = "";
3       @Override
4       public void run() {
5           for(int i = 1; i <= 1000; i++){
6               tmpMessage = "我在数数，我数到了第" + i + "个数，你能收到吗？";
7               // 这里调用 RunAsynchDemo 中的一个 list，作为简单的 MQ，
8               // 将临时信息放入
9               try {
10                      // 使用并发工具信号量来控制模拟 MQ 的读写
11                      RunAsynchDemo.mqSemaphore.acquire();
12                      RunAsynchDemo.simpleMQ.add(tmpMessage);
13                      RunAsynchDemo.mqSemaphore.release();
14              } catch (InterruptedException e) {
15                      e.printStackTrace();
16              }
17              try {
18                      //300 毫秒后继续
19                      Thread.sleep(300);
20              } catch (InterruptedException e) {
21                      e.printStackTrace();
22              }
23          }
24      }
25  }
```

消费者线程的参考代码如下：

```
1   public class MsgConsumer implements Runnable{
```

```
2        @Override
3        public void run() {
4            while (true){
5                if (RunAsynchDemo.simpleMQ.size() > 0){
6                    try {
7                        // 使用并发工具信号量来控制模拟 MQ 的读写
8                        RunAsynchDemo.mqSemaphore.acquire();
9                        for (String tmpReceiverMsg : RunAsynchDemo
10                           .simpleMQ){
11                            System.out.println(" 我收到了远方传来的信息: " +
12                                tmpReceiverMsg);
13                        }
14                        // 消费完简单 MQ 中的内容, 清除它们
15                        RunAsynchDemo.simpleMQ.clear();
16                        RunAsynchDemo.mqSemaphore.release();
17                    } catch (InterruptedException e) {
18                        e.printStackTrace();
19                    }
20                }
21                try {
22                    // 休息 800 毫秒再继续
23                    Thread.sleep(800);
24                } catch (InterruptedException e) {
25                    e.printStackTrace();
26                }
27            }
28        }
29    }
```

启动生产者和消费者的主线程参考代码如下:

```
1    import java.util.ArrayList;
2    import java.util.List;
3    import java.util.concurrent.Semaphore;
4    public class RunAsynchDemo {
5        // 这里使用 ArrayList 来定义一个简单的 MQ simpleMQ,
6        // 用来模拟商用级别的 MQ, 如 Kafka、RabbitMQ 等
7        public static List<String> simpleMQ = new ArrayList<String>();
8        // 这个是 MQ 使用中的信号量标识, 确保一个时刻内只有一个线程可以对其读写
9        // 如果采用商业级别的 MQ, 则内部已经包含严密的机制处理这类问题
10        public static Semaphore mqSemaphore = new Semaphore(1);
11        public static void main(String[] args){
```

```
12          Thread msgProducer = new Thread(new MsgProducer());
13          Thread msgConsumer = new Thread(new MsgConsumer());
14          msgProducer.start();
15          msgConsumer.start();
16      }
17  }
```

运行的参考结果如下：

```
1    我收到了远方传来的信息：我在数数，我数到了第 1 个数，你能收到吗？
2    我收到了远方传来的信息：我在数数，我数到了第 2 个数，你能收到吗？
3    我收到了远方传来的信息：我在数数，我数到了第 3 个数，你能收到吗？
4    我收到了远方传来的信息：我在数数，我数到了第 4 个数，你能收到吗？
5    我收到了远方传来的信息：我在数数，我数到了第 5 个数，你能收到吗？
6    我收到了远方传来的信息：我在数数，我数到了第 6 个数，你能收到吗？
7    我收到了远方传来的信息：我在数数，我数到了第 7 个数，你能收到吗？
8    我收到了远方传来的信息：我在数数，我数到了第 8 个数，你能收到吗？
9    ……
10   我收到了远方传来的信息：我在数数，我数到了第 995 个数，你能收到吗？
11   我收到了远方传来的信息：我在数数，我数到了第 996 个数，你能收到吗？
12   我收到了远方传来的信息：我在数数，我数到了第 997 个数，你能收到吗？
13   我收到了远方传来的信息：我在数数，我数到了第 998 个数，你能收到吗？
14   我收到了远方传来的信息：我在数数，我数到了第 999 个数，你能收到吗？
15   我收到了远方传来的信息：我在数数，我数到了第 1000 个数，你能收到吗？
```

可以看到，生产者线程每隔一段时间就会生产一句关于数数的消息，并放入模拟的 MQ 当中。与此同时，消费者线程也每隔一段时间去 MQ 中取出一部分消息进行转发输出，即消费了这条消息。由于示例当中是模拟的 MQ，因此有部分商业 MQ 已经带有的功能需要自己去实现，这里引入了多线程的并发工具信号量 Semaphore 来辅助 MQ 的读写更新。信号量 Semaphore 将在 7.4.2 小节中详细讲解。

上面的示例中，我们可以把生产者线程和消费者线程的 Thread.sleep(XXX) 方法去除，这样更能体现出生产者和消费者这一线程异步的并发情况。

7.3.3　多线程的同步与异步的比较

在前面的章节中学习了多线程的同步与异步，它们有不同的表现，本小节对它们进行比较。首先，可以通过时序图来看这两者的区别。图 7.6 所示为多线程同步时序图，图 7.7 所示为多线程异步时序图。

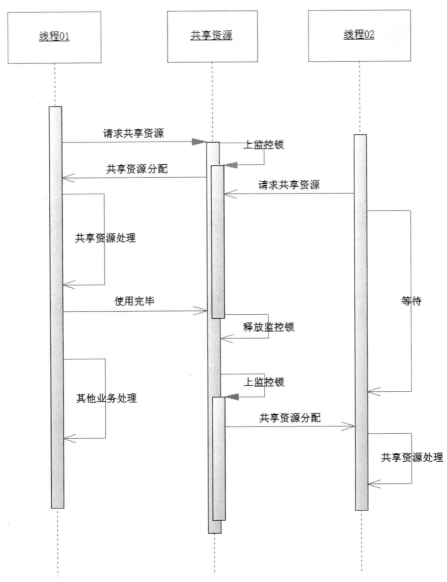

图 7.6 多线程同步时序图

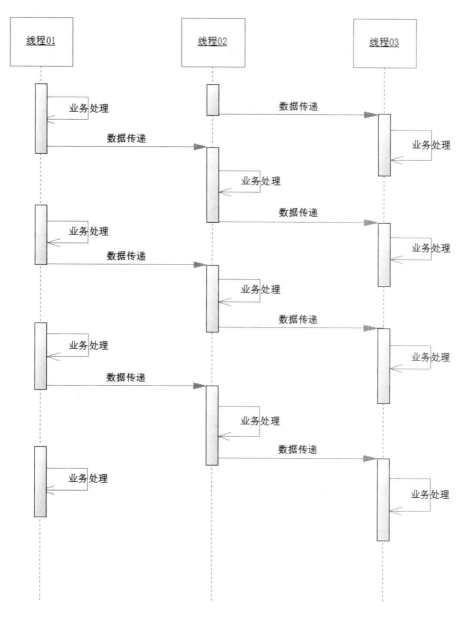

图 7.7　多线程异步时序图

7.4　多线程的并发处理工具

　　在 Java 自带的多线程工具包中，实际上包含了许多有用的、能够帮助我们开发多线程并发系统的工具。当然，如果熟悉了一些多线程高并发处理的原理，抱着学习的态度，也能试着写出这样的工具。但如果是急于实现系统的业务需求，不妨试着使用这些工具来辅助开发。

本节将选取部分典型的多线程工具来讲解。

7.4.1　多线程计数器 CountDownLatch

多线程计数器 CountDownLatch 是一个非常好用的多线程工具，其经常用于一个协助线程来统筹其他功能相似的并发线程的归并或统计操作。下面以顺风车拼单的模拟示例来讲述 CountDownLatch 的使用。参考代码如下：

```
1   import java.util.concurrent.CountDownLatch;
2   public class CarPoolCountDownLatch {
3       // 拼单乘客最大数值设置为3
4       public static CountDownLatch seatCountDownLatch = new
5       CountDownLatch(3);
6       public static void main(String[] args){
7           // 创建司机，并开始发顺风单，拼单满三人即走
8           Thread driverThread = new Thread(new DriverMan());
9           driverThread.start();
10          Thread passengerThread01 = new Thread(new Passenger());
11          Thread passengerThread02 = new Thread(new Passenger());
12          Thread passengerThread03 = new Thread(new Passenger());
13          passengerThread01.start();
14          passengerThread02.start();
15          passengerThread03.start();
16      }
17  }
18  // 顺风车司机线程
19  class DriverMan implements Runnable{
20      @Override
21      public void run() {
22          System.out.println("我是顺风车司机，满 3 个乘车拼车的话，
23              我们就出发！");
24          try {
25              // 使用 CountDownLatch 工具，等待顺风车拼单的乘客
26              CarPoolCountDownLatch.seatCountDownLatch.await();
27              System.out.println("嗯，乘客都齐了，我们出发！");
28          } catch (InterruptedException e) {
29              e.printStackTrace();
30          }
31      }
32  }
33  // 乘客线程
34  class Passenger implements Runnable {
```

```
35        @Override
36        public void run() {
37            System.out.println("Hi~~! 我是乘客 " +
38                Thread.currentThread().getName() +
39                ", 我确定搭乘你的顺风车 ");
40            CarPoolCountDownLatch.seatCountDownLatch.countDown();
41        }
42    }
```

运行的参考结果如下：

```
1    我是顺风车司机，满 3 个乘车拼车的话，我们就出发！
2    Hi~~! 我是乘客 Thread-1，我确定搭乘你的顺风车
3    Hi~~! 我是乘客 Thread-2，我确定搭乘你的顺风车
4    Hi~~! 我是乘客 Thread-3，我确定搭乘你的顺风车
5    嗯，乘客都齐了，我们出发！
```

7.4.2　信号量 Semaphore

信号量 Semaphore 是 Java 多线程控制中的重要工具，常用于控制多线程的突发高并发现象。我们常常会为信号量设置一个初始值，用于说明当前程序的某个环节所运行的最高并发量。

每当有一个线程进入该关键环节时，就调用一次 Semaphore 的 acquire( ) 方法，以表示申请获取许可运行的信号值。如果当前的信号量 Semaphore 许可运行的信号值大于 0，则表示可以立即运行。每当完成关键环节的运算，则需要调用 release( ) 方法，进行该信号值的释放。

下面将模拟中午时，大量学生前往饭堂窗口打饭菜的情形，帮助大家了解信号量 Semaphore 的作用。参考代码如下：

```
1    import java.text.SimpleDateFormat;
2    import java.util.Date;
3    import java.util.concurrent.Semaphore;
4    public class CanteenSemaphoreDemo {
5        // 这里通过信号量模拟今日的饭堂只开了三个打饭菜的窗口
6        public static Semaphore auntWindowsCount = new Semaphore(3);
7        public static void main(String[] args){
8            // 某个时刻来了九位同学到饭堂打饭菜
9            Thread student001 = new Thread(new StudentRunnable());
10           Thread student002 = new Thread(new StudentRunnable());
11           Thread student003 = new Thread(new StudentRunnable());
```

```
12        Thread student004 = new Thread(new StudentRunnable());
13        Thread student005 = new Thread(new StudentRunnable());
14        Thread student006 = new Thread(new StudentRunnable());
15        Thread student007 = new Thread(new StudentRunnable());
16        Thread student008 = new Thread(new StudentRunnable());
17        Thread student009 = new Thread(new StudentRunnable());
18        student001.start();
19        student002.start();
20        student003.start();
21        student004.start();
22        student005.start();
23        student006.start();
24        student007.start();
25        student008.start();
26        student009.start();
27    }
28 }
29 // 学生到窗口，饭堂阿姨帮忙打饭菜的这一过程的线程
30 class StudentRunnable implements Runnable{
31    SimpleDateFormat dateFormat = new SimpleDateFormat(
32      "yyyy-MM-dd HH:mm:ss");
33    @Override
34    public void run() {
35        try {
36            CanteenSemaphoreDemo.auntWindowsCount.acquire();
37            System.out.println(dateFormat.format(new Date()) +
38              "：饭堂的窗口的阿姨正在为同学 " +
39              Thread.currentThread().getName() + "打饭菜...");
40            Thread.sleep(5000);
41            CanteenSemaphoreDemo.auntWindowsCount.release();
42        } catch (InterruptedException e) {
43            e.printStackTrace();
44        }
45    }
46 }
```

运行的参考结果如下：

```
1  2019-05-24 19:21:37: 饭堂的窗口的阿姨正在为同学 Thread-0 打饭菜 ...
2  2019-05-24 19:21:37: 饭堂的窗口的阿姨正在为同学 Thread-1 打饭菜 ...
3  2019-05-24 19:21:37: 饭堂的窗口的阿姨正在为同学 Thread-2 打饭菜 ...
4  2019-05-24 19:21:42: 饭堂的窗口的阿姨正在为同学 Thread-4 打饭菜 ...
```

5	2019-05-24 19:21:42：饭堂的窗口的阿姨正在为同学 Thread-3 打饭菜 ...
6	2019-05-24 19:21:42：饭堂的窗口的阿姨正在为同学 Thread-5 打饭菜 ...
7	2019-05-24 19:21:47：饭堂的窗口的阿姨正在为同学 Thread-6 打饭菜 ...
8	2019-05-24 19:21:47：饭堂的窗口的阿姨正在为同学 Thread-8 打饭菜 ...
9	2019-05-24 19:21:47：饭堂的窗口的阿姨正在为同学 Thread-7 打饭菜 ...

由运行结果可以看出，每次打饭菜的操作都是三个一组进行，即示例中的信号量控制了并发的最大数量为 3。

7.4.3　ThreadLocal 多线程并发的变量隔离

TreadLocal 是多线程并发情况下的变量隔离工具。它能创建出只归属于一个线程的变量。该类变量只独立存在于某一个线程当中，并且与其他线程的 ThreadLocal 同名变量隔离，能独立进行一个线程的运算而不受其他线程的干扰。

一般地，ThreadLocal 包含 Integer、Double、String 等多种泛型类型的变量，通过 get( )/set( ) 方法进行获取和设值。下面通过简单的示例来对 ThreadLocal 进行理解。参考代码如下：

```
1  public class ThreadLocalTest {
2      public static void main(String[] args){
3          ControllerBase controllerBase = new ControllerBase();
4          // 创建两个线程，将同一个 controllerBase 参数放入
5          Thread controllerThread01 = new Thread(new
6              EmulationControllerRunnable(controllerBase));
7          Thread controllerThread02 = new Thread(new
8              EmulationControllerRunnable(controllerBase));
9          controllerThread01.start();
10         controllerThread02.start();
11     }
12  }
13  class EmulationControllerRunnable implements Runnable{
14      ControllerBase controllerBase;
15      // 构造函数将外界的 controllerBase 设置为自身 controllerBase
16      EmulationControllerRunnable(ControllerBase controllerBase){
17          this.controllerBase = controllerBase;
18      }
19      @Override
20      public void run() {
21          // 对 controllerBase 的内部 ThreadLocal 变量 controllerName 设值
22          controllerBase.getControllerName().set(
23              Thread.currentThread().getName() + "-Controller");
```

```
24        Map<String, String> mapParam = new HashMap<String,
25          String>();
26        mapParam.put("p01", Thread.currentThread().getName() +
27          "_p01");
28        mapParam.put("p02", Thread.currentThread().getName() +
29          "_p02");
30        // 对 controllerBase 的内部 ThreadLocal 变量 controllerParams
31        // 设值
32        controllerBase.getControllerParams().set(mapParam);
33        System.out.println("controller`s info: name--" +
34          controllerBase.getControllerName().get() +
35          ",and params: " +
36          controllerBase.getControllerParams().get());
37      }
38 }
39 // 控制器，内部带有多个 ThreadLocal 变量，
40 // 包含一个控制器命名变量和一个字符型 key-value 参数 Map
41 class ControllerBase {
42    ThreadLocal<String> controllerName = new ThreadLocal<String>();
43    ThreadLocal<Map<String, String>> controllerParams = new
44      ThreadLocal<Map<String, String>>();
45    public ThreadLocal<String> getControllerName() {
46        return controllerName;
47    }
48    public void setControllerName(ThreadLocal<String> controllerName)
49    {
50        this.controllerName = controllerName;
51    }
52    public ThreadLocal<Map<String, String>> getControllerParams()
53    {
54        return controllerParams;
55    }
56    public void setControllerParams(ThreadLocal<Map<String, String>>
57                                        controllerParams) {
58        this.controllerParams = controllerParams;
59    }
60 }
```

运行的参考结果如下：

```
1 controller`s info: name--Thread-0-Controller,and params:
2   {p01=Thread-0_p01,p02=Thread-0_p02}
3 controller`s info: name--Thread-1-Controller,and params:
```

```
4    {p01=Thread-1_p01,p02=Thread-1_p02}
```

由运行结果及代码内容可以看出，虽然 main 主线程向两个子线程同时传入了同一个 ControllerBase 对象，但因为 ControllerBase 中定义的所有成员变量都是 ThreadLocal 类型的，即这些变量会在不同的线程中自动创建属于一个线程内部的独立变量。所以，这些同名变量在不同的线程当中的赋值与运算并不会相互干扰。

7.4.4　多线程数据交换 Exchanger

在多线程的运行中，有时需要对两个线程进行数据交换。而 Java 的多线程工具类 Exchanger 正好可以轻松地完成这样的任务。下面通过一个模拟员工轮班的简单示例来加深对 Exchangr 工具类的理解。参考代码如下：

```
1    import java.util.concurrent.Exchanger;
2    public class RunExchangerThread {
3        public static void main(String[] args){
4            // 实例化一个线程变量值交换工具
5            Exchanger<String> exchangerUtil = new Exchanger<String>();
6            // 创建两个线程，代表两个工作人员。其中一个在工作，另外一个在休息
7            Thread workMan01 = new Thread(new ShiftRunnable("warking",
8              exchangerUtil));
9            Thread workMan02 = new Thread(new ShiftRunnable("take a
10             break", exchangerUtil));
11           workMan01.setName("workMan01");
12           workMan02.setName("workMan02");
13           // 工作人员 01 先工作
14           workMan01.start();
15           try {
16               Thread.sleep(1000);
17           } catch (InterruptedException e) {
18               e.printStackTrace();
19           }
20           // 工作人员 02 也起来了
21           workMan02.start();
22       }
23   }
24   class ShiftRunnable implements Runnable{
25       private String workState;
26       private Exchanger<String> exchangerUtil;
27       ShiftRunnable(String workState, Exchanger<String> exchangeUtil){
28           this.workState = workState;
29           this.exchangerUtil = exchangeUtil;
```

```
30          }
31      @Override
32      public void run() {
33          System.out.println(Thread.currentThread().getName() +
34            ": 我初始的工作状态是: " + workState);
35          try {
36              Thread.sleep(3000);
37          } catch (InterruptedException e) {
38              e.printStackTrace();
39          }
40          try {
41              // 开始进行线程间的数据交换
42              String newWorkState = exchangerUtil.exchange(workState);
43              System.out.println(Thread.currentThread().getName() +
44                ": 我的新工作状态是: " + newWorkState);
45          } catch (InterruptedException e) {
46              e.printStackTrace();
47          }
48      }
49  }
```

运行的参考结果如下:

```
1  workMan01: 我初始的工作状态是: warking
2  workMan02: 我初始的工作状态是: take a break
3  workMan01: 我的新工作状态是: take a break
4  workMan02: 我的新工作状态是: warking
```

第8章

>>> 批处理 Spring Batch 与多线程

Spring Batch 是在 Accenture（埃森哲）公司的批处理体系框架的基础上，再由 SpringSource 团队（原 Interface21 公司）大量参考和优化后所得的 Java 批处理产品。Spring Batch 让 Java 大数据批处理的标准化变得更好、更容易。同时，Spring Batch 能在 Step 中使用多线程，实现在大数据情况下批处理过程的再次加速。

本章内容主要涉及以下知识点。

● Java 的批处理一般流程。

● Spring Batch 的几大重要组件。

● Spring Batch 的监听机制。

● Spring Batch 的事物处理机制。

● Spring Batch 的容错机制。

● 多线程与 Spring Batch 结合加速处理过程。

8.1 Spring Batch 概述

批处理的运行无须人干预，一般按系统原定的逻辑，自动执行一批特定流程。通常可以将其简单地划分为读入、处理、输出流程，或者这样一批流程的组合。Spring Batch 是目前 Java 中表现最好的、适合大数据处理的批处理框架。本节以 Spring Batch 目前新稳定版本（2017 年初的新稳定版本为 V3.0.7）为基础，重点介绍 Spring Batch 的高级特性，并且都是以最新的规范使用注解来配置。

8.1.1 Spring Batch 的基本组件

在使用 Spring Batch 时，需要用到一些类、接口及组件等，如表 8.1 所示。

表 8.1 Spring Batch 的基本组件

名 称	用 途
JobRepository	用于注册和存储 Job 的容器
JobLauncher	用于启动 Job
Job	实际要执行的作业，包含一个或多个 Step
Step	步骤，批处理的步骤一般包含 ItemReader、ItemProcessor、ItemWriter
ItemReader	从给定的数据源读取 item
ItemProcessor	在 item 写入数据源之前进行数据整理
ItemWriter	把 Chunk 中包含的 item 写入数据源
Chunk	数据块，给定数量的 item 集合，让 item 进行多次读和处理，当满足一定数量时再一次写入
TaskLet	子任务表，Step 的一个事务过程，包含重复执行、同步 / 异步规则等

8.1.2 Job 的实例及各组件间的关系

Job 的实例是 Job 的具体化，即作业，是由 JobName + JobParameters 的组合来确定该 Job 的唯一性，如果 JobName 和 JobParameters 相同，则定义为同一个 Job 实例。相同的作业只能成功运行一次，如果需要再次运行，则需要改变 JobParameters。Job 由一个或多个 Step 组成，一般每个 Step 由一组 ItemReader-ItemProcessor-ItemWriter 组成。

将这些概念图形化，如图 8.1~ 图 8.3 所示。

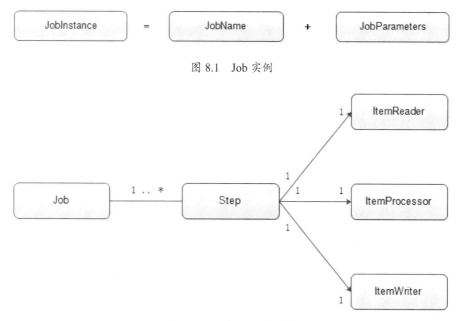

图 8.1 Job 实例

图 8.2 Job 与 Step 的关系

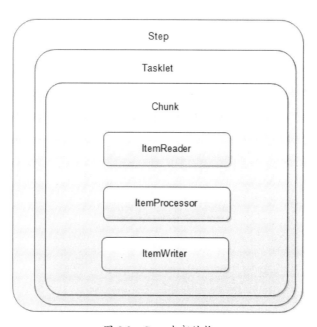

图 8.3 Step 内部结构

8.1.3 Spring Batch 的配置

在 Spring Boot 架构下的项目中引入 Spring Batch 非常简单，直接在 pom.xml 文件中加入以下的依赖即可。参考配置如下：

```
1  <dependency>
2      <groupId>org.springframework.boot</groupId>
3      <artifactId>spring-boot-starter-batch</artifactId>
4  </dependency>
```

Spring Boot 会自动初始化 Spring Batch 的数据库和数据表。当程序启动时，Spring Batch 的 Job 会持久化到数据库中。

如果需要修改 Spring Boot 设置的默认配置，可以在 application.yaml 文件中加入下面的配置。参考配置如下：

```
1  spring:
2    batch:
3      table-prefix:          // 设置 Spring Batch 数据库表的前缀
4      initializer:
5        enabled: true        // 允许自动初始化 Spring Batch 的数据库
6      job:
7        enabled: false       // 这里设置为 False，即 Spring 对其实例化时，
8                             // 不会对该 Job 预先执行一次
```

8.1.4　Job 的注解与配置

新版本的 Spring 一直提倡"约定优于配置"的观点，所以对于以前 xml 形式的配置大部分改为了注解。Spring Batch 的新版本也一样，许多配置都可以通过注解进行。

Spring Batch 用到的注解除了 @Bean、@Service、@Component 外，还有 @StepScope、@BeforeJob、@AfterJob 等注解。

以下是一个简单的 Spring Batch Job 的配置参考代码：

```
1  @Configuration
2  @EnableBatchProcessing
3  public class BatchConfig {
4    @Autowired
5    private GlobalStepValueMap globalStepValueMap;
6    @Autowired
7    private MessageService messageService;
8    @Autowired
9    private RedisService redisService;
10   @Autowired
11   private ApplicationService applicationService;
12   @Bean
13   public JobRepository jobRepository(DataSource dataSource,
```

```
14      PlatformTransactionManager transactionManager)
15        throws Exception{
16              JobRepositoryFactoryBean jobRepositoryFactoryBean =
17                  new JobRepositoryFactoryBean();
18              jobRepositoryFactoryBean.setDataSource(dataSource);
19              jobRepositoryFactoryBean.setTransactionManager(
20                  transactionManager);
21              jobRepositoryFactoryBean.setDatabaseType("MYSQL");
22              return jobRepositoryFactoryBean.getObject();
23      }
24      @Bean
25      public SimpleJobLauncher jobLauncher(DataSource dataSource,
26        PlatformTransactionManager transactionManager) throws
27          Exception{
28              SimpleJobLauncher jobLauncher = new
29                  SimpleJobLauncher();
30              jobLauncher.setJobRepository(jobRepository(dataSource,
31                  transactionManager));
32              System.out.println(">>>>>>>>>>" +
33                  transactionManager.getClass());
34              return jobLauncher;
35      }
36      //------ ItemReader, ItemProcessor, ItemWriter ------
37      // 读数据
38      @Bean
39      @StepScope
40      public ListItemReader<MessageConfigBean> firstStepReader(
41        @Value("#{jobParameters['request']}") String request)
42        throws UnexpectedInputException, ParseException,
43        NonTransientResourceException, Exception {
44              System.out.println("------1st step Reader--------");
45              ......
46              List<MessageConfigBean> listMsgCfgBean = new
47                  ArrayList<MessageConfigBean>();
48              listMsgCfgBean.add(newMsgConfigBean);
49              ListItemReader reader = new
50                  ListItemReader(listMsgCfgBean);
51              return reader;
52      }
53      @Bean
54      @StepScope
```

```
55      public ListItemReader<String> secondStepReader(
56        @Value("#{jobParameters['request']}") String request)
57        throws UnexpectedInputException, ParseException,
58        NonTransientResourceException, Exception {
59          System.out.println("------2nd step Reader--------");
60          ......
61          ListItemReader reader = new ListItemReader(listAudiences);
62          return reader;
63      }
64      // 处理数据
65      @Bean
66      @StepScope
67      public MsgCfgToMsgModelItemProcessor firstStepProcessor(
68        @Value("#{jobParameters['request']}") String request)
69        throws JsonParseException, JsonMappingException, IOException {
70          System.out.println("------1st step Processor--------");
71          ......
72          MsgCfgToMsgModelItemProcessor m2mProcessor =
73            new MsgCfgToMsgModelItemProcessor();
74          m2mProcessor.setJobId(requestModel.getJob());
75          return m2mProcessor;
76      }
77      @Bean
78      @StepScope
79      public ItemProcessor secondStepProcessor(
80        @Value("#{jobParameters['request']}") String request)
81        throws JsonParseException, JsonMappingException, IOException {
82          System.out.println("------2nd step Processor--------");
83          return new AliasesToFullMsgModelItemProcessor();
84      }
85      // 写数据
86      @Bean
87      @StepScope
88      public ItemWriter<MessageBussinessBean> firstStepItemWriter(
89        @Value("#{jobParameters['request']}") String request)
90        throws JsonParseException, JsonMappingException, IOException {
91          System.out.println("------1st step writer--------");
92          ......
93          MessageFullSetItemWriter writer = new
94            MessageFullSetItemWriter();
95          writer.setRequestJobId(requestModel.getJob());
```

```
96          return writer;
97      }
98      @Bean
99      @StepScope
100     public ItemWriter<String> secondStepItemWriter(
101         @Value("#{jobParameters['request']}") String request)
102         throws JsonParseException, JsonMappingException, IOException {
103             System.out.println("------2nd step writer--------");
104             ......
105             MQChannelModelItemWriter writer = new
106                 MQChannelModelItemWriter();
107             return writer;
108     }
109     //-------------- job & step ----------------
110     @Bean
111     public Job messageCoreBatch(JobBuilderFactory jobs,
112         @Qualifier("step1")Step firstStep, @Qualifier("step2")Step
113         secondStep, JobExecutionListener listener) {
114             return jobs.get("messageCoreBatch")
115                     .incrementer(new RunIdIncrementer())
116                     .listener(listener)
117                     .start(firstStep).next(secondStep)
118                     .build();
119     }
120     @Bean
121     public Step step1(StepBuilderFactory stepBuilderFactory,
122         @Qualifier("firstStepReader")ListItemReader<MessageConfigBean>
123         reader,
124         @Qualifier("firstStepItemWriter")ItemWriter<MessageBussinessBean>
125         writer,
126         @Qualifier("firstStepProcessor")ItemProcessor<MessageConfigBean,
127         MessageBussinessBean> processor, StepListener stepListener) {
128             return stepBuilderFactory.get("step1")
129                     .<MessageConfigBean, MessageBussinessBean> chunk(100)
130                     .reader(reader)
131                     .processor(processor)
132                     .writer(writer).listener(stepListener)
133                     .build();
134     }
135     @Bean
136     public Step step2(StepBuilderFactory stepBuilderFactory,
```

```
137        @Qualifier("secondStepReader")ListItemReader<String> reader,
138        @Qualifier("secondStepItemWriter")ItemWriter<String> writer,
139        @Qualifier("secondStepProcessor")ItemProcessor<String, String>
140          processor) {
141            return stepBuilderFactory.get("step2")
142                    .<String, String> chunk(300)
143                    .reader(reader)
144                    .processor(processor)
145                    .writer(writer)
146                    .build();
147    }
148    @Bean
149    public PlatformTransactionManager transactionManager(
150      DataSource dataSource) {
151            return new DataSourceTransactionManager(dataSource);
152    }
153    @Bean
154    public static JdbcTemplate jdbcTemplate(DataSource dataSource) {
155            return new JdbcTemplate(dataSource);
156      }
157  }
```

代码的具体含义会在后面的 8.2 节与 8.3 节中介绍。

通过查阅上面的代码可以看出,通过 @Bean 注解,Spring 就可以将各个组件的定义自动生成 Spring Batch 的相关配置项,等待其他程序的使用。其中,@StepScope 是说明该注解下的组件实行后绑定技术,即生成 Step 时才进行该注解下 Bean 的生成,这时再进行参数的绑定,JobParameters 也在这时才传入。

8.2 Spring Batch 的监听机制

Spring Batch 的监听器能让我们更方便地监控和管理相关的批处理过程。本节通过两种创建监听器的方式,直观地了解两种方式的不同,以及理解注解方式的灵活性。

8.2.1 Spring Batch 监听器

Spring Batch 有如下几个监听器:JobExecutionListener、StepExecutionListener、ChunkListener、ItemReadeListener、ItemProcessListener、ItemWriteListener、SkipListener。

前六种监听器的每一种粒度的 listener 都有对应该粒度的 before 和 after 监听方法。例如,StepExecutionListener 有 beforeStep() 和 afterStep() 监听方法,分别用于监听 Step 启

动前和 Step 运行后的那一时刻。对于第 4~6 种监听器，还额外有对应的 onReadError()、onProcessError()、onWriteError() 监听方法。

而剩下的 SkipListener 则对应 onSkipInRead()、onSkipInProcess()、onSkipInWrite() 三种监听方法。

8.2.2　创建 Spring Batch 的监听器

虽然 Spring Batch 的监听器有许多种，但创建方法都十分相似，所以这里只以 StepExecutionListener 为例，来创建 Step 粒度的监听器。

创建自己的 StepExecutionListener，主要有实现 StepExecutionListener 接口及使用 StepListener 粒度的注解两种方法。由于实现接口的方法，需要把所有的接口内的方法都实现一遍，不太灵活，因此使用注解的方法建立监听器会比较容易，即想使用哪一种监听器的监听方法，就在逻辑方法上面加上该监听器方法对应的注解即可。下面是两种创建方法的比较，参考代码如下。

implements 接口方式：

```
1  public class NewStepListener implements StepExecutionListener {
2      @Override
3      public void beforeStep(StepExecution stepExecution) {
4          // 写入自己的 BeforeStep 逻辑
5      }
6      @Override
7      public ExitStatus afterStep(StepExecution stepExecution) {
8          // 写入自己的 AfterStep 逻辑
9          return null;
10     }
11 }
```

使用注解方式：

```
1  @Component
2  public class NewStepListener {
3      @BeforeStep
4      public void testBeforeStep(){
5          // 写入自己的 BeforeStep 逻辑
6      }
7      @AfterStep
8      public void testBeforeRead(){
9          // 写入自己的 AfterStep 逻辑
10     }
11 }
```

我们甚至可以只使用一个 Class 文件把多种不同粒度的注解写入，这样就可以使一个 class 监听器包含多种监听器的多个监听方法。参考代码如下：

```java
public class NewStepListener{
    @BeforeStep
    public void beforeStep() {
        // 写入自己的 BeforeStep 逻辑
    }
    @BeforeRead
    public void afterStep() {
        // 写入自己的 BeforeRead 逻辑
    }
    @OnSkipInRead
    public void onSkipInRead(Throwable t) {
        // 写入自己的 SkipInRead 逻辑
    }
    @OnSkipInWrite
    public void onSkipInWrite(Object item, Throwable t) {
        // 写入自己的 SkipInWrite 逻辑
    }
    @BeforeWrite
    public void beforeWrite(List items) {
        // 写入自己的 BeforeWrite 逻辑
    }
    @AfterWrite
    public void afterWrite(List items) {
        // 写入自己的 AfterWrite 逻辑
    }
    @OnWriteError
    public void onWriteError(Exception exception, List items) {
        // 写入自己的 OnWriteError 逻辑
    }
}
```

上面这个监听器包含多种粒度下的不同的监听方法。

8.2.3 为 Job 加入监听器

不同粒度的监听器需要放入不同位置。一般我们在配置 Spring Batch 的 Job 和 Step 时将监听器放入。

例如，Job 粒度的监听器是在 Spring Batch 的 class 配置文件 BatchConfig 中配置 Job 时放入。

参考代码如下：

```
1   jobs.get("messageCoreBatch")
2           .incrementer(new RunIdIncrementer())
3           .listener(newJoblistener)
4           .start(firstStep).next(secondStep)
5           .build();
```

而对于 Step 或 Step 以内的粒度的监听器，在配置时，可以放到 Step 中。参考代码如下：

```
1   stepBuilderFactory.get("step1")
2           .<MessageConfigBean, MessageBussinessBean> chunk(1)
3           .reader(reader)
4           .processor(processor)
5           .writer(writer).listener(newStepListener)
6           .build();
```

8.3　Spring Batch 的事务处理机制

事务一直是复杂流程处理过程中需要重点关注的方面，同时也是一个难点。对于某些复杂的 Spring Batch 处理过程，需要加入事务机制来完成数据的同步更新。本节将重点讲解 Spring Batch 的事务处理机制。

8.3.1　Spring Batch 的事务简介

Spring Batch 的事务有如下特点。

（1）Step 之间事务独立。

（2）Step 划分成多个 Chunk 执行，Chunk 事务彼此独立，互不影响。

（3）Chunk 的原含义是某些东西积累成的块状物，它在 Spring Batch 中的作用：若定义为 chunk(N)，即读取 N 条数据作为一个 Chunk，该 Chunk 会开启一个事务来对数据进行管理，若该 Chunk 内的全部数据都能正常处理并结束，则整块提交。

（4）事务提交条件：Chunk 执行正常，未抛出 RuntimeExecption 异常。

（5）默认情况下，Reader、Processor、Writer 抛出未捕获 RuntimeException 异常，当前 Chunk 事务回滚，Step 失败，Job 失败。

（6)Spring Batch 可以设置 retryLimit，即重试次数。如果重试达到指定次数或重试策略不满足，则 Step 失败，Job 失败。

（7）Spring Batch 可以设置 skipLimit，即跳过次数。如果 Spring Batch 同时设置了 retryLimit 和 skipLimit，则当 retryLimit 次数达到后，进行 skip 操作。如果重试次数达到指定次数

或重试策略不满足，则 Step 失败，Job 失败。

将这些概念图形化，如图 8.4 和图 8.5 所示。

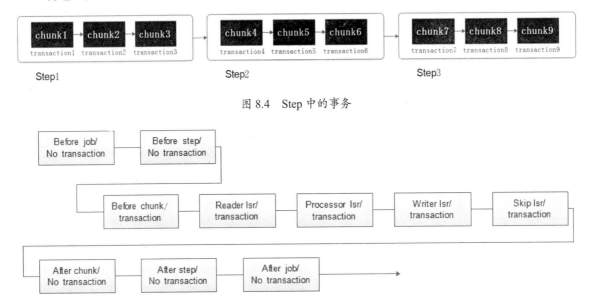

图 8.4　Step 中的事务

图 8.5　监听器组件的事务

8.3.2　Spring Batch 的事务配置

Spring 的事务配置方法一般如下。

（1）配置好相关的事务管理器。

（2）用注解 @EnableTransactionManagement 开启事务支持。

（3）在访问数据库的 Service 方法上添加注解 @Transactional 并指定事务管理器。

Spring Batch 的事务配置与之相同。除此之外，还可以在 Job 仓库和 JobLauncher 配置中直接指定事务管理器，从而省略步骤（2）和（3）。

可以在 Spring Batch 的 class 配置文件 BatchConfig 中配置相关的事务管理器。参考代码如下：

```
1  @Bean
2  public PlatformTransactionManager transactionManager(DataSource
3    dataSource) {
4      return new DataSourceTransactionManager(dataSource);
5  }
```

或者：

```
1  @Bean
2  public PlatformTransactionManager transactionManager(
3    EntityManagerFactory entityMngFactory) {
```

```
 4        return new JpaTransactionManager(entityMngFactory);
 5    }
```

上面的代码分别是两种事务管理器，即 DataSourceTransactionManager 和 JpaTransactionManager。其中，DataSourceTransactionManager 针对的是 JDBC（Java Data Base Connectiy，Java 数据库连接）资源的事务管理，JpaTransactionManager 针对的是 JPA（Java Persistence API，Java 持久化 API）资源的事务管理。如果不进行配置，则 Spring Batch 会查找相关配置，自动加入这两个事务管理器中的一个。但其实除了这两种事务管理器外，Spring Batch 还有其他几种事务管理器，所以最好显式配置。

还是在 Spring Batch 的 class 配置文件 BatchConfig 中，在下面的两个方法中，分别将事务管理器加入 JobRepository 和 JobLauncher 中。参考代码如下：

```
 1  @Bean
 2  public JobRepository jobRepository(DataSource dataSource,
 3    PlatformTransactionManager transactionManager) throws Exception{
 4      JobRepositoryFactoryBean jobRepositoryFactoryBean = new
 5        JobRepositoryFactoryBean();
 6      jobRepositoryFactoryBean.setDataSource(dataSource);
 7      jobRepositoryFactoryBean.setTransactionManager(
 8        transactionManager);
 9      jobRepositoryFactoryBean.setDatabaseType("MYSQL");
10      return jobRepositoryFactoryBean.getObject();
11  }
12  @Bean
13  public SimpleJobLauncher jobLauncher(DataSource dataSource,
14    PlatformTransactionManager transactionManager) throws Exception{
15      SimpleJobLauncher jobLauncher = new SimpleJobLauncher();
16      jobLauncher.setJobRepository(jobRepository(dataSource,
17        transactionManager));
18      return jobLauncher;
19  }
```

8.3.3　Spring Batch 的事务使用

8.3.2 小节已经配置好了 Spring Batch 的事务，结合 8.3.1 小节可以知道，Step 中的 Chunk，以及 Chunk 中的 Reader、Processor、Writer 都开启了事务。也就是说，只要再在 Spring Batch 的 class 配置文件 BatchConfig 中配置好相关的 Step 及 Step 的内部组件，那么这些 Step 的组件就会受到事务管理器的管理。

重新打开 BatchConfig 文件，写入相关的 Step 组件。参考代码如下：

```
1    @Configuration
2    @EnableBatchProcessing
3    public class BatchConfig {
4      @Bean
5      public JobRepository jobRepository(DataSource dataSource,
6        PlatformTransactionManager transactionManager) throws Exception{
7          JobRepositoryFactoryBean jobRepositoryFactoryBean = new
8          JobRepositoryFactoryBean();
9          jobRepositoryFactoryBean.setDataSource(dataSource);
10         jobRepositoryFactoryBean.setTransactionManager(
11         transactionManager);
12         jobRepositoryFactoryBean.setDatabaseType("MYSQL");
13         return jobRepositoryFactoryBean.getObject();
14     }
15     @Bean
16     public SimpleJobLauncher jobLauncher(DataSource dataSource,
17       PlatformTransactionManager transactionManager)throws Exception{
18         SimpleJobLauncher jobLauncher = new SimpleJobLauncher();
19         jobLauncher.setJobRepository(jobRepository(dataSource,
20         transactionManager));
21         System.out.println(">>>>>>>>>" +
22           transactionManager.getClass());
23         return jobLauncher;
24     }
25     // 读数据
26     @Bean
27     @StepScope
28     public ListItemReader<String> stepForTranscationReader()
29       throws UnexpectedInputException, ParseException,
30       NonTransientResourceException, Exception {
31         System.out.println("------tx step Reader--------");
32         List<String> indexVals = new ArrayList<String>();
33         indexVals.add("001");
34         indexVals.add("002");
35         indexVals.add("003");
36         indexVals.add("004");
37         indexVals.add("005");
38         indexVals.add("006");
39         indexVals.add("007");
40         indexVals.add("008008008008");
41         indexVals.add("009");
```

```
42              indexVals.add("010");
43              indexVals.add("011");
44              indexVals.add("012");
45              ListItemReader reader = new ListItemReader(indexVals);
46              return reader;
47      }
48      // 处理数据
49      @Bean
50      @StepScope
51      public ItemProcessor stepForTranscationProcessor()
52        throws JsonParseException, JsonMappingException, IOException {
53                  System.out.println("------tx step Processor--------");
54                  return new StringToStringDoNotingProcessor();
55      }
56      // 写数据
57      @Bean
58      @StepScope
59      public ItemWriter<String> stepForTranscationWriter(
60        JdbcTemplate jdbcTemplate)
61        throws JsonParseException, JsonMappingException, IOException {
62                  System.out.println("------tx step writer--------");
63                  TestTableWriter writer = new TestTableWriter();
64                  writer.setJdbcTemplate(jdbcTemplate);
65                  return writer;
66      }
67      //---------------job & step----------------
68      @Bean
69      public Job testBatchTranscation(JobBuilderFactory jobs,
70        @Qualifier("step1")Step firstStep,
71        @Qualifier("step2")Step secondStep,
72        @Qualifier("stepForTranscation")Step stepForTranscation,
73        JobExecutionListener listener) {
74                  return jobs.get("testBatchTranscation")
75                      .incrementer(new RunIdIncrementer())
76                      .listener(listener)
77                      .start(stepForTranscation)
78                      .build();
79      }
80      @Bean
81      public Step stepForTranscation(StepBuilderFactory
82        stepBuilderFactory,
```

```
83    @Qualifier("stepForTranscationReader")ListItemReader<String>
84       reader,
85    @Qualifier("stepForTranscationProcessor")ItemProcessor<String,
86       String> processor,
87    @Qualifier("stepForTranscationWriter")ItemWriter<String>
88       writer) {
89               return stepBuilderFactory.get("stepForTranscation")
90                   .<String, String> chunk(3)
91                   .reader(reader)
92                   .processor(processor)
93                   .writer(writer)
94                   .build();
95    }
96    @Bean
97    public PlatformTransactionManager transactionManager(
98       EntityManagerFactory entityMngFactory) {
99               return new JpaTransactionManager(entityMngFactory);
100   }
101   @Bean
102   public static JdbcTemplate jdbcTemplate(DataSource dataSource) {
103           return new JdbcTemplate(dataSource);
104   }
105 }
```

上面的这段代码中，其中有两个被引用的类的参考代码。第一个为 StringToStringDoNotingProcessor 类，参考代码如下：

```
1   public class StringToStringDoNotingProcessor implements
2     ItemProcessor<String, String> {
3      @Override
4      public String process(String item) throws Exception {
5          //TODO Auto-generated method stub
6          return item;
7      }
8   }
```

这是一个模拟 Processor 的代码。一般 Processor 对 Reader 中的数据 item 进行处理，如进行校验、格式转换或运算等，然后把处理好的新数据 item 给 Writer。但本示例中为了简化这一过程，直接不做任何事，所以也将其命名为 StringToStringDoNotingProcessor。

另一个 TestTableWriter 类的参考代码如下：

```
1   public class TestTableWriter implements ItemWriter<String> {
```

```
2        private JdbcTemplate jdbcTemplate;
3        public JdbcTemplate getJdbcTemplate() {
4            return jdbcTemplate;
5        }
6        public void setJdbcTemplate(JdbcTemplate jdbcTemplate) {
7            this.jdbcTemplate = jdbcTemplate;
8        }
9        @Override
10       public void write(List<? extends String> indexVals) throws
11         Exception {
12           System.out.println("-------tx step writer--write()-------");
13           for(String tmpIndex : indexVals){
14               String key = "key_" + tmpIndex;
15               String value = "value_" + tmpIndex;
16               jdbcTemplate.update("insert into test_tbl values(
17                 '" + key + "','" + value + "')");
18           }
19       }
20   }
```

以上是一个自定义的 TestTableWrtier 类，其中的 write( ) 方法用于对数据库进行写处理。一般设置了 Chunk 的数值后，如本例中设置了 3，Spring Batch 会按这样的机制处理：每当累计有 3 条数据 item 到达 Writer 后，会进行一次 write() 方法的调用，即写一次数据库；若最后一次不足 3 条数据，会进行最后一次写入操作把剩余数据 item 写入。

8.3.4 其他代码讲解

下面的代码是 Spring Batch 配置代码中的小部分，是定义一个 Step 的过程，其中指定了选用的 Reader、Processor、Writer 组件及 Chunk 的大小。这里的 Chunk 设置为 3，即每 3 个数据 item 为一个 Chunk。参考代码如下：

```
1    @Bean
2    public Step stepForTranscation(StepBuilderFactory
3      stepBuilderFactory,
4    @Qualifier("stepForTranscationReader")ListItemReader<String> reader,
5    @Qualifier("stepForTranscationProcessor")ItemProcessor<String,
6      String> processor,
7    @Qualifier("stepForTranscationWriter")ItemWriter<String> writer) {
8        return stepBuilderFactory.get("stepForTranscation")
9            .<String, String> chunk(3)
10           .reader(reader)
```

```
11              .processor(processor)
12              .writer(writer)
13              .build();
14 }
```

这里的 Step 的示例，是以批处理读取数据，然后写入一个 test_tbl 的表的过程。其中，stepForTranscationReader 中设置了读取 12 条数据 item，而 Step 中设置的 Chunk 条数是 3，所以，实质上这 12 条数据 item 是分了 4 个 Chunk，每个 Chunk 读取和处理 3 条，然后将 3 条数据 item 一次写入数据库。这里的每个 Chunk 都是一个独立的事务，如果在该 Step 过程中出错了，则单独对当前出错的 Chunk 进行回滚操作。

test_tbl 的建表参考代码如下：

```
1 CREATE TABLE 'test_tbl' (
2   'key' varchar(10) DEFAULT NULL,
3   'value' varchar(15) DEFAULT NULL
4 ) ENGINE = InnoDB DEFAULT CHARSET = utf8;
```

该表只有两个字段，分别为 key 和 value，而且 key 和 value 的大小分别为 10 和 15 个字符。

回到 stepForTranscationReader，我们设置的 12 条数据 item 中的第 8 条数据超过了数据库表的限制：

```
1  List<String> indexVals = new ArrayList<String>();
2  indexVals.add("001");
3  indexVals.add("002");
4  indexVals.add("003");
5  indexVals.add("004");
6  indexVals.add("005");
7  indexVals.add("006");
8  indexVals.add("007");
9  indexVals.add("008008008008");
10 indexVals.add("009");
11 indexVals.add("010");
12 indexVals.add("011");
13 indexVals.add("012");
```

这就是说，当使用 Spring Batch 处理到第 8 条数据时，会报数据库异常。运行程序，查看 Spring Batch 的事务机制如何处理。启动 Spring Boot 及 Spring Batch，参考代码如下：

```
1 @SpringBootApplication(scanBasePackages = {
2   "com.ljp.spring.batchtest"})
3 @EnableConfigurationProperties
```

```
 4  @EnableTransactionManagement
 5  public class Starter {
 6    public static void main(String[] args) throws
 7      JobExecutionAlreadyRunningException,
 8    org.springframework.batch.core.repository.JobRestartException,
 9    JobInstanceAlreadyCompleteException,
10    JobParametersInvalidException,
11    SchedulerException, BeansException, JsonProcessingException,
12    ParseException, InterruptedException{
13            ApplicationContext context = SpringApplication
14              .run(Starter.class, args);
15            JobLauncher jobLauncher = (JobLauncher)context
16              .getBean("jobLauncher");
17            SimpleJob testBatchJob = (SimpleJob)context
18              .getBean("testBatchTranscation");
19            JobExecution execution = null;
20        try {
21            execution = jobLauncher.run(testBatchJob,
22              new JobParametersBuilder().toJobParameters());
23        } catch (JobExecutionAlreadyRunningException |
24                JobRestartException |
25                JobInstanceAlreadyCompleteException|
26                JobParametersInvalidException e) {
27            e.printStackTrace();
28        } catch (org.springframework.batch.core.repository
29            .JobRestartException e) {
30            e.printStackTrace();
31        }
32    }
33  }
```

运行结果如图 8.6 所示。

图 8.6 运行结果

从图 8.6 中可以看出，一共有 6 条数据写入了 test_tbl 表。Java 后台的运行 console 有如下信息：

```
 1   2017-05-08 17:50:21.973 INFO 324136 --- [ main] o.s.b.c.l.support
 2    .SimpleJobLauncher : Job: [SimpleJob: [name=testBatchTranscation]]
 3    launched with the following parameters: [{}]
 4   2017-05-08 17:50:22.108 INFO 324136 --- [ main] o.s.batch.core
 5    .job.SimpleStepHandler : Executing step: [stepForTranscation]
 6   ------tx step Reader--------
 7   ------tx step Processor--------
 8    ------tx step writer--------
 9   -------tx step writer--write()-------
10   -------tx step writer--write()-------
11   -------tx step writer--write()-------
12   2017-05-08 17:50:22.591 INFO 324136 --- [ main] o.s.b.f.xml
13    .XmlBeanDefinitionReader :
14   Loading XML bean definitions from class path
15   resource [org/springframework/jdbc/support/sql-error-codes.xml]
16   2017-05-08 17:50:23.177 INFO 324136 --- [ main] o.s.jdbc.support
17    .SQLErrorCodesFactory : SQLErrorCodes loaded: [DB2, Derby, H2,
18    HSQL, Informix, MS-SQL, MySQL, Oracle, PostgreSQL, Sybase, Hana]
19   2017-05-08 17:50:23.286 ERROR 324136 --- [ main] o.s.batch
20    .core.step.AbstractStep : Encountered an error executing step
21    stepForTranscation in job testBatchTranscation
22   org.springframework.dao.DataIntegrityViolationException:
23    StatementCallback; SQL [insert into test_tbl values('key_
24    008008008008','value_008008008008')]; Data truncation: Data too
25    long for column 'key' at row 1;
26   nested exception is com.mysql.jdbc.MysqlDataTruncation: Data
27    truncation: Data too long for column 'key' at row 1
28   at org.springframework.jdbc.support.SQLStateSQLExceptionTranslator
29    .doTranslate(SQLStateSQLExceptionTranslator.java:102)
30    ~[spring-jdbc-4.3.4.RELEASE.jar:4.3.4.RELEASE]
31   2017-05-08 17:50:23.695 INFO 324136 --- [ main] o.s.b.c.l.support
32    .SimpleJobLauncher : Job: [SimpleJob: [name=testBatchTranscation]]
33    completed with the following parameters: [{}] and the following
34    status: [FAILED]
```

这里对结果的解读是：数据库一共写入了 6 条记录，分别是 Spring Batch 的 Step 中的前两个 Chunk 所为（每 3 个数据 item 为一个 Chunk）。当处理第 3 个 Chunk 时，007、008008008008、009 这 3 个数据 item 中，第 2 个数据 item 超出了数据库的限制长度，所以 Java 后台 console 显示会报出 "Data too long for column 'key' at row 1;" 的提示。

由于每一个 Chunk 都设置了事务，因此这个 Chunk 中即使 007 数据是可以写入数据库的，但由于 008008008008 这条数据报错，所以导致整个 Chunk 进行回滚，而 007 数据也进行了回滚。另外，由于每一个 Chunk 的事务独立，因此第 3 个 Chunk 回滚的事件不会影响到前两个 Chunk，所以 001~006 这 6 条数据 item 都能成功写入数据库。

此外，还可以到数据库中查找 Spring Batch 持久化的表，进行进一步了解，如图 8.7 所示。

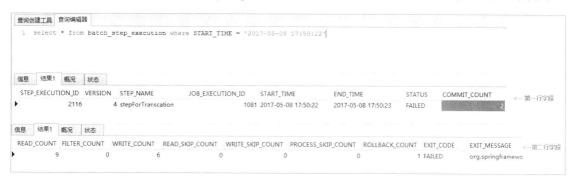

图 8.7　数据的入库记录

图 8.7 显示，的确是发生了回滚。Spring Batch 总共 commit 了 2 次事务，分别有 6 条数据写入，对应了 2 个 Chunk；而总共读取了 9 条数据，即 3 个 Chunk，但就在这时有数据错误，进行了回滚操作，整个 Step 状态为 FAILED。

8.4　Spring Batch 与多线程

无须人工干预的大数据批处理的执行，在其处理过程中需要具备一定的容错能力，以及快速的处理能力，这样才能够让系统在闲时对大数据进行批量加工及结果输出。合理利用 Spring Batch 自带的容错机制和多线程步骤划分，能使系统在容错和快速处理海量数据两方面的能力再次提升。大数据批处理常运用于大型企业的统计和结算后台，如银行系统的深夜汇总、结算批处理操作等。

8.4.1　Spring Batch 的容错机制

Spring Batch 的容错机制是一种与事务机制相结合的机制，主要包括三种操作：restart、retry 和 skip。其中，restart 针对 Job 来使用，retry 和 skip 针对 Step 及其内部组件使用。

restart 是重启 Job 的一个操作。通常只有在 Job 失败的情况下才能 restart。前面也说了，相同的作业只能成功运行一次，如果需要再次运行，则需要改变 JobParameters。

retry 是对 Job 的某一 Step 而言的，处理一条数据 item 时发现有异常，则重试一次该数据 item 的 Step 的操作。

skip 是对 Job 的某一个 Step 而言的，处理一条数据 item 时发现有异常，则跳过该数据 item 的 Step 的操作。

更改之前 Step 的配置，参考代码如下：

```
1   @Bean
2   public Step stepForTranscation(StepBuilderFactory
3     stepBuilderFactory,
4   @Qualifier("stepForTranscationReader")ListItemReader<String> reader,
5   @Qualifier("stepForTranscationProcessor")ItemProcessor<String,
6     String> processor,
7   @Qualifier("stepForTranscationWriter")ItemWriter<String> writer) {
8       return stepBuilderFactory.get("stepForTranscation")
9             .<String, String> chunk(3)
10            .reader(reader)
11            .processor(processor)
12            .writer(writer).faultTolerant().retryLimit(3)
13            .retry(DataIntegrityViolationException.class)
14            .skipLimit(1)
15            .skip(DataIntegrityViolationException.class)
16            .startLimit(3)
17            .build();
18  }
```

这个新的 Step 配置比之前多了一些配置项，如下：

```
1   .faultTolerant()
2     .retryLimit(3)
3     .retry(DataIntegrityViolationException.class)
4     .skipLimit(1)
5     .skip(DataIntegrityViolationException.class)
6     .startLimit(3)
```

这里就是 retry、skip、restart 的配置。这里设置了允许重试的次数为 3 次，允许跳过的数据最多为 1 条，如果 Job 失败，则运行重跑次数最多为 3 次。重新运行程序，可以得到新的结果，如图 8.8 所示。

从图 8.8 中可以看出，12 条数据中总共有 11 条数据进入数据库，而过长的 008008008008 数据则因为设置了 skip，所以容错机制允许它不进入数据库，这次的 Spring Batch 最终没有因为回滚而中断。

查阅 Spring Batch 的持久化数据表，如图 8.9 所示。

从图 8.9 中可以看出，的确有一条数据被跳过了，但因为这是经过我们的同意才跳过的，所以整个 Job 顺利完成，即 COMPLETED。

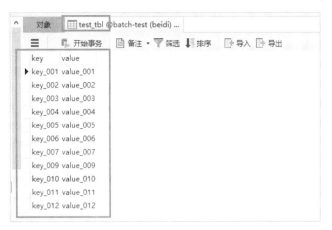

图 8.8　容错后的数据结果

图 8.9　数据库结果记录

8.4.2　Spring Batch Job 的加速执行

在使用 Spring Batch 的过程中，需要建立各个步骤的 Step，然后组合成一个 Job。当 Job 处理大数据量的数据时，往往有对 Job 进行加速执行的需求。那如何能进行 Job 或 Step 的加速？下面将给出一些思路。

（1）合理设置 Chunk 的大小。对于 Chunk 的设置，前面已经简单介绍过，其作用范围在 Reader、Processor、Writer 当中。当 Reader 与 Processor 完成一定的 Chunk 数量时，才执行一次写入操作，这样将加快整个 Step 过程的执行。

一般地，如果 Chunk 的数量设置得大，则整体 Step 执行会更快，如设置 chunk(10000) 远比 chunk(10) 快；但同时也会因为数据量过大，增加一个 Chunk 中错误数据出现的概率，这样又会导致需要设置 skip 或 retry 等容错机制来辅助完成。所以，对于大数据下的 Step 的 Chunk 设置，应当结合自己的实际项目，设置一个比较合适的值。

（2）可以对一个 Step 进行多线程设置，以达到加速 Step 从而让 Job 加速执行。单个 Step 多线程执行任务可以借助于 taskExecutor 来实现。这种情况适合 Reader、Writer 是线程安全且是无状态的场景。

8.4.3 Spring Batch Step 的多线程设置

对于 Step 的多线程，配置 Step 时可以在 Writer 后面追加该 Step 的多线程的设置。参考代码如下：

```
1   @Bean
2   public Step stepForTranscation(StepBuilderFactory
3     stepBuilderFactory,
4         @Qualifier("stepForTranscationReader")ListItemReader<String>
5           reader,
6         @Qualifier("stepForTranscationProcessor")
7           ItemProcessor<String, String> processor,
8         @Qualifier("stepForTranscationWriter")ItemWriter<String>
9           writer) {
10      return stepBuilderFactory.get("stepForTranscation")
11          .<String, String> chunk(100)
12          .reader(reader)
13          .processor(processor)
14          .writer(writer).taskExecutor(new
15            SimpleAsyncTaskExecutor()).throttleLimit(10)
16          .build();
17  }
```

其中在 Writer 后面加入的代码为：

```
1   taskExecutor(new SimpleAsyncTaskExecutor()).throttleLimit(10)
```

表示设置了一个简单的异步任务执行器，并启动 10 个线程。经过对 10000 个数据的测试，在使用 10 个线程处理这个 Step 和只有一个线程的情况下，所花费的时间由原来的将近 1200 毫秒降至 597 毫秒，快了一倍，其在数据量更大的情况下效果会更加明显，具体如图 8.10 所示。

```
Console ⌗ ⚙Progress ⚑Problems ⚲Search ⚑Servers ⚙Boot Dashboard           ⚙ ✖ ⚙ ▤ | ⚙ ⚙ ▤ | ⚙⚙ ▤ ▾ □ ▾ | ⚙ ⚙ ▾
<terminated> BatchTest - Start [Spring Boot App] C:\Program Files\Java\jre1.8.0_31\bin\javaw.exe (2017年10月12日 下午8:24:06)
2017-10-12 20:24:11.172  INFO 9604 --- [         main] o.s.b.c.l.support.SimpleJobLauncher        : Job: [SimpleJob: [name=testBatchT ⌃
 duration time:1194
2017-10-12 20:24:11.173  INFO 9604 --- [      Thread-2] s.c.a.AnnotationConfigApplicationContext  : Closing org.springframework.conte
2017-10-12 20:24:11.174  INFO 9604 --- [      Thread-2] o.s.j.e.a.AnnotationMBeanExporter          : Unregistering JMX-exposed beans o
2017-10-12 20:24:11.175  INFO 9604 --- [      Thread-2] j.LocalContainerEntityManagerFactoryBean  : Closing JPA EntityManagerFactory
```

```
Console ⌗ ⚙Progress ⚑Problems ⚲Search ⚑Servers ⚙Boot Dashboard           ⚙ ✖ ⚙ ▤ | ⚙ ⚙ ▤ | ⚙⚙ ▤ ▾ □ ▾ | ⚙ ⚙ ▾
<terminated> BatchTest - Start [Spring Boot App] C:\Program Files\Java\jre1.8.0_31\bin\javaw.exe (2017年10月12日 下午8:19:24)
-------tx step writer--write()-------
-------tx step writer--write()-------
-------tx step writer--write()-------
-------tx step writer--write()-------
-------tx step writer--write()-------
-------tx step writer--write()-------
2017-10-12 20:19:28.250  INFO 8924 --- [         main] o.s.b.c.l.support.SimpleJobLauncher        : Job: [SimpleJob: [name=testBatchT
 duration time:597
2017-10-12 20:19:28.250  INFO 8924 --- [      Thread-2] s.c.a.AnnotationConfigApplicationContext  : Closing org.springframework.conte
2017-10-12 20:19:28.252  INFO 8924 --- [      Thread-2] o.s.j.e.a.AnnotationMBeanExporter          : Unregistering JMX-exposed beans o
2017-10-12 20:19:28.252  INFO 8924 --- [      Thread-2] j.LocalContainerEntityManagerFactoryBean  : Closing JPA EntityManagerFactory
```

图 8.10　多线程下的数据处理速度对比

第9章

>>> 大数据任务调度框架 Quartz 与多线程

前面已经介绍了 Java 自带的定时任务 Timer 和 TimerTask。对于简单的定时任务，使用它们的确非常方便，但对于大数据的处理量就会显得力不从心。本章介绍的 Quartz 是 Java 大数据任务调度框架，其已经在许多大型的商用软件中发挥了重要的作用。

本章内容主要涉及以下知识点。

● Quartz 概述。

● Quartz 的基本组件。

● Quartz 的持久化。

● 在 Spring Boot 中使用 Quartz。

● Quartz 的 Job 及状态监控。

● Quartz 的多线程设置。

9.1 Quartz 概述

Quartz 是优秀的 Java 大数据任务调度框架，最近几年被广泛地运用于互联网及许多企业大数据的系统平台中，作为处理海量数据的核心任务调度框架。

9.1.1 强大的开源 Java 定时任务调度框架

前面已经初步接触了简单的定时任务组件 Timer 和 TimerTask，但它们只能在简单的定时任务或简单的测试中使用，而在商业产品的重要定时任务环节或大数据的处理下，这类组件就显得有些吃力。例如，Timer、TimerTask 组件在信息日志输出、状态跟踪、失败重试、条件控制、分布式计算等方面都比较薄弱和欠缺，如果要为其加上这样的功能，则需要编程人员后续进行大量的编程工作去补充和完善。

Java 体系中，有一个强大的开源定时任务调度框架，即 Quartz，它是一个经历了众多商业系统考验、开源的而且不断在完善、功能齐全、易于配置的定时任务调度框架。

9.1.2 Quartz 的基本组件

Quartz 框架是由一系列基本的工作组件构成的，它们分别是 Job、JobDetail、Trigger 及 Scheduler，如表 9.1 所示。每一个基本组件都各司其职，共同组合完成一项高可靠的定时任务。

表 9.1 Quartz 的基本组件

名称	用途
Job	Quartz 的作业的定义，一般是实现 Quartz 的作业接口，并且写明执行作业的主要内容
JobDetail	Job 的一个实例。一般地，Job 的调用需要先进行实例化，变成 JobDetail 才能被 Quartz 框架执行，一般会注明作业的组别和作业的名称
Trigger	触发一个 JobDetail 的规则器，一般包含触发时间、执行的重复次数、失败重发等策略
Scheduler	Quartz 的调度器，真正的运行作业的运行容器，能够指定 JobDetail 和 Trigger 进行作业的触发调度

9.1.3 Quartz 与 Java Timer 对比

Quartz 比 Java 的 Timer/TimerTask 强大得多，能适应海量数据处理。那么 Quartz 到底强大在哪里？可以通过下面的几点来进行比较。

（1）Quartz 支持强大的 cron 表达式。cron 是广泛运用于 Linux 系统中的智能定时任务表达式，它一般由 6~7 个用空格分隔的时间参数组成。这些参数按顺序依次为秒 [0~59]、分 [0~59]、时 [0~23]、日 [1~28、29、30、31]、月 [1~12]、星期 [1~7]、年。例如，下面的几个 cron 表达式，其能用简约的方式表达出定时任务的触发规则：

```
1  0 15 10 * * ?            // 每日 10:15 触发一次
2  0 * 14 * * ?             // 每日 14:00~14:59 期间，每隔一分钟触发一次
3  0 0/5 14 * * ?           // 每日 14:00~14:59 期间，每隔 5 分钟触发一次
4  0 0 20 * ?  2019         // 2019 年的每一日 20:00 都触发一次
```

若能熟练掌握好 cron 智能定时任务表达式，就可以轻松地用简约的方式写出强大的触发规则。

（2）能够将作业持久化，实时跟踪 Job 的状态变化。

（3）支持多种触发和调度策略，能配置和设置过期重发及失败重发等机制，能够做到大数据下的作业并行容错运行。

（4）能够加入监听器，进行作业触发前后的监听和辅助处理。

（5）支持集群配置，做到故障切换和负载均衡。

9.2　Quartz 的持久化

Quartz 的持久化工作比较简单，主要分为三个步骤。

（1）在数据库建立持久化的数据表。

（2）在项目中引入 Quartz 的持久化配置文件。

（3）在项目中实例化 Quartz 实例。

9.2.1　Quartz 的数据库建表分析

Quartz 的持久化需要有数据库的支持，本小节以 Quartz V2.3 为例，给出 Quartz 的该版本的持久化所需的建表语句和索引。MySQL 数据库的参考脚本如下：

```
1  DROP TABLE IF EXISTS QRTZ_FIRED_TRIGGERS;
2  DROP TABLE IF EXISTS QRTZ_PAUSED_TRIGGER_GRPS;
3  DROP TABLE IF EXISTS QRTZ_SCHEDULER_STATE;
4  DROP TABLE IF EXISTS QRTZ_LOCKS;
5  DROP TABLE IF EXISTS QRTZ_SIMPLE_TRIGGERS;
6  DROP TABLE IF EXISTS QRTZ_SIMPROP_TRIGGERS;
7  DROP TABLE IF EXISTS QRTZ_CRON_TRIGGERS;
8  DROP TABLE IF EXISTS QRTZ_BLOB_TRIGGERS;
9  DROP TABLE IF EXISTS QRTZ_TRIGGERS;
10 DROP TABLE IF EXISTS QRTZ_JOB_DETAILS;
11 DROP TABLE IF EXISTS QRTZ_CALENDARS;
12 CREATE TABLE QRTZ_JOB_DETAILS (
13   SCHED_NAME VARCHAR(120) NOT NULL,
14   JOB_NAME VARCHAR(160) NOT NULL,
15   JOB_GROUP VARCHAR(160) NOT NULL,
16   DESCRIPTION VARCHAR(250) NULL,
```

```
17    JOB_CLASS_NAME VARCHAR(250) NOT NULL,
18    IS_DURABLE VARCHAR(1) NOT NULL,
19    IS_NONCONCURRENT VARCHAR(1) NOT NULL,
20    IS_UPDATE_DATA VARCHAR(1) NOT NULL,
21    REQUESTS_RECOVERY VARCHAR(1) NOT NULL,
22    JOB_DATA BLOB NULL,
23    PRIMARY KEY (SCHED_NAME, JOB_NAME, JOB_GROUP)
24  ) ENGINE = InnoDB;
25  CREATE TABLE QRTZ_TRIGGERS (
26    SCHED_NAME VARCHAR(120) NOT NULL,
27    TRIGGER_NAME VARCHAR(160) NOT NULL,
28    TRIGGER_GROUP VARCHAR(160) NOT NULL,
29    JOB_NAME VARCHAR(160) NOT NULL,
30    JOB_GROUP VARCHAR(160) NOT NULL,
31    DESCRIPTION VARCHAR(250) NULL,
32    NEXT_FIRE_TIME BIGINT(13) NULL,
33    PREV_FIRE_TIME BIGINT(13) NULL,
34    PRIORITY INTEGER NULL,
35    TRIGGER_STATE VARCHAR(16) NOT NULL,
36    TRIGGER_TYPE VARCHAR(8) NOT NULL,
37    START_TIME BIGINT(13) NOT NULL,
38    END_TIME BIGINT(13) NULL,
39    CALENDAR_NAME VARCHAR(160) NULL,
40    MISFIRE_INSTR SMALLINT(2) NULL,
41    JOB_DATA BLOB NULL,
42    PRIMARY KEY (SCHED_NAME, TRIGGER_NAME, TRIGGER_GROUP),
43    FOREIGN KEY (SCHED_NAME, JOB_NAME, JOB_GROUP) REFERENCES
44      QRTZ_JOB_DETAILS (SCHED_NAME, JOB_NAME, JOB_GROUP)
45  ) ENGINE = InnoDB;
46  CREATE TABLE QRTZ_SIMPLE_TRIGGERS (
47    SCHED_NAME VARCHAR(120) NOT NULL,
48    TRIGGER_NAME VARCHAR(160) NOT NULL,
49    TRIGGER_GROUP VARCHAR(160) NOT NULL,
50    REPEAT_COUNT BIGINT(7) NOT NULL,
51    REPEAT_INTERVAL BIGINT(12) NOT NULL,
52    TIMES_TRIGGERED BIGINT(10) NOT NULL,
53    PRIMARY KEY (SCHED_NAME, TRIGGER_NAME, TRIGGER_GROUP),
54    FOREIGN KEY (SCHED_NAME, TRIGGER_NAME, TRIGGER_GROUP)
55      REFERENCES QRTZ_TRIGGERS (SCHED_NAME, TRIGGER_NAME,
56      TRIGGER_GROUP)
57  ) ENGINE = InnoDB;
58  CREATE TABLE QRTZ_CRON_TRIGGERS (
```

```
59    SCHED_NAME VARCHAR(120) NOT NULL,
60    TRIGGER_NAME VARCHAR(160) NOT NULL,
61    TRIGGER_GROUP VARCHAR(160) NOT NULL,
62    CRON_EXPRESSION VARCHAR(120) NOT NULL,
63    TIME_ZONE_ID VARCHAR(80),
64    PRIMARY KEY (SCHED_NAME, TRIGGER_NAME, TRIGGER_GROUP),
65    FOREIGN KEY (SCHED_NAME, TRIGGER_NAME, TRIGGER_GROUP)
66      REFERENCES QRTZ_TRIGGERS (SCHED_NAME, TRIGGER_NAME,
67      TRIGGER_GROUP)
68  ) ENGINE = InnoDB;
69  CREATE TABLE QRTZ_SIMPROP_TRIGGERS (
70    SCHED_NAME VARCHAR(120) NOT NULL,
71    TRIGGER_NAME VARCHAR(160) NOT NULL,
72    TRIGGER_GROUP VARCHAR(160) NOT NULL,
73    STR_PROP_1 VARCHAR(512) NULL,
74    STR_PROP_2 VARCHAR(512) NULL,
75    STR_PROP_3 VARCHAR(512) NULL,
76    INT_PROP_1 INT NULL,
77    INT_PROP_2 INT NULL,
78    LONG_PROP_1 BIGINT NULL,
79    LONG_PROP_2 BIGINT NULL,
80    DEC_PROP_1 NUMERIC(13, 4) NULL,
81    DEC_PROP_2 NUMERIC(13, 4) NULL,
82    BOOL_PROP_1 VARCHAR(1) NULL,
83    BOOL_PROP_2 VARCHAR(1) NULL,
84    PRIMARY KEY (SCHED_NAME, TRIGGER_NAME, TRIGGER_GROUP),
85    FOREIGN KEY (SCHED_NAME, TRIGGER_NAME, TRIGGER_GROUP)
86      REFERENCES QRTZ_TRIGGERS (SCHED_NAME, TRIGGER_NAME,
87      TRIGGER_GROUP)
88  ) ENGINE = InnoDB;
89  CREATE TABLE QRTZ_BLOB_TRIGGERS (
90    SCHED_NAME VARCHAR(120) NOT NULL,
91    TRIGGER_NAME VARCHAR(160) NOT NULL,
92    TRIGGER_GROUP VARCHAR(160) NOT NULL,
93    BLOB_DATA BLOB NULL,
94    PRIMARY KEY (SCHED_NAME, TRIGGER_NAME, TRIGGER_GROUP),
95    INDEX(SCHED_NAME, TRIGGER_NAME, TRIGGER_GROUP),
96    FOREIGN KEY (SCHED_NAME, TRIGGER_NAME, TRIGGER_GROUP)
97      REFERENCES QRTZ_TRIGGERS (SCHED_NAME, TRIGGER_NAME,
98      TRIGGER_GROUP)
99  ) ENGINE = InnoDB;
100 CREATE TABLE QRTZ_CALENDARS (
```

```
101      SCHED_NAME VARCHAR(120) NOT NULL,
102      CALENDAR_NAME VARCHAR(160) NOT NULL,
103      CALENDAR BLOB NOT NULL,
104      PRIMARY KEY (SCHED_NAME, CALENDAR_NAME)
105  ) ENGINE = InnoDB;
106  CREATE TABLE QRTZ_PAUSED_TRIGGER_GRPS (
107      SCHED_NAME VARCHAR(120) NOT NULL,
108      TRIGGER_GROUP VARCHAR(160) NOT NULL,
109      PRIMARY KEY (SCHED_NAME, TRIGGER_GROUP)
110  ) ENGINE = InnoDB;
111  CREATE TABLE QRTZ_FIRED_TRIGGERS (
112      SCHED_NAME VARCHAR(120) NOT NULL,
113      ENTRY_ID VARCHAR(95) NOT NULL,
114      TRIGGER_NAME VARCHAR(160) NOT NULL,
115      TRIGGER_GROUP VARCHAR(160) NOT NULL,
116      INSTANCE_NAME VARCHAR(160) NOT NULL,
117      FIRED_TIME BIGINT(13) NOT NULL,
118      SCHED_TIME BIGINT(13) NOT NULL,
119      PRIORITY INTEGER NOT NULL,
120      STATE VARCHAR(16) NOT NULL,
121      JOB_NAME VARCHAR(160) NULL,
122      JOB_GROUP VARCHAR(160) NULL,
123      IS_NONCONCURRENT VARCHAR(1) NULL,
124      REQUESTS_RECOVERY VARCHAR(1) NULL,
125      PRIMARY KEY (SCHED_NAME, ENTRY_ID)
126  ) ENGINE = InnoDB;
127  CREATE TABLE QRTZ_SCHEDULER_STATE (
128      SCHED_NAME VARCHAR(120) NOT NULL,
129      INSTANCE_NAME VARCHAR(160) NOT NULL,
130      LAST_CHECKIN_TIME BIGINT(13) NOT NULL,
131      CHECKIN_INTERVAL BIGINT(13) NOT NULL,
132      PRIMARY KEY (SCHED_NAME, INSTANCE_NAME)
133  ) ENGINE = InnoDB;
134  CREATE TABLE QRTZ_LOCKS (
135      SCHED_NAME VARCHAR(120) NOT NULL,
136      LOCK_NAME VARCHAR(40) NOT NULL,
137      PRIMARY KEY (SCHED_NAME, LOCK_NAME)
138  ) ENGINE = InnoDB;
139  CREATE INDEX IDX_QRTZ_J_REQ_RECOVERY
140  ON QRTZ_JOB_DETAILS (SCHED_NAME, REQUESTS_RECOVERY);
141  CREATE INDEX IDX_QRTZ_J_GRP
142  ON QRTZ_JOB_DETAILS (SCHED_NAME, JOB_GROUP);
```

```
143  CREATE INDEX IDX_QRTZ_T_J
144  ON QRTZ_TRIGGERS (SCHED_NAME, JOB_NAME, JOB_GROUP);
145  CREATE INDEX IDX_QRTZ_T_JG
146  ON QRTZ_TRIGGERS (SCHED_NAME, JOB_GROUP);
147  CREATE INDEX IDX_QRTZ_T_C
148  ON QRTZ_TRIGGERS (SCHED_NAME, CALENDAR_NAME);
149  CREATE INDEX IDX_QRTZ_T_G
150  ON QRTZ_TRIGGERS (SCHED_NAME, TRIGGER_GROUP);
151  CREATE INDEX IDX_QRTZ_T_STATE
152  ON QRTZ_TRIGGERS (SCHED_NAME, TRIGGER_STATE);
153  CREATE INDEX IDX_QRTZ_T_N_STATE
154  ON QRTZ_TRIGGERS (SCHED_NAME, TRIGGER_NAME, TRIGGER_GROUP,
155    TRIGGER_STATE);
156  CREATE INDEX IDX_QRTZ_T_N_G_STATE
157  ON QRTZ_TRIGGERS (SCHED_NAME, TRIGGER_GROUP, TRIGGER_STATE);
158  CREATE INDEX IDX_QRTZ_T_NEXT_FIRE_TIME
159  ON QRTZ_TRIGGERS (SCHED_NAME, NEXT_FIRE_TIME);
160  CREATE INDEX IDX_QRTZ_T_NFT_ST
161  ON QRTZ_TRIGGERS (SCHED_NAME, TRIGGER_STATE, NEXT_FIRE_TIME);
162  CREATE INDEX IDX_QRTZ_T_NFT_MISFIRE
163  ON QRTZ_TRIGGERS (SCHED_NAME, MISFIRE_INSTR, NEXT_FIRE_TIME);
164  CREATE INDEX IDX_QRTZ_T_NFT_ST_MISFIRE
165  ON QRTZ_TRIGGERS
166  (SCHED_NAME, MISFIRE_INSTR, NEXT_FIRE_TIME, TRIGGER_STATE);
167  CREATE INDEX IDX_QRTZ_T_NFT_ST_MISFIRE_GRP
168  ON QRTZ_TRIGGERS
169  (SCHED_NAME, MISFIRE_INSTR, NEXT_FIRE_TIME, TRIGGER_GROUP,
170    TRIGGER_STATE);
171  CREATE INDEX IDX_QRTZ_FT_TRIG_INST_NAME
172  ON QRTZ_FIRED_TRIGGERS (SCHED_NAME, INSTANCE_NAME);
173  CREATE INDEX IDX_QRTZ_FT_INST_JOB_REQ_RCVRY
174  ON QRTZ_FIRED_TRIGGERS
175  (SCHED_NAME, INSTANCE_NAME, REQUESTS_RECOVERY);
176  CREATE INDEX IDX_QRTZ_FT_J_G
177  ON QRTZ_FIRED_TRIGGERS (SCHED_NAME, JOB_NAME, JOB_GROUP);
178  CREATE INDEX IDX_QRTZ_FT_JG
179  ON QRTZ_FIRED_TRIGGERS (SCHED_NAME, JOB_GROUP);
180  CREATE INDEX IDX_QRTZ_FT_T_G
181  ON QRTZ_FIRED_TRIGGERS (SCHED_NAME, TRIGGER_NAME, TRIGGER_GROUP);
182  CREATE INDEX IDX_QRTZ_FT_TG
183  ON QRTZ_FIRED_TRIGGERS (SCHED_NAME, TRIGGER_GROUP);
```

以上各表的基本含义如下。

（1）QRTZ_BLOB_TRIGGERS：以 Blob 类型存储的触发器。

（2）QRTZ_CALENDARS：存放日历信息，quartz 可配置一个日历来指定一个时间范围。

（3）QRTZ_CRON_TRIGGERS：存放 cron 类型的触发器。

（4）QRTZ_FIRED_TRIGGERS：存放已触发的触发器。

（5）QRTZ_JOB_DETAILS：存放一个 JobDetail 信息。

（6）QRTZ_JOB_LISTENERS：Job 监听器。

（7）QRTZ_LOCKS：存储程序的悲观锁的信息（假如使用了悲观锁）。

（8）QRTZ_PAUSED_TRIGGER_GRAPS：存放暂停的触发器。

（9）QRTZ_SCHEDULER_STATE：调度器状态。

（10）QRTZ_SIMPLE_TRIGGERS：简单触发器的信息。

（11）QRTZ_TRIGGERS：触发器的基本信息。

9.2.2　Java 项目引入 Quartz 的持久化配置

在 Java 中引入 Quartz 比较简单，可以在项目的类加载路径下新建一个文件：quartz.
properties，打开该文件，写入以下配置内容：

```
1  org.quartz.scheduler.instanceName: DefaultQuartzScheduler
2  org.quartz.scheduler.rmi.export: false
3  org.quartz.scheduler.rmi.proxy: false
4  org.quartz.scheduler.wrapJobExecutionInUserTransaction: false
5  org.quartz.threadPool.class: org.quartz.simpl.SimpleThreadPool
6  org.quartz.threadPool.threadCount: 10
7  org.quartz.threadPool.threadPriority: 5
8  org.quartz.threadPool
9   .threadsInheritContextClassLoaderOfInitializingThread: true
10 org.quartz.jobStore.misfireThreshold: 60000
11 org.quartz.jobStore.class: org.quartz.impl.jdbcjobstore
12  .JobStoreTX
13 org.quartz.jobStore.driverDelegateClass = org.quartz.impl
14  .jdbcjobstore.StdJDBCDelegate
15 org.quartz.jobStore.tablePrefix = qrtz_
16 org.quartz.jobStore.dataSource = myDS
17 org.quartz.dataSource.myDS.driver = com.mysql.jdbc.Driver
18 org.quartz.dataSource.myDS.URL = jdbc:mysql://127.0.0.1:3306/
19   quartz?characterEncoding=utf-8
20 org.quartz.dataSource.myDS.user = root
```

```
21  org.quartz.dataSource.myDS.password = XXXXXX
22  org.quartz.dataSource.myDS.maxConnections = 10
```

其中：

```
1  org.quartz.jobStore.class: org.quartz.impl.jdbcjobstore
2    .JobStoreTX
3  org.quartz.jobStore.driverDelegateClass=org.quartz.impl
4    .jdbcjobstore.StdJDBCDelegate
```

这两项就是使用 Quartz 的持久化功能，把相关的 Quartz 运行时的信息都以数据库表的形式保存起来。当然，还可以使用 Quartz 的最简单形式保存相关信息，即使用非持久化（内存形式）的方式保存 Quartz 相关运行信息。这时只需要将配置改为 RAMJobStore 即可，参考代码如下：

```
1  org.quartz.jobStore.class = org.quartz.simpl.RAMJobStore
```

实际上，使用内存式的非持久化方式运行 Quartz 更快，但对于作业的跟踪、事务的处理及排错等方面却没有持久化的方式容易。因为持久化的 Quartz 使我们有更多的可视数据记录，我们可以进行分析，找到问题的原因。

在本章后面的内容中，我们还会介绍与 Spring Boot 框架结合来配置 Quartz 的示例。

9.2.3　实例化 Quartz

在项目中，如果顺利地经过了上述配置，实例化 Quartz 就会非常简单，直接使用以下语句实例化一个 Scheduler 即可。参考代码如下：

```
1  Scheduler stdScheduler =  StdSchedulerFactory
2    .getDefaultScheduler();
```

通过该方法实例化的 Quartz 的 Scheduler 会直接读取类加载路径下的 quartz.properties 文件中的配置，来初始化一个能够持久化 Job 到数据库中的 Scheduler。这里的 Scheduler 是一个重要的 Quartz 调度容器，负责对整个 Quartz 的 Job 和 Trigger 的管理。其他的方法使用与之前的内存式 Quertz 大致相同，可以不做修改。

9.3　Quartz 中的多线程设置

Quartz 支持多线程的运行，同时还支持多种失败后重启的策略设置。通过合理设置 Quartz 的 Job 和 Trigger，能够创建出切合实际业务的多线程任务调度系统。

9.3.1 创建 Job

Quartz 的 Job 是一个描述作业的接口，如果要创建一个 Quartz 的类，则需要实现 Job 接口，并且要编写 execute( ) 方法，说明要执行作业的主要内容。实际上，如果使用 Spring 和 Quartz，会发现它们还提供了一个 QuartzJobBean 的抽象类，它已经实现了 Job 接口，并且书写好了要实现的 execute( ) 方法的部分逻辑，提前预设置了一些配置相关的逻辑，同时预留了一个 executeInternal( ) 方法给用户填充。

以下是 QuartzJobBean 抽象类的源代码：

```
1   import org.quartz.Job;
2   import org.quartz.JobExecutionContext;
3   import org.quartz.JobExecutionException;
4   import org.quartz.SchedulerException;
5   import org.springframework.beans.BeanWrapper;
6   import org.springframework.beans.MutablePropertyValues;
7   import org.springframework.beans.PropertyAccessorFactory;
8   public abstract class QuartzJobBean implements Job {
9       public QuartzJobBean() {
10      }
11      public final void execute(JobExecutionContext context) throws
12        JobExecutionException {
13        try {
14            BeanWrapper bw = PropertyAccessorFactory
15              .forBeanPropertyAccess(this);
16            MutablePropertyValues pvs = new
17              MutablePropertyValues();
18            pvs.addPropertyValues(context.getScheduler()
19              .getContext());
20            pvs.addPropertyValues(context.getMergedJobDataMap());
21            bw.setPropertyValues(pvs, true);
22        } catch (SchedulerException var4) {
23            throw new JobExecutionException(var4);
24        }
25        this.executeInternal(context);
26      }
27  protected abstract void executeInternal(JobExecutionContext var1)
28  throws JobExecutionException;
29  }
```

这个抽象类的主要目的并不难理解。除了构造方法外，它有两个核心的方法，其中一个是为了给继承该抽象类的用户填充自己逻辑的抽象方法 executeInternal( )，另外一个就是为了实现 Quartz 的作业接口 Job 的 execute( ) 方法而重写的同名方法，并且带有一些配置及用户要完成的抽象方法的调用。

下面将通过一个简单的用户自定义的 Quartz Job 来加深对创建 Job 的理解。参考代码如下：

```
1   import com.xxx.db.expertorder.service.GdlExpertStatisticService;
2   import org.quartz.JobExecutionContext;
3   import org.quartz.JobExecutionException;
4   import org.springframework.beans.factory.annotation.Autowired;
5   import org.springframework.scheduling.quartz.QuartzJobBean;
6   import org.springframework.stereotype.Component;
7   @Component
8   @Slf4j
9   public class ExpertWMStatisticJob extends QuartzJobBean {
10      @Autowired
11      GdlExpertStatisticService expertStatisticService;
12      @Override
13  protected void executeInternal(JobExecutionContext
14    jobExecutionContext)
15      throws JobExecutionException {
16          try{
17              expertStatisticService.everyDateStatistic();
18              log.info(" 今日的初始专家推荐单的周命中统计和月命中统计完
19                  成。");
20          }catch(Exception e){
21              log.info(" 专家推荐单每日初始统计有误！");
22              log.warn(e.toString());
23          }
24      }
25  }
```

上面的代码定义了一个每日深夜运行的统计作业。其中，expertStatisticService 是一个包含每日统计逻辑的方法类，这里就不列出具体逻辑。可以看到，编写自定义的 Quartz 作业——Job，一般可以通过新建一个类来继承抽象类 QuartzJobBean，然后编写自己的 executeInternal( ) 方法，指明作业要处理的逻辑。

当编写了自定义的 Quartz Job 后，就可以通过该 Job 实例化一个包含更多信息的 JobDetail，然后通过 Scheduler 和 Trigger 将这一个实例化的 JobDetail 运行起来。

9.3.2 设置策略

Quartz 中有多种不同的触发器 Trigger，这里只介绍最简单的 SimpleTrigger 触发器及对一个 Job 单独触发的示例。以下面的示例介绍一个 Job 的建立和触发过程。

假设 Job 是一个消息作业，预定在 2019 年 1 月 10 日的 15:30 进行触发。参考代码如下：

```
1  Scheduler stdScheduler = StdSchedulerFactory
2    .getDefaultScheduler();
3  stdScheduler.start();
4  ......
5  Date startDate1 = new Date();
6  SimpleDateFormat dateFormat = new SimpleDateFormat(
7    "yyyy-MM-dd HH:mm:ss");
8  startDate1 = dateFormat.parse("2019-01-10 15:30:00");
9  JobDataMap jobDataMap = new JobDataMap();
10                          //job 实例中携带的相关参数,可以放在这里
11 jobDataMap.put("jobAliasName", "A0001");
12 JobDetail messagePlanJobDetail = JobBuilder
13            newJob(MessageCoreBatchJob.class)
14            withIdentity(UUID.randomUUID().toString(),"group1")
15            setJobData(jobDataMap)
16            build();
17 Trigger myTrigger = TriggerBuilder.newTrigger()
18            withIdentity(
19              UUID.randomUUID().toString(),
20               "group1"
21            )
22            startAt(startDate1)
23            withSchedule(
24              SimpleScheduleBuilder
25                simpleSchedule()
26                withMisfireHandlingInstructionIgnoreMisfires()
27            ).build();
28 System.out.println("---simple trigger start---");
29 stdScheduler.scheduleJob(messagePlanJobDetail, myTrigger);
30 System.out.println("---simple trigger end---")
```

上例中，MessageCoreBatchJob.class 是一个自定义的用于发送消息的相关 Job。它的逻辑可以参考下面的代码：

```
1   import javax.batch.operations.JobRestartException;
2   import org.quartz.DisallowConcurrentExecution;
3   import org.quartz.JobDataMap;
4   import org.quartz.JobExecutionContext;
5   import org.quartz.JobExecutionException;
6   import org.quartz.SchedulerContext;
7   import org.quartz.SchedulerException;
8   import org.springframework.batch.core.Job;
9   import org.springframework.batch.core.JobExecution;
10  import org.springframework.batch.core.JobParameters;
11  import org.springframework.batch.core.JobParametersBuilder;
12  import org.springframework.batch.core
13    .JobParametersInvalidException;
14  import org.springframework.batch.core.launch.JobLauncher;
15  import org.springframework.batch.core.repository
16    .JobExecutionAlreadyRunningException;
17  import org.springframework.batch.core.repository
18    .JobInstanceAlreadyCompleteException;
19  import org.springframework.scheduling.quartz.QuartzJobBean;
20  import org.springframework.batch.core.repository
21    .JobRestartException
22  @DisallowConcurrentExecution
23  public class MessageCoreBatchJob extends QuartzJobBean  {
24    protected void executeInternal(JobExecutionContext
25      quartzJobExecContext)
26        throws JobExecutionException {
27
28      JobDataMap quartzDataMap = quartzJobExecContext.getJobDetail()
29                  .getJobDataMap();
30      JobLauncher jobLauncher = null;
31      Job springBatchJob = null;
32      try {
33        SchedulerContext schCtx = quartzJobExecContext.getScheduler()
34                  .getContext();
35
36        jobLauncher = (JobLauncher) schCtx.get("jobLauncher");
37        springBatchJob = (Job) schCtx.get("springBatchJob");
38      } catch (SchedulerException e) {
39        e.printStackTrace();
40      }
```

```
41          JobParameters springBatchJobParameters = new
42            JobParametersBuilder()
43              .addLong("time", System.currentTimeMillis())
44              .addString("request", quartzDataMap.getString("request"))
45              .addString("jobName", quartzDataMap.getString("jobName"))
46              .addString("jobGroup", quartzDataMap.getString("jobGroup"))
47              .toJobParameters();
48         JobExecution execution = null;
49        try {
50          execution = jobLauncher.run(springBatchJob,
51                  springBatchJobParameters);
52
53        } catch (JobExecutionAlreadyRunningException |
54                JobRestartException |
55                JobInstanceAlreadyCompleteException |
56                JobParametersInvalidException e) {
57          e.printStackTrace();
58        } catch (JobRestartException e) {
59          e.printStackTrace();
60        }
61         System.out.println(execution);
62      }
63  }
```

有了自定义的 MessageCoreBatchJob 后，还需要对它进行实例化，变成可以使用 Trigger 触发器的实例 JobDetail。上面的代码使用了 JobBuilder 这一工具类，通过 newJob( ) 方法指明使用的 Quartz Job 是 MessageCoreBatchJob.class；然后通过 withIdentity( ) 方法加上 JobDetail 的唯一区分号，即 JobName 和 JobGroup。设置好 JobDetail 需要的一些运行参数后，一个新的 JobDetail 实例就完成了。

Trigger 与 JobDetail 类似，两者都需要填写各自的名称和分组，作为 Trigger 的唯一标识。在同一个 Quartz 的调度容器中，JobDetail 的标识及 Trigger 的标识不能重复。对于 Trigger 的实例化过程中的一些特定方法和搭配的内容会在本小节后面及 9.3.3 小节、9.3.4 小节中进行详细介绍。

misfire 是指一个 Job 的实例触发失败，具体指一个 Job 实例本来应该在某一时间点触发的，但却超过了规定的时间一直未触发，当到达一个时间数值时，我们就将其定义为 misfire。

在 Quartz 的持久化配置文件中有一个 org.quartz.jobStore.misfireThreshold 参数，这是 Quartz 的一个全局变量。当初设计这个参数时，是考虑到如果线程池的线程处理能力和资源有限，导致部分线程下的 Job 一直等待，当等待的值大于 misfireThreshold 所设定的数值时都未触发，就会被当作 misfire，让这些 Job 不再等待资源，放弃触发，这些 Job 需要在 misfire 策略下进行恢复。

Quartz 2.x 版本支持多种不同的触发器 Trigger。这里只介绍最简单的 SimpleTrigger 触发器所对应的 misfire 策略，其他 Trigger 的策略请参考 Quartz 官网。首先查看创建 simpletrigger 的过程，参考代码如下：

```
1   Trigger myTrigger = TriggerBuilder.newTrigger()
2               .withIdentity(
3                   UUID.randomUUID().toString(),
4                   "group1"
5               )
6               .startAt(startDate1)
7               .withSchedule(
8                   SimpleScheduleBuilder
9                       .simpleSchedule()
10                      .withMisfireHandlingInstructionIgnoreMisfires()
11              ).build();
```

其中第 10 行的 withMisfireHandlingInstructionIgnoreMisfires() 就是指定一种 misfire 的策略。SimpleTrigger 有多种不同的策略，内容如下。

（1）withMisfireHandlingInstructionFireNow。对于单次作业，上一次作业运行失败，但只要系统一恢复就立即执行一次，实际上为失败或过期立即重发一次的策略；如果是多次相同间隔的作业，除了上一次作业运行失败后系统一恢复就立即执行一次外，后续的作业会重新将这一刻作为新时间起点，按原来间隔时间继续执行剩余的任务；如果是多次定时时间触发的作业，除了上一次作业运行失败后系统一恢复就立即执行一次外，后续的作业会重新按照原来规定的时间继续执行剩余的任务。

（2）withMisfireHandlingInstructionIgnoreMisfires。对于单次作业，使用该策略，则实际上为失败或过期立即重发一次的策略；如果是多次相同间隔的作业，则忽略当前已经 misfire 的记录，以当前的时间为起点，重新进行触发当前时间以前的所有作业，后续的作业会重新将这一刻作为新时间起点，按原来间隔时间继续执行剩余的作业；如果是多次定时时间触发的作业，除了重新进行触发当前时间以前的所有作业（不管是不是 misfire 的作业）外，后续的作业会重新按照原来规定的时间继续执行剩余的作业。

（3）withMisfireHandlingInstructionNextWithExistingCount。对于单次作业，使用该策略，则实际上为失败或过期立即重发一次的策略；如果是多次相同间隔的作业，则该策略不会立即执行一次作业，取而代之的是会以当前的时间为起点，按原来规定的间隔时间重新执行规定次数的作业；如果是多次定时时间触发的作业，同样不会立即执行一次作业，而是让所有的作业重新按照原来规定的时间及次数来执行。

（4）withMisfireHandlingInstructionNowWithExistingCount。对于单次作业，使用该策略，则实际上为失败或过期立即重发一次的策略；如果是多次相同间隔的作业，则除了立即执行一次作业外，该策略还会以当前的时间为起点，按原来规定的间隔时间重新执行规定次数的作业；如果是多次定时时间触发的作业，除了重新进行触发当前时间以前的所有作业（不管是不是 misfire 的作业）外，后续的作业会重新按照原来规定的时间继续执行。

（5）withMisfireHandlingInstructionNextWithRemainingCount。对于单次作业，使用该策略，则不再重发，即不做任何处理；如果是多次相同间隔的作业，则该策略不会立即执行一次作业，而是按原来规定的间隔时间执行剩余次数的作业；如果是多次定时时间触发的作业，同样不会立即执行一次作业，而是让剩余的作业重新按照原来规定的时间执行。

（6）withMisfireHandlingInstructionNowWithRemainingCount。对于单次作业，使用该策略，则实际上为失败或过期立即重发一次的策略；如果是多次相同间隔的作业，则除了马上执行一次作业外，扣除刚才立即执行一次的剩余次数的作业会按原来规定的间隔时间重新执行；如果是多次定时时间触发的作业，则除了立即执行一次作业外，扣除刚才立即执行一次的剩余次数的作业后，会重新按照原来规定的时间继续执行。

9.3.3　多线程的 Job 运行

实际上可以同时在一个大型项目中，使用 Quartz 启动多个定时任务调度。由于 Quartz 是专门为支撑大数据级别的任务调度而设计的，所以特别适合进行大数据的统计和数据维护的处理。

我们可以对系统进行分析，将系统需要定时进行的统计或数据维护任务提取出来，生产 Quartz 定时任务，让 Quartz 自动维护与运行。使用 Java 创建 Quartz 定时任务，建议结合 Spring Boot 框架构建，因为它能减少大量的配置选型。在 Spring Boot V2.X 中，pom.xml 加入的配置参考如下：

```
1    ……// 省略部分配置内容
2    <!-- 加入任务计划框架 Quartz -->
3        <dependency>
4            <groupId>org.springframework.boot</groupId>
5            <artifactId>spring-boot-starter-quartz</artifactId>
6        </dependency>
7    <dependency>
8            <groupId>com.mchange</groupId>
9            <artifactId>c3p0</artifactId>
10           <version>0.9.5.2</version>
11       </dependency>
```

```
12          ……// 省略部分配置内容
```

另外，在 application 配置文件中加入相关的 Quartz 配置参数，参考配置如下：

```
1   #Quartz 配置
2   spring.quartz.job-store-type=jdbc
3   spring.quartz.jdbc.initialize-schema=always
4   spring.quartz.properties.org.quartz.scheduler.instanceName:
5     DefaultQuartzScheduler
6   spring.quartz.properties.org.quartz.scheduler.rmi.export: false
7   spring.quartz.properties.org.quartz.scheduler.rmi.proxy: false
8   spring.quartz.properties.org.quartz.scheduler
9     .wrapJobExecutionInUserTransaction: false
10  spring.quartz.properties.org.quartz.threadPool.class: org.quartz
11    .simpl.SimpleThreadPool
12  spring.quartz.properties.org.quartz.threadPool.threadCount: 10
13  spring.quartz.properties.org.quartz.threadPool.threadPriority: 5
14  spring.quartz.properties.org.quartz.threadPool
15    .threadsInheritContextClassLoaderOfInitializingThread: true
16  spring.quartz.properties.org.quartz.jobStore.misfireThreshold:
17    60000
18  spring.quartz.properties.org.quartz.jobStore.class: org.quartz
19    .impl.jdbcjobstore.JobStoreTX
20  spring.quartz.properties.org.quartz.jobStore.driverDelegateClass =
21    org.quartz.impl.jdbcjobstore.StdJDBCDelegate
22  spring.quartz.properties.org.quartz.jobStore.tablePrefix = QRTZ_
23  spring.quartz.properties.org.quartz.jobStore.dataSource = myDS
24  spring.quartz.properties.org.quartz.dataSource.myDS.driver =
25    com.mysql.jdbc.Driver
26  spring.quartz.properties.org.quartz.dataSource.myDS.URL =
27    jdbc:mysql://XXX.XXX.XXX.XXX:3306/gd_dev?characterEncoding=utf8
28  spring.quartz.properties.org.quartz.dataSource.myDS.user = root
29  spring.quartz.properties.org.quartz.dataSource.myDS.password =
30    XXXXXX
31  spring.quartz.properties.org.quartz.dataSource.myDS
32    .maxConnections = 10
```

配置完成后，就可以尝试创建多个定时任务调度，让系统定时启动相关的统计运算和数据清理操作。参考代码如下：

```
1   @Configuration
```

```java
2  public class ExpStQuartzConfig {
3      @Bean
4      public JobDetail expertWMStatisticJobDetail() {
5          return JobBuilder.newJob(ExpertWMStatisticJob.class)
6              .withIdentity("expert_statistic_for_week_and_month",
7                  "group1")
8              .storeDurably().build();
9      }
10     @Bean
11     public Trigger expertWMStatisticTrigger() {
12         // 每日清晨06:15开始
13         CronScheduleBuilder scheduleBuilder = CronScheduleBuilder
14             .cronSchedule("0 15 06 * * ?");
15         return TriggerBuilder.newTrigger()
16             .forJob(expertWMStatisticJobDetail())
17             .withIdentity("expert_statistic_for_week_and_month",
18                 "group1")
19             .withSchedule(scheduleBuilder)
20             .build();
21     }
22  }
23  @Component
24  @Slf4j
25  public class ExpertWMStatisticJob extends QuartzJobBean {
26      @Autowired
27      GdlExpertStatisticService expertStatisticService;
28      @Override
29      protected void executeInternal(JobExecutionContext
30        jobExecutionContext)
31        throws JobExecutionException {
32          try{
33              expertStatisticService.everyDateStatistic();
34              log.info("今日的初始专家推荐单的周命中统计和月命中统计完成。");
35          }catch(Exception e){
36              log.info("专家推荐单每日初始统计有误！");
37              log.warn(e.toString());
38          }
39      }
40  }
41  @Configuration
```

```
42  public class BdOrderEvdStatJobQuartzConfig {
43      @Bean
44      public JobDetail bdOrderEvdStatJobDetail() {
45          return JobBuilder.newJob(BdOrderEvdStatJob.class)
46              .withIdentity("bd_order_statistic_for_everyday",
47                  "group1")
48              .storeDurably().build();
49      }
50      @Bean
51      public Trigger bdOrderEvdStatisticTrigger() {
52          // 每日中午 12:15 开始
53          CronScheduleBuilder scheduleBuilder = CronScheduleBuilder
54              .cronSchedule("0 15 12 * * ?");
55          return TriggerBuilder.newTrigger()
56              .forJob(bdOrderEvdStatJobDetail())
57              .withIdentity("bd_order_statistic_for_everyday",
58                  "group1")
59              .withSchedule(scheduleBuilder)
60              .build();
61      }
62  }
63  @Component
64  @Slf4j
65  public class BdOrderEvdStatJob extends QuartzJobBean {
66      @Autowired
67      private GdlBdUserEverydayRankingTmpService
68        bdUserEverydayRankingTmpService;
69      @Override
70      protected void executeInternal(JobExecutionContext
71        jobExecutionContext)
72        throws JobExecutionException {
73          try{
74              bdUserEverydayRankingTmpService
75                  .updateEveryoneTodayRankingInfo();
76              log.info(" 今日的玩家推荐单擂台赛排名的日积分、收益率等统计完成。");
77          }catch(Exception e){
78              log.info(" 专家玩家推荐单擂台赛每日统计有误！ ");
79              log.warn(e.toString());
80          }
81      }
```

```
82   }
83   @Configuration
84   public class DelDRVidsQuartzConfig{
85       @Bean
86       public JobDetail delDRVidsJobDetail() {
87           return JobBuilder.newJob(DeleteDeviceRelVidsJob.class)
88               .withIdentity("delete_device_rel_vids", "group1")
89               .storeDurably()
90               .build();
91       }
92       @Bean
93       public Trigger delDRVidsStatisticTrigger() {
94           // 每日清晨 07:30 开始
95           CronScheduleBuilder scheduleBuilder = CronScheduleBuilder
96               .cronSchedule("0 30 07 * * ?");
97           return TriggerBuilder.newTrigger()
98               .forJob(delDRVidsJobDetail())
99               .withIdentity("delete_device_rel_vids", "group1")
100              .withSchedule(scheduleBuilder)
101              .build();
102      }
103  }
104  @Component
105  @Slf4j
106  public class DeleteDeviceRelVidsJob extends QuartzJobBean {
107      @Autowired
108      private JPushDeviceRelVidsService deviceRelVidsService;
109      @Override
110      protected void executeInternal(JobExecutionContext
111        jobExecutionContext)
112        throws JobExecutionException {
113          SimpleDateFormat dFormat = new SimpleDateFormat(
114            "yyyy-MM-dd HH:mm:ss");
115          long nowTimestamp = System.currentTimeMillis();
116          nowTimestamp = nowTimestamp - 1000*60*60*24*4;
117          String expireDatetime = dFormat.format(new
118            Date(nowTimestamp));
119          List<JPushDeviceRelVid> oldDeviceRelVids =
120            deviceRelVidsService.getExpireVids(expireDatetime);
121      // 进行数据清除
```

```
122    for(JPushDeviceRelVid tmpRelVid : oldDeviceRelVids){
123        EmbeddableDeviceVid tmpId = tmpRelVid.getId();
124        deviceRelVidsService.deleteDeviceRelVid(
125            tmpId.getVid(), tmpId.getRegistrationId());
126    }
127    }
128 }
```

上面的代码一共包含 3 个 Quartz 的 JobDetail，以及相关的 config 配置，系统会在给定的时间运行这些定时任务调度。如果这些定时任务调度的时间相同或在非常接近的时间内触发，则可能会发生多线程的并发现象。这时需要处理好并发时的突发情况，以保证线程的安全。

9.3.4　Job 的状态监控

Quartz 提供了一系列的 API，可以方便用户进行持久化后的 Job 查询。如果不想自建 DAO 和查询数据库，可以直接使用 Quartz 的 API 进行查询，具体的 API 可以参考 Quartz 官网。下面是一段获取持久化 Job 状态信息的参考代码：

```
1  for (String groupName : stdScheduler.getJobGroupNames()) {
2  for (JobKey jobKey : stdScheduler
3   .getJobKeys(GroupMatcher.jobGroupEquals(groupName))) {
4        String jobName = jobKey.getName();
5        String jobGroup = jobKey.getGroup();
6        JobDetail jobTMP = stdScheduler.getJobDetail(jobKey);
7        //get job's trigger
8        List<Trigger> triggers = (List<Trigger>) stdScheduler
9         .getTriggersOfJob(jobKey);
10        for(Trigger tmpTrigger : triggers){
11            Date startTime = tmpTrigger.getStartTime();
12            System.out.println("[job 别名 ] : " +
13              jobTMP.getJobDataMap().get("jobAliasName") +
14              " [ 分组 ] : " + jobGroup +
15              " - 触发器状态 :" +
16              stdScheduler.getTriggerState(tmpTrigger.getKey()) +
17              " - 启动时间 :" + startTime);
18        }
19    }
20 }
```

运行的参考结果如下：

```
1    [job 别名] : B0103 [分组] : group1 - 触发器状态:PAUSED - 启动时间:
2      Mon Jan 16 16:57:20 CST 2017
3    [job 别名] : B0102 [分组] : group1 - 触发器状态:NORMAL - 启动时间:
4      Mon Jan 16 16:56:20 CST 2017
5    [job 别名] : B0101 [分组] : group1 - 触发器状态:NORMAL - 启动时间:
6      Mon Jan 16 16:56:20 CST 2017
7    [job 别名] : A0002 [分组] : group1 - 触发器状态:NORMAL - 启动时间:
8      Mon Jan 16 16:55:20 CST 2017
9    [job 别名] : A0001 [分组] : group1 - 触发器状态:ERROR - 启动时间:
10     Mon Jan 16 16:55:20 CST 2017
```

Quartz 的 API 支持对 Job 的 Trigger 状态进行查询和更改。Quartz 的 Job 有以下几种状态（数据库中字段的取值）。

（1）WAITING：等待。

（2）PAUSED：暂停。

（3）ACQUIRED：正常执行。

（4）BLOCKED：阻塞。

（5）ERROR：错误。

这些状态都是对一个 Job 和 Trigger 的目前情况的一种反映。针对一个 Job，可以对其进行暂停、恢复、删除、运行等这些重要的操作。以下是一段修改 Job 状态的参考代码：

```
1    // 暂停一个 Job
2    public boolean pauseJob(JobKey jobkey) throws SchedulerException{
3        Scheduler stdScheduler = StdSchedulerFactory
4          .getDefaultScheduler();
5        try{
6            stdScheduler.pauseJob(jobkey);
7        }catch(Exception e){
8            //log ……
9            return false;
10       }
11       return true;
12   }
13   // 恢复一个 Job
14   public boolean resumeJob(JobKey jobKey) throws SchedulerException{
15       Scheduler stdScheduler = StdSchedulerFactory
```

```
16            .getDefaultScheduler();
17        try{
18            stdScheduler.resumeJob(jobKey);
19        }catch(Exception e){
20            //log ······
21            return false;
22        }
23        return true;
24    }
25    // 删除一个 Job
26    public boolean deleteJob(JobKey jobKey) throws SchedulerException{
27        Scheduler stdScheduler = StdSchedulerFactory
28          .getDefaultScheduler();
29        try{
30            stdScheduler.deleteJob(jobKey);
31        }catch(Exception e){
32            //log ······
33            return false;
34        }
35        return true;
36    }
37    // 运行一个 Job
38    public boolean runJob(JobKey jobKey) throws SchedulerException{
39        Scheduler stdScheduler = StdSchedulerFactory
40          .getDefaultScheduler();
41        try{
42            stdScheduler.triggerJob(jobKey);
43        }catch(Exception e){
44            //log ······
45            return false;
46        }
47        return true;
48    }
```

9.3.5　Quartz 的数据清除

Quart 的数据库表大致可以分为 Jobdetail 类和 Trigger 类。其中，Quartz 在完成所有的触发后会清空 Trigger 的信息，但 Jobdetail 的信息会保留。Quartz 中各表之间的关系如图 9.1 所示。

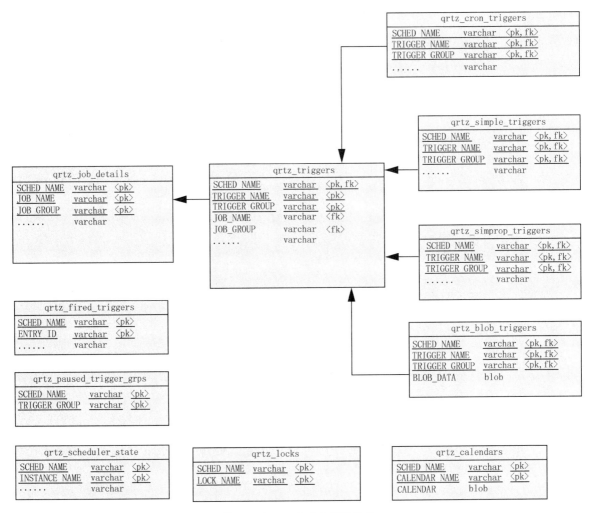

图 9.1　Quartz 各表之间的关系

　　例如，在程序中找到 SchedulerListener，并在该方法下加入删除 job_detail 的逻辑。参考代码如下：

```
1   @Override
2   public void triggerFinalized(Trigger trigger) {
3       System.out.println(" 与 Job(" + trigger.getJobKey() +
4         ") 绑定的一个 Trigger(" + trigger.getKey() +
5         ") 已经完成了相关的触发，光荣退休时被成功监听 ");
6       if(!hasOtherTriggersInOneJob(trigger)){
7           jobManager.markJobStateChanged("COMPLETE", trigger
8             .getJobKey().getName(), trigger.getJobKey().getGroup());
9           // 若不再需要保存 Quartz 中的 JobDetail,
10          // 就可以在此处加入删除 Job 的逻辑
```

```
11          Scheduler stdScheduler = null;
12          try {
13              stdScheduler = StdSchedulerFactory
14                  .getDefaultScheduler();
15              stdScheduler.deleteJob(trigger.getJobKey());
16          } catch (SchedulerException e) {
17              //log --> 删除时出错, 正在完成触发的 Job 无法删除
18              e.printStackTrace();
19          }
20      }
21  }
```

这样, 当该 Job 的所有的 Trigger 都触发完成后, 该 Job 会在 Quartz 的持久化表中抹去。

第10章

>>> 大数据中间件Kafka与多线程

近年来，大型系统架构的演变已经由单点结构转变为分布式部署的结构，甚至划分为更小功能部署的微服务架构。分布式的子系统、微服务之间的通信，经常会用到消息队列（MQ）。Java中有许多出色的开源MQ框架，其中Kafka作为大数据MQ，其在大数据处理上有着突出的表现。本章将简单介绍Kafka这一大数据中间件。

本章内容主要涉及以下知识点。

● 大数据中间件Kafka。

● Kafka中的各个组件。

● 分布式数据管理工具Zookeeper。

● Kafka的高可用方案。

● Kafka单机版和集群版的搭建。

● Kafka中的生产者与消费者。

● Kafka的消费监控。

● Kafka的多线程消费。

10.1 大数据中间件 Kafka 概述

Kafka 是开源的大数据中间件，其中 Kafka 作为消息中间件处理大数据消息的发布和订阅最为开发者所知。此外，Kafka 还能作为大数据日志收集管理中间件等。Kafka 参考了众多成熟的消息中间件产品的良好设计，并且加以创新。理解好中间件及 Kafka 的基本组件，对于认识并处理大数据级别数据的消息中间件有重要的帮助。

10.1.1 什么是中间件

中间件一般用于应用系统开发中的某一中间环节，是一种专用型的工具、组件或软件。它一般能解决某种特定场景的常见问题，有着该领域内成熟和规范的处理流程。常见的中间件有网络中间件、消息中间件、远程调用中间件、数据访问中间件等。

中间件是一个特定场景的应用型成熟产品，但并非一个应用型的业务系统。通常，中间件只作为应用型业务系统中的一个或多个重要环节的组成部分。我们可以参考图 10.1，以简易图化的方式来了解中间件的作用。

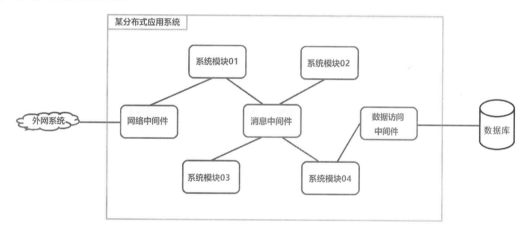

图 10.1 中间件处于系统中的重要位置

在系统开发中使用中间件，能够让开发者避开某一特定场景的烦琐处理和开发。将这类任务交给中间件来处理，能让开发者腾出更多的时间专注于自身业务开发。例如，我们经常使用 JDBC 这一数据访问中间件，辅助我们进行不同数据库之间的连接。如果在开发新应用系统时不使用这一成熟的中间件产品，反而自己重新写一套包含主流数据库的连接组件，单单是设计和处理数据库连接及数据获取，就可能占据了整个应用系统开发一半以上的时间。

可见，如果在开发应用系统或软件的前期，我们能够合理地划分系统的各个主要部件，同时能找到开源的中间件替换这些重要部件中的一个或多个，那么开发量将大大减小。

10.1.2　消息中间件

如今许多系统的服务端逻辑会按功能拆分为多个能独立部署的分布式服务应用模块，其各司其职，完成特定的任务，各个应用模块之间能相互通信，并且按需扩容，这就是微服务架构的思维。各个服务应用之间是解耦的，可以通过 MQ 进行通信，当某个服务应用有压力时，可以进行多实例的水平扩展来实现服务能力和速率的提升；并且当某一个服务应用出现故障时，可以不影响其他应用，只要能快速重启即可。

10.1.3　大数据消息中间件 Kafka

如今的市场有非常多优秀的消息中间件产品，如 RocketMQ、RabbitMQ、ZeroMQ、ActiveMQ、Kafka 等，甚至 Redis 也可以作为辅助性简易型消息中间件。每一种 MQ 产品都有自己的优缺点，在项目开发前期可以多花一些时间，去了解各种 MQ 的特性，然后选择一种与自己的项目最为合适的，作为该项目的消息中间件。

从大的架构层面来说，大数据消息中间件为大型分布式系统各个部件或子系统提供了异步通信的可能性，并且对系统所划分的部件和子系统进行了解耦。同时，它还能支持多个消息生产端及消息消费端进行连接，并且能为它们提供不同的 Channel（Kafka 中称为 Topic）来存放满足不同业务需求的消息体。同时，还能提供海量消息数据的快速存取。当消息的消费端因为面对海量消息而读取能力不足时，还能通过加多消费端实例，自动实现消息消费的负载均衡，加速消息的消费。

Kafka 作为新型的大数据消息中间件，与老牌的产品相比有许多创新的地方。各种功能不同的组件在 Kafka 内部各司其职，高效地运转，为每一条消息的快速存储和转发提供了保障。Kafka 相比目前的大多数消息中间件，也更具大数据特性，它的研发初衷也是为了解决企业级的大数据处理难题。Kafka 至少包括以下大数据特性。

（1）支持构建具备高可用性的分布式集群式消息中间件的服务。

（2）支持大数据消息文本的快速存储和转发。

（3）支持多渠道消息的划分，能支持多终端的消息发布（面向生产者）及多终端的消息订阅（面向消费者）。

（4）能支持消费者终端的分组，能满足一条消息只消费一次或一条消息可以被不同组的消费者终端全部消费一次、消息消费的负载均衡等多种情况。

（5）能支持多线程高并发的消息生产和消费，并且能够记录每一种渠道下的消息目前的消费（读取）情况，对于过期的消息能定期清除。

（6）支持多种编程语言进行系统集成，支持多种异构特性的生产者或消费者参与到消息中间件的消息生产和消费活动当中。

10.2　Kafka 的组件

Kafka 作为一种大数据中间件，能支持海量数据的快速存取和转发，其高效地运转离不开其自身内部的几大组件。本节会对 Kafka 中的 Broker、Topic、Partition、Segment、Offset 这几大组件分别进行讲解。

10.2.1　Broker

Kafka 的每一个节点统称为 Broker，Broker 的英文含义是经纪人、代理人，而 Broker 在 Kafka 当中扮演的角色的确也是这样，它相当于 Kafka 中间件的一个处理节点，处理 Kafka 中刚好分配到该 Broker 的所有事件。每个运行中的 Kafka 中间件都至少有一个 Broker，如果有多个 Broker 共同运行，就形成了 Kafka 集群。

通常，我们需要对 Kafka 中的每一个 Broker 进行配置，要指明 broker.id，用于区分 Kafka 集群中的每一个 Broker。值得注意的是，如果手工配置 broker.id 的值，那么在同一个 Kafka 集群中是不允许有重复的值出现的，否则 Kafka 集群会构建失败。另外，还要设置 Zookeeper 等相关参数。在 10.4 节的 Kafka 集群搭建中，会给出详细的 Broker 配置。

在企业级系统架构搭建中，对于 Kafka 消息中间件集群来说，一般一台网络虚拟服务器（或者微服务架构中的 Pod）配置一个 Broker。每一个 Broker 的性能指标决定了后续各个内部组件的计算能力，以及整个集群的性能。

10.2.2　Topic

Kafka 作为 MQ 中间件，不像其他产品一样，专门提供一个名为 Channel 的组件来区分不同类别的消息，它提供了一个称为 Topic 的组件来完成类似的功能。Topic 的英文含义是话题。如果是相同类型或相关结构的消息（Message，实际上是消息体或业务数据结构体），可以把它们看作具有相同的话题而放入相同的 Topic 中。生成者可以指定一个 Topic，生成该类消息；而消费者也可以指定自己关注的 Topic，获取该 Topic 的相关消息。实际上，Topic 与 Channel 是异曲同工的。

如果一个分布式系统被拆分为多个职责不同的子系统或模块，那么它们之间进行消息通信时可以采用远程调用的方式，也可以采用更为解耦的消息中间件生产者与消费者之间的消息发布和订阅方式。由于各个子系统或模块间的职责是不同的，因此它们之间的通信消息的内容也可能是不同的，这时就需要创建多个不同的 Topic 来区分不同子系统或模块之间的通信，如图 10.2 所示。

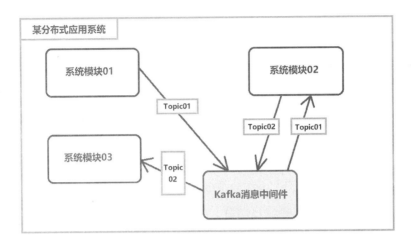

10.2　Kafka 中 Topic 的作用

图 10.2 中一共出现了 3 个系统模块、一个 Kafka 消息中间件，并且 Kafka 提供了 Topic01 及 Topic02 两个话题。它们之间的通信关系如下。

系统模块 01 ← Topic01 → 系统模块 02 ← Topic02 → 系统模块 03

其中，Topic01 作用于系统模块 01 及系统模块 02，并且系统模块 01 作为 Topic01 这一类话题消息的生产者生产消息，而系统模块 02 作为 Topic01 的消费者订阅和消费这类消息。

同样地，Topic02 作用于系统模块 02 及系统模块 03，并且系统模块 02 作为 Topic02 这类话题消息的生产者生产消息，而系统模块 03 作为 Topic02 的消费者订阅和消费这类消息。可以说，Topic 是 Kafka 消息中间件中针对某种类型消息的、真正的 MQ。

10.2.3　Partition

Partition 是 Topic 的物理分块，一个 Topic 可以按照配置的规定分成一个或多个 Partition。如果是配置多个 Partition 的情况，在每一个 Partition 中都存储着其所属的 Topic 的一类消息体（Message 或业务数据结构体），而且这类消息体是按照顺序比较平均地分配到这些 Partition 中的。

Partition 的出现为 Kafka 集群服务的多线程并发消费提供了可能性。每一个 Kafka 消费者终端都隶属于一个 Group，而一个 Group 中包含了一到多个消费者。该 Group 与 Partition 及将要消费的消息的关系：一条消息只能被同一个 Group 下的其中一个消费者终端消费。

如果在 Kafka 服务中存在多个 Group，则一条消息将会被发送到每一个 Group 中，并且每一个 Group 下都将有一个消费者终端最终消费该条消息。

当创建 n 个 Partition 时，可以同时再创建 n 个消费者终端，并且指定它们的 Group 相同。这时，一个 Topic 下的所有消息将负载均衡地分发所有信息，并且分配到这 n 个消费者终端进行消费。

10.2.4　Segment

Segment 是一个 Partition 分块物理上的再次细分，Segment 犹如其英文含义中的段，指的是在 Partition 中再次细分的数据文件。Segment 有独特的命名方式，一般采用某 Partition 中的消息偏移量 Offset 作为索引，平均拆分后命名为多个 Segment 文件。例如，某个 Partition 有30000 条消息，如每 5000 作为一个 Segment，则会出现类似下面这样的多个文件：00000000.index、00000000.log、00005000.index、00005000.log、00010000.index、00010000.log……00025000.index、00025000.log、00030000.index、00030000.log。

将文件进行拆分有助于 Kafka 查找消息，它们可以通过消息的偏移量 Offset 知道该消息大致在该 Partition 的哪一个 Segment 文件中。

10.2.5　Offset

Offset 的英文含义是偏移量，Offset 组件就是一个能指出偏移量的指针组件，它能指出每一个 Partition 分块中当前所需要取出的消息体到底是哪一个。

介绍完所有的 Kafka 组件，我们就可以通过简易图形化的方式来看看这几大组件的关系，如图 10.3 所示。

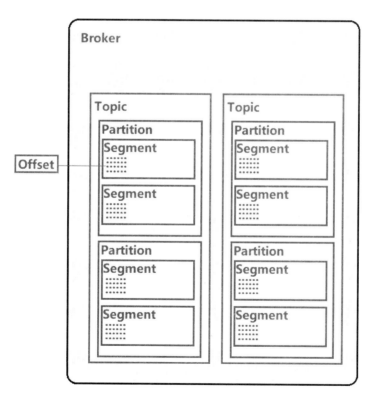

图 10.3　Kafka 各个组件之间的关系

实际上，每个消费者终端的 Group 中都必定有一个 Offset 被指定到该 Partition 下的某个 Segment 的某一条消息，这是为了告诉 Kafka 消息中间件，如果有消费者组成的 Group 前来申请消费消息，Kafka 必须快速取出该消息，并将其给到该 Group 下的某个消费者。

10.3　Kafka 的高可用方案

Kafka 作为一款大数据型消息中间件，除了支持海量消息数据的快速处理外，还需要提供一套稳健的架构方法来保证 Kafka 的长期高效运行。这就需要 Kafka 提供分布式集群的多实例运行方法，构建高可用的消息中间件服务。

10.3.1　Kafka 集群

当创建了一个多 Broker 的 Kafka 中间件系统后，就组合了一个 Kafka 集群，如图 10.4 所示。

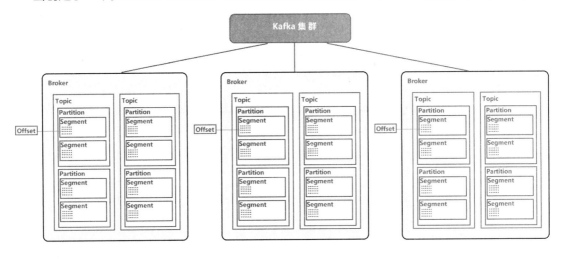

图 10.4　3 个节点的 Kafka 集群

图 10.4 中的示例一共创建了 3 个 Broker，通常，每一个 Broker 都包含整个 Kafka 集群中的部分消息，并且这些消息一般都采取了副本策略，进行了冗余存储。当 Kafka 集群中的一台网络服务器出现突发问题导致该机器上部署的 Broker 不能提供服务时，其他网络服务器上的 Broker 就可以使用之前冗余保存的副本，无差别地提供消息服务。

10.3.2　Kafka 的复制副本策略

Kafka 的副本 Replication 是为了让 Kafka 集群变得高可用而设置的，如果在 Kafka 集群中配置了副本，那么同一个 Partition 就会以副本的形式出现在其他的 Broker 中。

如果集群中的其中一个 Broker 意外挂死，或者因为与 Leader 的消息复制应答已超时，而其他 Broker 中刚好有该 Broker 中的 Partition 的副本备份，Kafka 中间件就有机会继续正常运行下去，这就提高了 Kafka 的可用性。

Kafka 复制副本的策略大致分为以下 4 步。

（1）标识集群中的活动的 Broker，并且编排顺序。

（2）标识待分配的 Replicaiton 的 Partition。

（3）将 Partition 的副本放到排序后的临近编号的 Broker 当中，如果是多个副本，则以此类推到依次编号的 Broker 当中。

（4）对于同一组 Partition 及其副本，需要选出其中一个作为逻辑 Leader，进行后续消息的读写 Partition，其他的作为逻辑 Follwer 进行数据的备份。

10.3.3　Kafka 副本的分布与数据恢复

Partition 和 Replication 分布到 Kafka 集群中不同的 Broker 的情况如图 10.5 所示，这里的 Broker 个数为 3，而副本数也为 3。

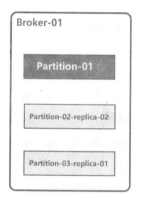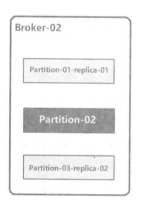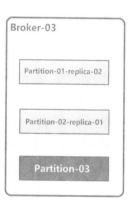

图 10.5　Partition 的副本在 Kafka 集群中的分布

合理地配置 Partition 非常重要，Partition 的个数决定了一个 Topic 下的可以启动的最大有效并发消费者线程数，是增大分布式消息消费运算能力的依据之一。此处建议：如果 Kafka 消息中间件集群的 Broker 个数为 n，则可以设置 Partition 的个数也为 n，或者 n 的整数倍。

而副本的数量一般是 Partition 数量的一到多的整数倍。副本的数量越多，则可用性会越强，但这样也会引发空间占用的问题。此处建议：副本的数量可以控制在 2~4 倍，如果服务器处理能力强大，空间足够，则可以设置更多的副本节点，或者为 Broker 个数的 $n-1$ 倍。

10.4　Kafka 的安装与配置

配置 Kafka 是一个难点，其涉及服务端的一些命令和配置。但通过 Kafka 的安装与配置，我们能更进一步地了解 Kafka 的实现原理。

10.4.1 分布式 Zookeeper

Zookeeper 是为分布式系统服务的。在还没有出现 Zookeeper 类的分布式配置中心的软件之前，如果运维人员要维护一个运行在多台机器的多实例分布式系统是非常麻烦的。例如，如果某一日需要进行该分布式系统的升级，并且需要修改相关的运行参数配置，这时运维人员不得不为每一台机器上的实例都重新替换新的配置，即一台一台机器重新配置。若启动时发现有问题，则又要重新排查问题。可见，管理分布式集群机器的配置，在以前是一件非常令人头疼的事情。

但如果使用了带有分布式配置中心功能的 Zookeepr，则可以轻松解决上述的问题（图 10.6）。

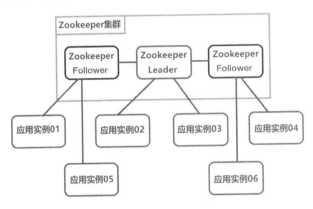

图 10.6　Zookeeper 集群服务作为配置中心管理分布式应用集群

图 10.6 中有三个 Zookeeper 实例，它们共同组成了一个 Zookeeper 集群。其中一个是 Leader，另外两个是 Follower。它们的划分是通过选举策略运算后规定的。Leader 作为 Zookeeper 集群的领头羊，处理集群中的读写请求，以及通知 Follower 进行数据更新；而 Follower 一般提供读数据的请求，对于写的请求会上报到 Leader 进行处理。

10.4.2 单机版 Kafka 搭建

本小节以 CentOS7 服务器为例进行操作讲解，为该服务器创建一些文件夹，用于存放将要下载的 Kafka 安装包和相关安装后的解压包等。参考代码如下：

```
1  mkdir kafka
2  cd kafka
3  mkdir install-package
4  cd install-package
```

这样就建好了 kafka/install-package 这样的二层目录，并且进入了该目录。这时可以通过下面的命令下载 Kafka 安装包，如下：

```
1  wget  http://mirrors.hust.edu.cn/apache/kafka/1.1.0/kafka_2.11-
2    1.1.0.tgz
```

下载成功后就可以对安装包进行解压安装操作了。参考代码如下：

```
1  tar -zxvf kafka_2.11-1.1.0.tgz -C ../
```

如图 10.7 所示，Kafka 目录下已经多了一个解压好的包。

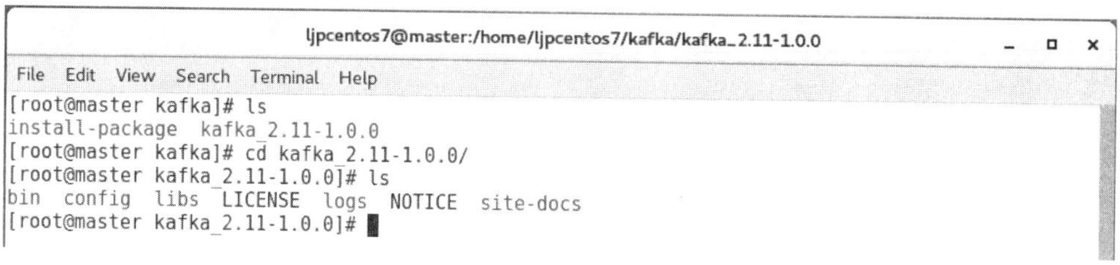

图 10.7　Kafka 解压后的目录结构

在 config 文件夹可以进行 Kafka 与自带的 Zookeeper 相关的配置。对于单机非集群的情况，可以对 Kafka 服务的配置文件 server.properties 的内容进行修改。在很靠前的位置有 listeners 和 advertised.listeners 两处配置的注释，删除这两个注释，填入本服务器的 IP，并在 zookeeper. connect 中修改为本服务器的 IP 和 Zookeeper 服务的端口 2181，然后参考下面的命令即可使单例的 Kafka 运行：

```
1  bin/zookeeper-server-start.sh config/zookeeper.properties
2  bin/kafka-server-start.sh config/server.properties
```

实际上，Kafka 的安装包中包含测试用的消息生产者和消费者客户端，我们可以使用它们来进行简单测试。由于每一类消息都需要归类到一个 Topic 当中，因此要先建立一个 Topic，参考代码如下：

```
1  bin/kafka-topics.sh --create --zookeeper 10.252.0.6:2181
2    --replication-factor 1 --partitions 1 --topic test
```

然后启动生产者和消费者进行测试。分别启动生产者和消费者，参考代码如下：

```
1  #-- 生产者
2  bin/kafka-console-producer.sh --broker-list 10.252.0.6:9092
3    --topic test
4  #-- 消费者
5  bin/kafka-console-consumer.sh --bootstrap-server 10.252.0.6:9092
6    --topic test group A --from-beginning
```

这样，就可以让生产者生产消息，让消费者消费消息，如图 10.8 所示。

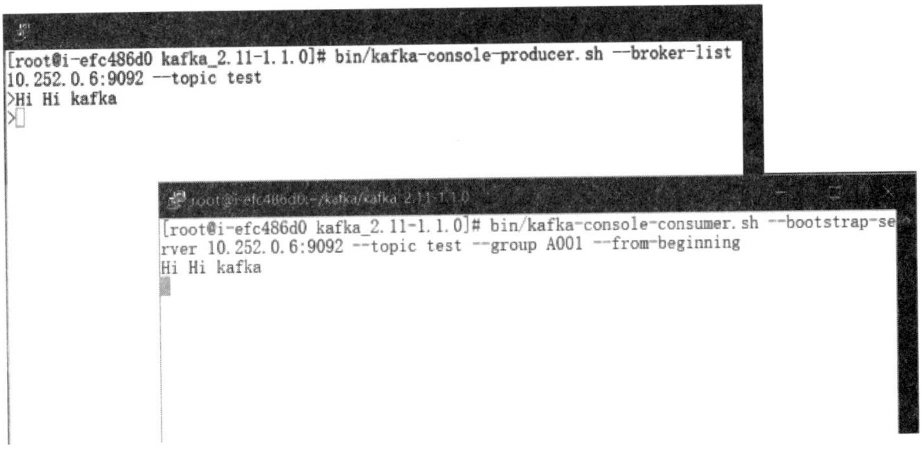

图 10.8　使用 Kafka 自带的生产者消费者客户端测试消息消费

如果能成功运行，则证明 Kafka 的单例跑起来了。单个实例的运行只是搭建高可用 Kafka-MQ 的第一步，如果需要稳健的 Kafka 服务作为大数据 MQ 中间件的有力支撑，还需要将单例的 Kafka 服务逐步转移到高可用集群架构上。

10.4.3　集群版 Kafka 搭建

搭建高可用的 Kafka 集群是提供稳健的 MQ 服务的前提，这也是 Kafka 商用的必然选择。构建 Kafka 的高可用集群，引入其非自带的 Zookeeper 作为集群中的高可用配置管理服务，可以帮助 Kafka 集群的信息共享。

新建 Zookeeper 文件夹用于存放 Zookeeper 的相关文件。参考代码如下：

```
1  mkdir zookeeper
2  cd zookeeper
3  mkdir install-package
4  cd install-package/
5  wget http://archive.apache.org/dist/zookeeper/zookeeper-3.4.6/
6    zookeeper-3.4.6.tar.gz
7  tar -zxvf zookeeper-3.4.6.tar.gz
8  mv zookeeper-3.4.6 ../
```

Zookeeper 作为集群的管理者，其自身如果保证高可用至少需要配置三台服务器，因此需要将该 Zookeeper 复制到另外两台服务器中。进入 Zookeeper 解压后的主目录，其下有一个 conf 文件夹，按 zoo_sample.cfg 配置案例文件将其修改成 zoo.cfg。参考代码如下：

```
1  cp zoo_sample.cfg  zoo.cfg
```

修改后的参考配置如下：

```
1   #The number of milliseconds of each tick
2   tickTime=2000
3   #The number of ticks that the initial
4   #synchronization phase can take
5   initLimit=10
6   #The number of ticks that can pass between
7   #sending a request and getting an acknowledgement
8   syncLimit=5
9   #the directory where the snapshot is stored
10  #do not use /tmp for storage, /tmp here is just
11  #example sakes.
12  dataDir=/home/ljpcentos7/zookeeper/zookeeper-3.4.6/data
13  #the port at which the clients will connect
14  clientPort=12181
15  #the maximum number of client connections
16  #increase this if you need to handle more clients
17  #maxClientCnxns=60
18  #
19  #Be sure to read the maintenance section of the
20  #administrator guide before turning on autopurge
21  #
22  #http://zookeeper.apache.org/doc/current/
23  #zookeeperAdmin.html#sc_maintenance
24  #
25  #The number of snapshots to retain in dataDir
26  #autopurge.snapRetainCount=3
27  #Purge task interval in hours
28  #Set to "0" to disable auto purge feature
29  #autopurge.purgeInterval=1
30  server.1=192.168.43.101:12888:13888
31  server.2=192.168.43.102:12888:13888
32  server.3=192.168.43.103:12888:13888
```

可以将该配置文件复制到其他两台服务器上。

在每一台服务器上的 Zookeeper 的主目录下（配置文件中定义的 dataDir 下），新建该服务器的 Zookeeper 的 id 编号卡。参考代码如下：

```
1   echo "1" > data/myid   // 第一台服务器
2   echo "2" > data/myid   // 第二台服务器
3   echo "3" > data/myid   // 第三台服务器
```

服务器设置好 id 编号卡后，就可以直接进行 Zookeeper 集群的启动了。参考代码如下：

```
1   ./bin/zkServer.sh start
2   ./bin/zkServer.sh status
```

若有 leader、follower 等类似信息返回，则表示成功，如图 10.9 所示。

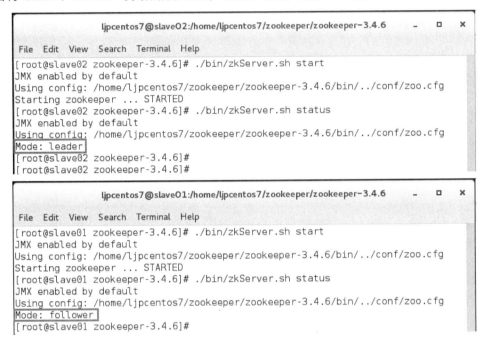

图 10.9　Zookeeper 集群配置

Kafka 的集群配置至少需要两台主机，每一个运行的 Kafka 实例称为一个 Broker，由两台主机分别运行的 Kafka 实例组成集群即有两个 Broker，每一个 Kafka 集群可以按 Broker 的数量，在创建 Topic 时创建相关的 Partition 和 Replication。建议使用 3~4 个 Kafka 实例组成的集群。其相关的配置如下：

```
1   broker.id=0    // 每台服务器的 broker.id 都不能相同，如第一台服务器为 0，
2                  // 第二台服务器为 1
3   listeners=PLAINTEXT://192.168.43.102:9092
4   advertised.listeners=PLAINTEXT://192.168.43.102:9092
5   // 在 log.retention.hours=168 下新增下面三项
6   default.replication.factor=2
7   // 设置 Zookeeper 的连接端口
8   zookeeper.coonnect=192.168.43.101:12181,192.168.43.102:12181,
9     192.168.43.103:12181
```

启动 Kafka 集群，参考代码如下：

```
1  bin/kafka-server-start.sh -daemon  config/server.properties
```

如果成功运行，会有图 10.10 所示的信息。

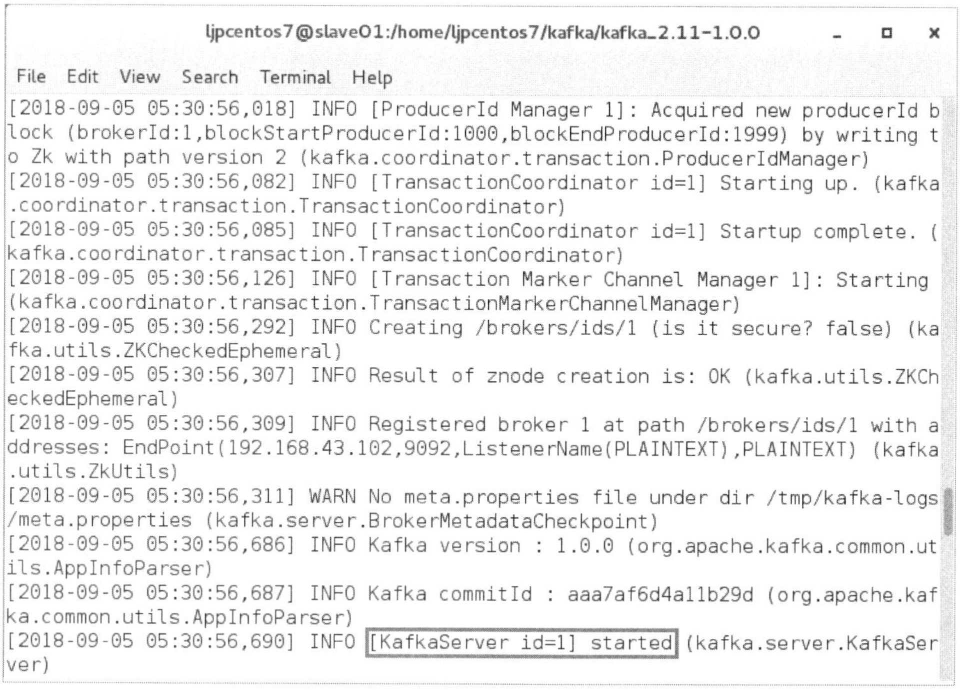

图 10.10　Kafka 集群启动成功

然后就可以进行 Kafka 相关的操作，如创建 Topic 等，如图 10.11 所示。

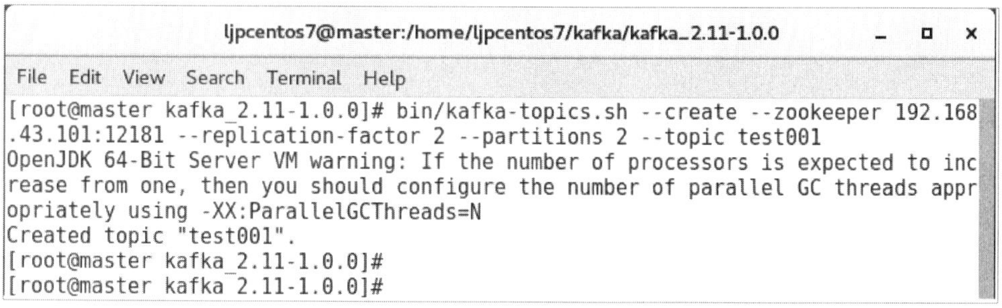

图 10.11　在 Kafka 集群中创建 Topic

10.5　Kafka 的多线程

Kafka 支持多线程高并发的形式处理多终端的海量消息数据。在分布式应用系统中，经常有同一时刻处理多种不同业务类型的请求，前置的应用处理服务器可以对这些请求进行简易封装，作为生产者分别将请求以消息的形式放入 Kafka 的多个不同的 Topic 中；同时，在另外的分布式处理模块中，可以启动多个针对不同 Topic 的消息内容进行处理的服务实例，快速进行消息的订阅消费。

10.5.1 Kafka 的消息消费

Kafka 对消息的生产者和消费者有良好的支持，并且提供了大量良好接口，支持多种异构的编程语言分别作为生产者和消费者进行消息通信。Java 中有许多开源工具包或框架可以完成 Kafka 的集成。

比较容易实现的方式是使用 Spring Boot 框架，引入 Spring-Kafka 集成支持包，使用封装良好的工具类组装 Kafka 的生产者和消费者。可以使用 KafkaTemplate 的 send( ) 方法，对指定的 Topic 发送一个消息，这时调用该 send( ) 方法的模块可以看作一个 Kafka 的生产者。如果有一个 Kafka 的消费者指定订阅某个 Topic 下的消息，并且使用 Kafka 的 Topic 监听器进行监听，则该消费者就可以等待该 Topic 下的消息的分派和消费。

下面以 Spring Boot V2.X 为例来讲解 Java 如何集成 Kafka 及简单的发送和消费消息。需要在 Spring Boot 项目架构的 pom.xml 文件中加入以下开发包：

```
1  <!-- kafka -->
2  <dependency>
3      <groupId>org.springframework.kafka</groupId>
4      <artifactId>spring-kafka</artifactId>
5  </dependency>
```

另外，还需要在 application.properties 配置文件中加入 Kafka 服务相关的配置。参考配置如下：

```
1  #############   kafka   #####################
2  #spring.kafka.bootstrap-servers=172.20.52.35:9092
3  spring.kafka.bootstrap-servers=172.20.52.35:19093,
4    172.20.52.148:19093,10.200.1.250:19093
5  spring.kafka.producer.retries=0
6  spring.kafka.producer.batch-size=16384
7  spring.kafka.producer.buffer-memory=33554432
8  spring.kafka.producer.key-serializer=org.apache.kafka.common
9    .serialization.StringSerializer
10 spring.kafka.producer.value-serializer=org.apache.kafka.common
11   .serialization.StringSerializer
12 spring.kafka.producer.properties.max.request.size: 8388608
13 #spring.kafka.consumer.group-id=cli_group_01
14 #spring.kafka.consumer.auto-offset-reset=earliest
15 #spring.kafka.consumer.auto-commit-interval=100
16 #spring.kafka.consumer.enable-auto-commit=true
17 #spring.kafka.consumer.key-deserializer=org.apache.kafka.common
18 #   .serialization.StringDeserializer
19 #spring.kafka.consumer.value-deserializer=org.apache.kafka
```

```
20  #   .common.serialization.StringDeserializer
```

这里的配置实际上分为两段：第一段是针对 Kafka 的消息生产者，第二段是针对 Kafka 的消息消费者。对于分布式系统，其内部的一个子系统或模块如果只是消息的生产者，则可以只配置第一段内容；如果只是消息的消费者，则可以只配置第二段内容；但如果该子系统或模块既是消息的生产者又是消息的消费者，则必须两段都配置上。

下面将通过一个简单的银行活期存款处理的示例来说明存款数据的消费情况。在消息的生产者模块中加入以下参考代码：

```
1  // 自动装载 Spring Boot 自带的 KafkaTemplate 工具类
2  @Autowired
3  protected KafkaTemplate kafkaTemplate;
4  ……// 省略部分代码
5  // 使用 send() 方法发送消息到一个 Topic 中
6  kafkaTemplate.send("DEMAND_DEPOSITS", demandDepositsJson);
```

上面的代码实际是将一个包含活期存款信息结构的 Json 文本以消息形式发送到 DEMAND_DEPOSITS 的 Topic 中。

在消息的消费者模块中加入以下的参考代码：

```
1  // 使用 Kafka 监听器，并且指定要监听的 Topic
2  @KafkaListener(topics = { "DEMAND_DEPOSITS" })
3  public void demandDepositsHandler(ConsumerRecord<?, ?>
4    messageRecord) throws Exception {
5    String demandDepositsJson = messageRecord.value().toString();
6    ……// 活期存款数据处理（略）
7  }
```

将 @KafkaListener 注解放到一个方法前，就可以创建一个 Kafka 的监听器，每创建一个 Kafka 监听器都会创建一个独立的线程。Kafka 监听器需要指定 Topic，说明要订阅的消息。这时，还有 Kafka 监听器代码的模块，就是一个 Kafka 的消息消费者。

结合之前第二段消息消费者配置中的 group-id 的值（一个消息只能被同组内的一个消费者消费），当有消息分派到该消费者时，消息的内容就会进入该方法中进行消费。在 demandDepositsHandler( ) 方法中，会对消息体，即活期存款信息 Json 字符串进行校验和解析入库处理。

10.5.2　Kafka 的多线程分析

10.5.1 小节通过简单的活期存款消息处理的示例介绍了 Kafka 消息的生产和消费过程。但在银行日常信息处理业务中，用户填写表单、银行对表单进行处理的业务不只活期存款一种，类似的业务还有定期存款业务、信用卡业务、国际贸易的信用证业务、贷款业务等。

下面的示例创建了多个消息生产者模块及消息消费者模块，对银行的多种业务进行多线程的并发处理。参考代码如下：

```
1   --------  消息生产者代码部分  --------
2   --------  模块一  --------
3   ······// 省略部分代码
4   // 活期存款业务数据发送
5   kafkaTemplate.send("DEMAND_DEPOSITS", demandDepositsJson);
6   ······// 省略部分代码
7   --------  模块二  --------
8   ······// 省略部分代码
9   // 定期存款业务数据发送
10  kafkaTemplate.send("FIXED_TERM_DEPOSITS", fixedTermDepositsJson);
11  ······// 省略部分代码
12  --------  模块三  --------
13  ······// 省略部分代码
14  // 信用卡业务数据发送
15  kafkaTemplate.send("CREDIT_CARD", creditCardJson);
16  ······// 省略部分代码
17  --------  模块四  --------
18  ······// 省略部分代码
19  // 贸易支付信用证数据发送
20  kafkaTemplate.send("LETTER_OF_CREDIT", letterOfCreditJson);
21  ······// 省略部分代码
22  --------  模块五  --------
23  ······// 省略部分代码
24  // 贷款业务数据发送
25  kafkaTemplate.send("LENDING", lendingJson);
26  ······// 省略部分代码
27  --------  消息消费者代码部分  --------
28  --------  模块六  --------
29  ······// 省略部分代码
30  @KafkaListener(topics = { "DEMAND_DEPOSITS" })
31  public void demandDepositsHandler(ConsumerRecord<?, ?>
32    messageRecord) throws Exception {
33      String demandDepositsJson = messageRecord.value().toString();
34      ······// 活期存款数据处理（略）
35  }
36  ······// 省略部分代码
```

```
37  --------　　模块七　　--------
38  ……// 省略部分代码
39  @KafkaListener(topics = { "FIXED_TERM_DEPOSITSS" })
40  public void fixedTermDepositsHandler(ConsumerRecord<?, ?>
41    messageRecord) throws Exception {
42    String demandDepositsJson = messageRecord.value().toString();
43    ……// 定期存款数据处理（略）
44  }
45  ……// 省略部分代码
46  --------　　模块八　　--------
47  ……// 省略部分代码
48  @KafkaListener(topics = { "CREDIT_CARD" })
49  public void creditCardHandler(ConsumerRecord<?, ?> messageRecord)
50    throws Exception {
51    String demandDepositsJson = messageRecord.value().toString();
52    ……// 信用卡数据处理（略）
53  }
54  ……// 省略部分代码
55  --------　　模块九　　--------
56  ……// 省略部分代码
57  @KafkaListener(topics = { "LETTER_OF_CREDIT" })
58  public void letterOfCreditHandler(ConsumerRecord<?, ?>
59    messageRecord) throws Exception {
60    String demandDepositsJson = messageRecord.value().toString();
61    ……// 贸易支付信用证数据处理（略）
62  }
63  ……// 省略部分代码
64  --------　　模块十　　--------
65  ……// 省略部分代码
66  @KafkaListener(topics = { "LENDING" })
67  public void lendingHandler(ConsumerRecord<?, ?> messageRecord)
68    throws Exception {
69    String demandDepositsJson = messageRecord.value().toString();
70    ……// 贷款数据处理（略）
71  }
```

上面的每一个模块都可能是一个独立部署的业务进程实例，也可能是某个业务进程实例中的一个线程，但至少生产者和消费者是分开部署的分布式进程实例，它们之间通过 Kafka 消息中间件进行消息通信，这种模式能很好地处理多线程高并发的银行数据业务。

10.5.3　Kafka 的消费负载均衡

10.5.2 小节以银行处理多种业务为例简单介绍了如何通过 Kafka 中间件启动多线程来处理不同的银行业务数据。但有些时间段并不是每种业务都平均一样多，甚至有时会有某个业务突发增多的情况。

例如，银行的定期业务因为存款利率临时上浮 10%，导致一段时间内发起定期请求的数据量增大。如果发现原来分布式集群中处理定期存款数据时能力不足，不能及时消费定期存款的数据消息，则可以采用扩展处理消息消费者来加快消息的处理。

如果在搭建 Kafka 消息中间件服务时使用了 Partition，并且创建了多个 Partition，就可以按照 Partition 的个数合理配置，增加一些定期存款数据处理的实例或多线程加快处理。

通过前面内容的学习，我们知道了 Partition 的个数决定了一个 Topic 下的可以启动的最大有效并发消费者线程数，这是增大分布式消息消费运算能力的依据之一。可以指定与 Partition 个数相同的定期存款数据处理计算节点，并且将其设置为同一个 groupId，以防止多次消费相同的消息。这时 Kafka 就会按照一定的逻辑策略将消息合理分派到每一个定期存款数据处理计算节点中，以达到消息消费的负载均衡。

第11章

多线程实战训练

通过之前章节的学习，我们已经对Java多线程有了一定的了解，但只有通过项目实践，才能更好地对Java多线程加深理解。本章将通过几个简单的小项目，抛砖引玉，让大家多思考，看看是否也可以在自己的业务开发或更大的项目中引入类似的多线程处理功能。

本章内容主要涉及以下的知识点。

● 通过多线程实验进行数据交换和信息显示。

● 通过多线程实验进行数据的上传保存处理。

● 通过多线程实验进行数据过滤及高并发下的数据控制。

● 通过多线程实验进行数据抓取保存。

● 通过多线程实验进行海量数据的分发。

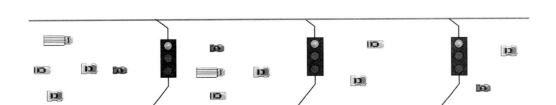

11.1 多线程模拟交通信号灯

交通信号灯（红绿灯）是我们日常生活中常见的多线程运用之一。许多道路，甚至一个城市的片区都会引入交通信号灯管理系统，来管理几个甚至数十个交通信号灯以解决道路复杂及车辆拥堵的问题。

随着城市的发展，以及交通管理和技术的提升，交通信号灯管理系统也在不断升级。近年来，交通信号灯也引入了多种方式加速车流的疏散及道路的畅通。例如，绿波技术（绿波带技术）就是通过交通信号灯的多线程控制计算一条道路上的绿灯展示时间间隔，让一条道路上的某速率范围内行驶的车辆能够一路遇到绿灯通过多个路口，实现一条道路上的车流提速，如图 11.1 所示。

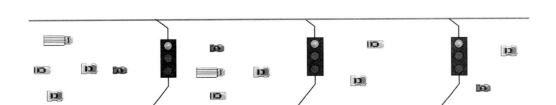

图 11.1 绿波带行车

要开发一套良好的交通信号灯管理系统，需要掌握多个方面的知识。在技术方面，除了开发应用系统外，一般还涉及硬件编程或硬件接口对接等内容。本次训练实验中只使用 Java 进行交通信号灯的模拟展示，先忽略硬件的对接内容。

下面先以简单的、不带左右转向的交通灯为例，每一组交通灯由绿、黄、红三个灯组成。一般一个简单的直行路口设置两组交通灯即可方便车辆和人流通行，如图 11.2 所示。

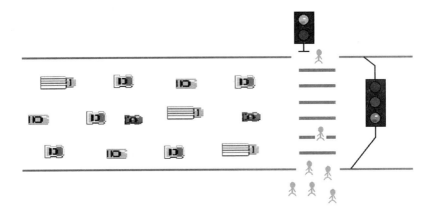

图 11.2 某简单路口交通灯

参考图 11.2，这是一个比较简单的交通路口示意图，只有一条直行车道及一条垂直的斑马线行人通道。对于这种简单的交通路口，只需要设置两个交通信号灯作为一个组合，进行人车分流控制即可。这两个交通信号灯分别如下。

（1）包含绿灯、红灯的人流控制信号灯。

（2）包含绿灯、黄灯、红灯的车流控制信号灯。

下面通过代码来对这样的一组交通信号灯进行模拟。首先需要建立绿色信号灯、黄色信号灯、红色信号灯，以及由这些信号灯组合的两种不同的车辆行驶方向和行人方向的信号灯。简单的三种颜色的灯的创建的参考代码如下：

```
1  public class GreenLight {
2      public final String color = "green";
3      private boolean offFlag = true;
4      public boolean getOffFlag() {
5          return offFlag;
6      }
7      public void setOffFlag(boolean offFlag) {
8          this.offFlag = offFlag;
9      }
10 }
11 public class YellowLight {
12     public final String color = "yellow";
13     private boolean offFlag = true;
14     public boolean getOffFlag() {
15         return offFlag;
16     }
17     public void setOffFlag(boolean offFlag) {
18         this.offFlag = offFlag;
19     }
20 }
21 public class RedLight {
22     public final String color = "red";
23     private boolean offFlag = true;
24     public boolean getOffFlag() {
25         return offFlag;
26     }
27     public void setOffFlag(boolean offFlag) {
28         this.offFlag = offFlag;
29     }
30 }
```

以上三个类分别代表绿灯、黄灯和红灯，将它们创建好分别保存到三个 .java 文件中。接着开始创建由绿灯和红灯两种灯组合的行人方向的信号灯，以及由绿灯、黄灯、红灯三种一同组合的车辆方向的信号灯。行人方向的信号灯参考代码如下：

```
1   /**
2    *  行人交通信号灯
3    */
4   public class PedestrianLight implements Runnable {
5       // 因没有车辆制动的耗时所需的过渡阶段黄灯，所以仅包含绿灯和红灯两种灯
6       GreenLight greenLight = new GreenLight();
7       RedLight redLight = new RedLight();
8       // 分别定义绿灯、黄灯、红灯的默认保持时间，可以通过构造函数重新设定
9       int glKeepAliveTime = 30;
10      int rlKeepAliveTime = 15;
11      public PedestrianLight(int glKeepAliveTime,
12        int rlKeepAliveTime){
13          this.glKeepAliveTime = glKeepAliveTime;
14          this.rlKeepAliveTime = rlKeepAliveTime;
15      }
16      @Override
17      public void run() {
18          //
19          while (true) {
20  // 路口 01 的行人通行方向为正常通行，则进行行人绿灯指示
21              if (RunSimpleTL.crDirection.get(
22                "crossing_01_pedestrian") == true) {
23                  // 绿灯处理
24                  int glRunTime = 0;
25                  greenLight.setOffFlag(false);
26                  redLight.setOffFlag(true);
27                  while (glRunTime < glKeepAliveTime) {
28                      System.out.println(Thread.currentThread()
29                        .getName() + " 绿灯 ");
30                      try {
31                          Thread.sleep(1000);
32                      } catch (InterruptedException e) {
33                          e.printStackTrace();
34                      }
35                      glRunTime++;
36                  }
37                  RunSimpleTL.crDirection.put(
```

```
38                         "crossing_01_pedestrian", false);
39                 } else {
40                     // 红灯处理
41                     greenLight.setOffFlag(true);
42                     redLight.setOffFlag(false);
43                     int rlRunTime = 0;
44                     System.out.println(Thread.currentThread()
45                         .getName() + "红灯");
46                     try {
47                         Thread.sleep(1000);
48                     } catch (InterruptedException e) {
49                         e.printStackTrace();
50                     }
51                     rlRunTime++;
52                 }
53             }
54         }
55         public String getLightOnColor(){
56             String rtnColor = "";
57             if (greenLight.getOffFlag() == false){
58                 rtnColor = greenLight.color;
59             }
60             if (redLight.getOffFlag() == false){
61                 rtnColor = redLight.color;
62             }
63             return rtnColor;
64         }
65 }
66 // 车辆行驶方向的信号灯参考如下
67 /**
68  * 行车交通信号灯
69  */
70 public class CarSignalLight implements Runnable {
71     // 分别定义绿灯、黄灯、红灯的默认保持时间，可以通过构造函数重新设定
72     int glKeepAliveTime = 30;
73     int ylKeepAliveTime = 5;
74     int rlKeepAliveTime = 15;
75     // 包含绿灯、黄灯、红灯三种灯
76     GreenLight greenLight = new GreenLight();
77     YellowLight yellowLight = new YellowLight();
78     RedLight redLight = new RedLight();
79     public CarSignalLight(int glKeepAliveTime,
```

```
80              int ylKeepAliveTime, int rlKeepAliveTime){
81         this.glKeepAliveTime = glKeepAliveTime;
82         this.ylKeepAliveTime = ylKeepAliveTime;
83         this.rlKeepAliveTime = rlKeepAliveTime;
84      }
85      @Override
86      public void run() {
87          //
88          while (true) {
89  // 路口 01 的行人通行标志为不允许通行时，则车辆执行通行
90              if (RunSimpleTL.crDirection.get(
91                 "crossing_01_pedestrian") == false) {
92                  // 绿灯处理
93                  int glRunTime = 0;
94                  greenLight.setOffFlag(false);
95                  yellowLight.setOffFlag(true);
96                  redLight.setOffFlag(true);
97                  while (glRunTime < glKeepAliveTime) {
98                      System.out.println(Thread.currentThread()
99                         .getName() + " 绿灯 ");
100                     try {
101                         Thread.sleep(1000);
102                     } catch (InterruptedException e) {
103                         e.printStackTrace();
104                     }
105                     glRunTime++;
106                 }
107                 // 黄灯处理
108                 greenLight.setOffFlag(true);
109                 yellowLight.setOffFlag(false);
110                 redLight.setOffFlag(true);
111                 int ylRunTime = 0;
112                 while (ylRunTime < ylKeepAliveTime) {
113                     System.out.println(Thread.currentThread()
114                        .getName() + " 黄灯 ");
115                     try {
116                         Thread.sleep(1000);
117                     } catch (InterruptedException e) {
118                         e.printStackTrace();
119                     }
120                     ylRunTime++;
121                 }
```

```
122                  RunSimpleTL.crDirection.put(
123                      "crossing_01_pedestrian", true);
124              } else{
125                  // 红灯处理
126                  greenLight.setOffFlag(true);
127                  yellowLight.setOffFlag(true);
128                  redLight.setOffFlag(false);
129                  int rlRunTime = 0;
130                  System.out.println(Thread.currentThread()
131                      .getName() + "红灯");
132                  try {
133                      Thread.sleep(1000);
134                  } catch (InterruptedException e) {
135                      e.printStackTrace();
136                  }
137                  rlRunTime++;
138              }
139          }
140      }
141      public String getLightOnColor(){
142          String rtnColor = "";
143          if (greenLight.getOffFlag() == false){
144              rtnColor = greenLight.color;
145          }
146          if (yellowLight.getOffFlag() == false){
147              rtnColor = yellowLight.color;
148          }
149          if (redLight.getOffFlag() == false){
150              rtnColor = redLight.color;
151          }
152          return rtnColor;
153      }
154  }
```

行人和行车的交通信号灯都包含绿灯、红灯等指示灯的运行方法，以及当前的信号灯亮灯的颜色等方法。可以创建一个含有 main( ) 方法的运行类，将行人和车辆交通信号灯作为两个独立的线程运行起来。实际上，同一个路口的行人交通信号灯和车辆交通信号灯之间是需要相互通信的，这样它们才能配合好红灯和绿灯的指示行为。运行某一个路口的行人和车辆交通信号灯，参考代码如下：

```
1  public class RunSimpleTL {
```

```
2        // 路口当前行人方向的全局存储，每一组 key-value 代表某一个路口的
3        // 当前行人方向是否允许通行
4        public static Map<String, Boolean> crDirection = new
5          HashMap<String, Boolean>();
6        public static void main(String[] args){
7            CarSignalLight traffic01CarLight = new CarSignalLight(
8              30, 5, 15);
9            Thread trf01CarLightThread = new Thread(traffic01CarLight);
10           trf01CarLightThread.setName("T01-CarSignalLight");
11           PedestrianLight traffic01PedestrianLight = new
12             PedestrianLight(15, 35);
13           Thread trf01PedestrianLightThread = new
14             Thread(traffic01PedestrianLight);
15           trf01PedestrianLightThread.setName("T01-PedestrianLight");
16           crDirection.put("crossing_01_pedestrian", true);
17           trf01CarLightThread.start();
18           trf01PedestrianLightThread.start();
19           // 假设第 8 秒、18 秒和 48 秒时有行人想过马路
20           // 我们来看看他们会看到怎样的信号灯
21           try {
22               Thread.sleep(8000);
23           } catch (InterruptedException e) {
24               e.printStackTrace();
25           }
26           System.out.println(" 这一时刻看到该路口的交通信号灯是:
27                   行人信号灯信号是'" +
28                   traffic01PedestrianLight.getLightOnColor() +
29                   "', 而车辆行驶" +
30                   " 交通信号灯信号是'" +
31                   traffic01CarLight.getLightOnColor() + "'");
32           try {
33               Thread.sleep(10000);
34           } catch (InterruptedException e) {
35               e.printStackTrace();
36           }
37           System.out.println(" 这一时刻看到该路口的交通信号灯是:
38                   行人信号灯信号是'" +
39                   traffic01PedestrianLight.getLightOnColor() +
40                   "', 而车辆行驶" +
41                   " 交通信号灯信号是'" +
42                   traffic01CarLight.getLightOnColor() + "'");
43           try {
```

```
44              Thread.sleep(30000);
45          } catch (InterruptedException e) {
46              e.printStackTrace();
47          }
48          System.out.println(" 这一时刻看到该路口的交通信号灯是:
49              行人信号灯信号是 '" +
50              traffic01PedestrianLight.getLightOnColor() +
51              "', 而车辆行驶 " +
52              " 交通信号灯信号是 '" +
53              traffic01CarLight.getLightOnColor() + "' ");
54      }
55  }
```

在上面示例中的行人和车辆交通信号灯中,用到了一个 Map<String, Boolean> 类型的 crDirection 全局变量,该变量可以存储多个路口当前时刻行人方向的通行情况。在上面的示例中只存放了一个路口的值,如果是一条复杂的道路上有多个路口,则需要放入多个 key-value 的值来区分。而行人和车辆交通信号灯,就靠这个全局变量的 key-value 的实时值的变化进行通信和执行相关逻辑。

实际上,在大型系统中,特别是分布式的大数据信号处理系统中,会使用消息中间件来替代这一全局变量,因为消息中间件稳定性更好,甚至可以持久化和灾祸恢复,而且能建立多个 Topic 或 Channel 来替代这里的 Map 中的每一个 key-value,同时它们是独立运行的,可以实现并发通信。读者可以使用 Kafka 或 Redis 进行简单的修改。

上面代码运行的参考结果如下:

```
1   T01-CarSignalLight 红灯
2   T01-PedestrianLight 绿灯
3   T01-CarSignalLight 红灯
4   T01-PedestrianLight 绿灯
5   ……// 省略部分输出,大概运行 8 秒后
6   这一时刻看到该路口的交通信号灯是:行人信号灯信号是 'green',而车辆行驶交通信
7       号灯信号是 'red'
8   T01-CarSignalLight 红灯
9   T01-PedestrianLight 绿灯
10  T01-PedestrianLight 绿灯
11  T01-CarSignalLight 红灯
12  T01-CarSignalLight 红灯
13  T01-PedestrianLight 绿灯
14  T01-PedestrianLight 绿灯
15  T01-CarSignalLight 红灯
```

```
16    T01-PedestrianLight 绿灯
17    T01-CarSignalLight 红灯
18    T01-CarSignalLight 红灯
19    ……// 省略部分输出，大概运行 18 秒后
20    这一时刻看到该路口的交通信号灯：行人信号灯信号是'red'，而车辆行驶交通信号灯
21      信号是'green'
22    T01-PedestrianLight 红灯
23    T01-CarSignalLight 绿灯
24    T01-PedestrianLight 红灯
25    T01-CarSignalLight 绿灯
26    T01-PedestrianLight 红灯
27    T01-CarSignalLight 绿灯
28    ……// 省略部分输出
29    T01-CarSignalLight 绿灯
30    T01-PedestrianLight 红灯
31    T01-CarSignalLight 绿灯
32    T01-PedestrianLight 红灯
33    T01-CarSignalLight 黄灯
34    T01-PedestrianLight 红灯
35    T01-CarSignalLight 黄灯
36    ……// 省略部分输出，大概运行 48 秒后
37    这一时刻看到该路口的交通信号灯：行人信号灯信号是'red'，而车辆行驶交通信号灯
38      信号是'yellow'
39    T01-CarSignalLight 黄灯
40    T01-PedestrianLight 红灯
41    T01-CarSignalLight 黄灯
42    T01-PedestrianLight 红灯
43    T01-CarSignalLight 黄灯
44    T01-PedestrianLight 红灯
45    T01-CarSignalLight 红灯
46    T01-PedestrianLight 绿灯
47    T01-CarSignalLight 红灯
48    T01-PedestrianLight 绿灯
49    T01-PedestrianLight 绿灯
50    T01-CarSignalLight 红灯
51    T01-PedestrianLight 绿灯
52    T01-CarSignalLight 红灯
53    ……// 省略
```

这样，一个简易路口的交通信号灯就运行完成了。如果能够使用 Java Swing 将信号灯进行图形化展示，又或者可以将这样的交通信号灯的内容发布成 Web API，然后使用前端技术在 HTML5

或 Android、iOS 中展示，会比文字输出的方式更生动和直观一些，学习了这类技术的读者不妨试一试。

使用上述示例框架，还可以设置更为复杂的路口的交通信号灯，如多方向的路口，或者对一条连续的道路进行多个交通信号灯的联动，实现绿波带道路技术等。

11.2　多线程处理多文件上传

目前市面上的许多应用，特别是社交类或视频类的应用，都会包含图片、短视频文件的上传处理。同时，为了给用户带来更好的体验、更便捷的操作，一般的应用都会开发能多文件同时上传的功能的控件。这种具备多文件同时上传能力的应用，实际上就使用了多线程的处理。

如今主流的应用开发一般分为前端展示开发和后端数据处理开发。前端一般包含 HTML5、Android、iOS 等给予用户可视化操作和界面的展示；后端一般是进行数据的处理、存储、获取等操作，常使用 Java、PHP、C#、Python 等实现 API，供前端进行调用。

本节将通过简单的 HTML5 创建简单的多图片选择和上传的操作界面，通过调用 Java 编写的多线程文件上传处理的 API，实现一个简单的多图片上传的应用。

前端的简易 HTML5 参考代码如下：

```
1   <html>
2   <head>
3   <script>
4   window.onload = function(){
5     var input = document.getElementById("uploadFile");
6     var div;
7     //onchange 事件加入显示文件（图片）方法
8     input.onchange = function(){
9       showFile(this);
10    }
11   // 定义读文件方法函数
12   var showFile = function(obj){
13      // 获取 input 中的文件组
14      var fileList = obj.files;
15      // 对文件组进行遍历，
16      // 可以到控制台输出 fileList 查看
17      for(var i = 0; i < fileList.length; i++){
18         var reader = new FileReader();
19         reader.readAsDataURL(fileList[i]);
20          // 当文件读取成功时执行的函数
```

```
21          reader.onload = function(e){
22              div = document.createElement('div');
23              div.innerHTML = '<img src="' + this.result +
24                '" class="tmpShowImg" />';
25              document.getElementById("img-box").appendChild(div);
26          }
27      }
28    }
29  }
30  </script>
31  <style type="text/css">
32  /* 最外层 box，使用 border-radius 进行圆角 Q 版化 */
33  .file-upload-box{
34      border-radius: 16px;
35      border: 1px solid gray;
36      width: 120px;
37      height: 120px;
38      position: relative;
39      text-align: center;
40  }
41  /* 中间文字描述 */
42  .file-upload-box > span{
43      display: block;
44      width: 100px;
45      height: 30px;
46      position: absolute;
47      top: 0px;
48      bottom: 0;
49      left: 0;
50      right: 0;
51      margin: auto;
52      color: gray;
53  }
54  /*input 框 */
55  .file-upload-box #uploadfile{
56      opacity: 0;
57      width: 100%;
58      height: 100%;
59      cursor: pointer;
60  }
61  /* 提交按钮美化 */
62  .submit01 {
```

```
63        border-radius: 3px;
64        margin-top:20px;
65        width: 120px;
66        height: 30px;
67        border-width: 0px;
68        background: #1E90FF;
69        cursor: pointer;
70        outline: none;
71        font-family: Microsoft YaHei;
72        color: white;
73        font-size: 17px;
74    }
75    .submit01:hover {
76        background: #5599FF;
77    }
78    .tmpShowImg {
79        margin-bottom: 6px;
80        height: 120px;
81        width: 120px;
82    }
83    </style>
84    </head>
85    <body>
86      <div id="img-box"></div>
87      <form id="uploadImgs" method="post"
88          action="http://localhost:8080/imgsUpload"
89          enctype="multipart/form-data">
90      <div class="file-upload-box">
91      <span> 单击选择 </span>
92      <input type="file" name="files" id="uploadFile" multiple>
93      </div>
94      <button class="submit01" onclick="this.form.submit()"> 开始上传
95      </button>
96      </form>
97    </body>
98    </html>
```

　　前端的代码非常简单,由一个 showFile( ) 的 JavaScript 方法、一些 HTML 元素的 CSS 美化代码,以及包含可以上传多文件的 input 元素的 HTML 代码组成。通过浏览器运行后可以得到图 11.3 所示效果。

图 11.3 文件（图片）上传界面

单击圆角正方形框，就能够选择需要等待上传的图片，并且支持多张图片的上传，如图 11.4 所示。

图 11.4 多图选择，等待上传

当选择图片后，就可以单击"开始上传"按钮，进行相关的上传数据的处理。这时，需要开发上传数据处理的模块来完成这个任务。在上面的 HTML 代码中，Form 表单的 action 内容中指定了要上传的 API 为 http://localhost:8080/imgsUpload，我们现在就试一试开发一个后台 API。

可以采用 Java 及目前主流的 Spring Boot 框架，同时使用 IntelliJ IDEA 或 Eclipse 等集成开发环境进行快速开发。首先新建一个 Maven 组织形式的项目，一般在集成开发环境中选

238

择 File → New → Project 命令，然后选择 Maven 组织形式的项目架构即可。在 GroupId、ArtifactId 文本框中输入相关信息，如图 11.5 所示。

图 11.5　创建新的 Maven 组织形式的项目

GroupId 实际上对应项目存放的包名，ArtifactId 指代的是该新项目的总名称。创建完毕，可以开始以下代码的编写。Maven 组件形式的项目一般包含一个包管理的 pom.xml 配置文件，我们需要使用 Java 8 及 Spring Boot V2.0，所以应进行以下的内容引入操作。参考代码如下：

```
1  <?xml version="1.0" encoding="UTF-8"?>
2  <project xmlns="http://maven.apache.org/POM/4.0.0"
3          xmlns:xsi="http://www.w3.org/2001/XMLSchema-instance"
4          xsi:schemaLocation="http://maven.apache.org/POM/4.0.0
5             http://maven.apache.org/xsd/maven-4.0.0.xsd">
6     <modelVersion>4.0.0</modelVersion>
7     <groupId>com.ljp.concur</groupId>
8     <artifactId>file-upload</artifactId>
9     <version>1.0-SNAPSHOT</version>
10    <packaging>jar</packaging>
11    <parent>
12        <groupId>org.springframework.boot</groupId>
13        <artifactId>spring-boot-starter-parent</artifactId>
14        <version>2.0.4.RELEASE</version>
15        <relativePath/> <!-- lookup parent from repository -->
16    </parent>
```

```xml
17      <properties>
18          <project.build.sourceEncoding>UTF-8</project.build
19              .sourceEncoding>
20          <project.reporting.outputEncoding>UTF-8</project
21              .reporting.outputEncoding>
22          <java.version>1.8</java.version>
23      </properties>
24      <dependencies>
25          <!-- Spring Web 相关，如 MVC、应用服务器等  -->
26          <dependency>
27              <groupId>org.springframework.boot</groupId>
28              <artifactId>spring-boot-starter-web</artifactId>
29              <exclusions>
30                  <exclusion>
31                      <groupId>org.springframework.boot</groupId>
32                      <artifactId>spring-boot-starter-tomcat</artifactId>
33                  </exclusion>
34              </exclusions>
35          </dependency>
36          <dependency>
37              <groupId>org.springframework.boot</groupId>
38              <artifactId>spring-boot-starter-undertow</artifactId>
39          </dependency>
40          <!-- data jpa -->
41          <dependency>
42              <groupId>org.springframework.boot</groupId>
43              <artifactId>spring-boot-starter-data-jpa</artifactId>
44          </dependency>
45          <dependency>
46              <groupId>commons-net</groupId>
47              <artifactId>commons-net</artifactId>
48              <version>3.6</version>
49          </dependency>
50          <dependency>
51              <groupId>commons-fileupload</groupId>
52              <artifactId>commons-fileupload</artifactId>
53              <version>1.3.1</version>
54          </dependency>
55          <dependency>
56              <groupId>commons-io</groupId>
57              <artifactId>commons-io</artifactId>
58              <version>2.4</version>
```

```
59          </dependency>
60          <dependency>
61              <groupId>com.jcraft</groupId>
62              <artifactId>jsch</artifactId>
63              <version>0.1.55</version>
64          </dependency>
65      </dependencies>
66      <build>
67          <plugins>
68              <plugin>
69                  <groupId>org.springframework.boot</groupId>
70                  <artifactId>spring-boot-maven-plugin</artifactId>
71              </plugin>
72          </plugins>
73      </build>
74  </project>
```

同时，在项目的 src → main → resources 目录下创建一个用于 Spring Boot 配置的 application.
properties 文件，如图 11.6 所示。

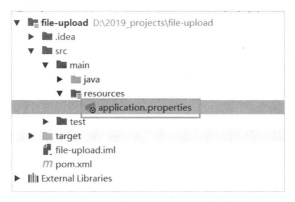

图 11.6　新增 Spring Boot 配置文件

在该配置文件中，输入以下参考配置代码：

```
1  spring.mvc.view.prefix=/
2  spring.mvc.view.suffix=.jsp
3  spring.http.encoding.charset=utf-8
4  spring.http.encoding.enabled=true
5  spring.http.encoding.force=true
6  //Server
7  server.port=8080
8  // 图片地址访问前缀
9  webapi.file.path=http://192.168.1.102/uimg
```

```
10    //FTP 上传图片位置
11    webapi.upload.img.file.folder=/uimg
12    //FTP 服务器用户名,若允许使用匿名,则填 anonymous,密码为空
13    webapi.upload.sftp.username=anonymous
14    //FTP 服务器密码
15    webapi.upload.sftp.password=
16    //FTP 服务器 IP
17    webapi.upload.sftp.host=192.168.1.102
18    //FTP 服务器端口
19    webapi.upload.sftp.port=21
20    // 单个文件最大限制
21    multipart.maxFileSize=10Mb
22    // 多个文件最大限制
23    multipart.maxRequestSize=50Mb
```

现在开始构建 API 的核心代码,创建的文件架构如图 11.7 所示。

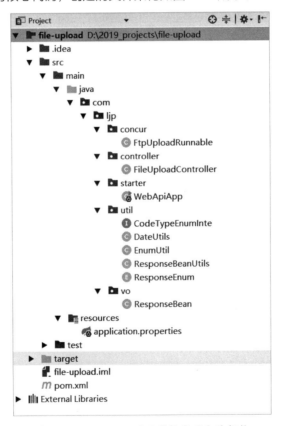

图 11.7　file-upload 项目结构代码文件架构

其中,FtpUploadRunnable、FileUploadController 是核心的图片上传代码类,WebApiApp 是 Spring Boot 的启动类,util 文件夹下包含的是辅助的工具类等。

　　FileUploadController 是对外发布 API 的重要文件，一般开发的 Web 都需要放在 Controller 文件中。参考代码如下：

```
1  @RestController
2  @RequestMapping("/")
3  @CrossOrigin
4  public class FileUploadController {
5      @Value("${webapi.upload.img.file.folder}")
6      private String uploadFileFolder;
7      @Value("${webapi.upload.sftp.username}")
8      private String username;
9      @Value("${webapi.upload.sftp.password}")
10     private String password;
11     @Value("${webapi.upload.sftp.host}")
12     private String host;
13     @Value("${webapi.upload.sftp.port}")
14     private int port;
15     @Value("${webapi.file.path}")
16     private String webApiPath;
17     @PostMapping(value = "/imgsUpload")
18     public ResponseBean upload(HttpServletRequest request,
19                         @RequestParam(value = "files",
20                             required = false)
21                                 MultipartFile[] files) {
22         List<Map<String, String>> rtnList = new
23           ArrayList<Map<String, String>>();
24         ResponseBean responseBean = ResponseBeanUtils
25           .buildErrorBean();
26         if (files == null || files.length == 0) {
27             responseBean.setRspMsg(" 并未发现文件，请重新选择文件提交。");
28         } else {
29             for (MultipartFile file : files){
30                 // 文件扩展名
31                 String extend = file.getOriginalFilename()
32                         .substring(file.getOriginalFilename()
33                         .lastIndexOf(".") + 1)
34                         .toLowerCase();
35                 // 通过扩展名检查是否为图片文件
36                 if (isImg(extend)){
37                     try{
38                         InputStream is = file.getInputStream();
```

```
39    ByteArrayOutputStream baos = new
40       ByteArrayOutputStream();
41    byte[] buffer = new byte[1024];
42    int len = -1;
43    while ((len = is.read(buffer)) != -1) {
44        baos.write(buffer, 0, len);
45    }
46    baos.flush();
47    InputStream input1 = new
48       ByteArrayInputStream(baos
49          .toByteArray());
50    String saveFileName = UUID.randomUUID()
51          .toString() + "." + extend;
52    float fileSize = Float.valueOf((float) file
53          .getSize())
54          .floatValue();
55    String diskPath = uploadFileFolder +
56       "/upload/" + DateUtils.getSortSystemTime();
57    // 上传文件到 FTP 服务器的线程的启动
58    FtpUploadRunnable ftpUploadRunnable = new
59       FtpUploadRunnable(username, password,
60          host, port, diskPath,
61          saveFileName, input1);
62    Thread threadStarter = new
63       Thread(ftpUploadRunnable);
64    threadStarter.start();
65    if(input1 != null){
66        input1.close();
67    }
68    // 查看图片大小
69    String width = "0";
70    String heigh = "0";
71    if (isImg(extend)) {
72        InputStream input2 = new
73          ByteArrayInputStream(
74                baos.toByteArray()
75          );
76        BufferedImage bis = ImageIO
77           .read(input2);
78        width = bis.getWidth() + "";
79        heigh = bis.getHeight() + "";
```

```
80                        if(input2 != null){
81                            input2.close();
82                        }
83                    }
84                    Map<String, String> tmpImgInfoMap = new
85                        HashMap<String, String>();
86                    tmpImgInfoMap.put("mime", extend);
87                    tmpImgInfoMap.put("fileName",
88                        saveFileName);
89                    tmpImgInfoMap.put("fileSize",
90                        Float.valueOf(fileSize) + "");
91                    tmpImgInfoMap.put("width", width);
92                    tmpImgInfoMap.put("height", heigth);
93                    tmpImgInfoMap.put("oldName",
94                        file.getOriginalFilename());
95                    tmpImgInfoMap.put("webApiPath",
96                        webApiPath);
97                    tmpImgInfoMap.put("urlPath", diskPath +
98                        "/" + saveFileName);
99                    rtnList.add(tmpImgInfoMap);
100                } catch (Exception e) {
101                    responseBean.setRspMsg(" 上传失败 ");
102                }
103            } else {
104                // 这里可以另行其他非图片文件的处理
105            }
106        }
107    }
108    responseBean = ResponseBeanUtils.buildSuccessBean();
109    responseBean.setData(rtnList);
110    return responseBean;
111 }
112 public static boolean isImg(String extend) {
113    boolean ret = false;
114    if ("jpg".equals(extend)) {
115        ret = true;
116    } else if ("jpeg".equals(extend)) {
117        ret = true;
118    } else if ("bmp".equals(extend)) {
119        ret = true;
120    } else if ("gif".equals(extend)) {
```

```
121          ret = true;
122        } else if ("tif".equals(extend)) {
123          ret = true;
124        } else if ("png".equals(extend)) {
125          ret = true;
126        }
127        return ret;
128     }
129
130   }
```

以上代码创建了一个名为 imgsUpload 的 Web 接口, 专用于处理图片的上传及图片信息的显示。其中, 内部使用了多线程 FtpUploadRunnable 类处理多张图片的同时上传问题, 该线程类的参考代码如下:

```
1   public class FtpUploadRunnable implements Runnable {
2       private String username;
3       private String password;
4       private String host;
5       private int port;
6       private String filePath;
7       private String fileName;
8       private InputStream input;
9       public FtpUploadRunnable(String username, String password,
10                             String host, int port, String filePath,
11                             String fileName, InputStream input) {
12          this.username = username;
13          this.password = password;
14          this.host = host;
15          this.port = port;
16          this.filePath = filePath;
17          this.fileName = fileName;
18          this.input = input;
19      }
20      @Override
21      public void run() {
22          FTPClient ftpClient = new FTPClient();
23          try {
24              int reply;
25              // 连接 FTP 服务器
26              ftpClient.connect(host, port);
```

```
27          // 如果允许匿名登录，则可以使用 anonymous 及空密码进行登录
28          ftpClient.login(username, password);
29          reply = ftpClient.getReplyCode();
30          if (!FTPReply.isPositiveCompletion(reply)) {
31              ftpClient.disconnect();
32          }
33          // 切换到上传目录
34          if (!ftpClient.changeWorkingDirectory(filePath)) {
35              // 如果目录不存在，则创建目录
36              String[] dirs = filePath.split("/");
37              String tempPath = "";
38              for (String dir : dirs) {
39                  if (null == dir || "".equals(dir)){
40                      continue;
41                  }
42                  tempPath += "/" + dir;
43                  if (!ftpClient.changeWorkingDirectory(tempPath) {
44                      if (!ftpClient.makeDirectory(tempPath)) {
45                      } else {
46                          ftpClient.changeWorkingDirectory(tempPath);
47                      }
48                  }
49              }
50          }
51          // 设置上传文件的类型为二进制
52          ftpClient.setFileType(FTP.BINARY_FILE_TYPE);
53          ftpClient.enterLocalPassiveMode();
54          // 上传文件
55          ftpClient.storeFile(
56              new String(fileName.getBytes("UTF-8"),
57                  "iso-8859-1"), input);
58          input.close();
59          ftpClient.logout();
60      } catch (IOException e) {
61          e.printStackTrace();
62      } finally {
63          if (ftpClient.isConnected()) {
64              try {
65                  ftpClient.disconnect();
66              } catch (IOException ioe) {
67              }
```

```
68              }
69          }
70      }
71  }
```

其中，最核心的部分是使用了 FtpClient 工具进行图片文件上传至 FTP 服务器的操作。可以简单地配置一个 FTP 服务器来进行测试。对于 CentOS7 等 Linux 系统，其有许多 FTP 服务的工具包安装和配置方法，这里先省略，下面以更为简单的 Windows 操作系统下的 FTP 服务搭建为例进行讲解。对于 Windows 操作系统，可以通过按【Windows+R】组合键在"运行"对话框的"打开"文本框中输入 control，再按图 11.8 所示的简易操作进行。

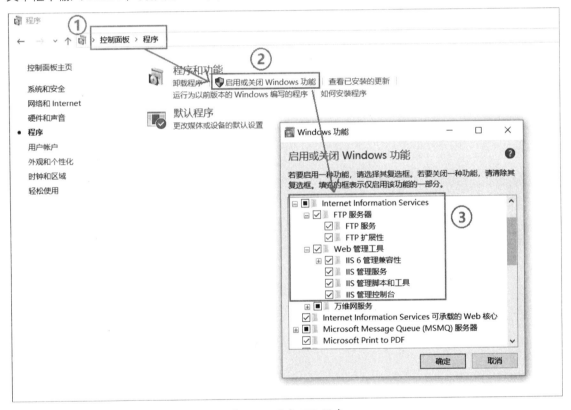

图 11.8　开启 FTP 服务

再次按【Windows+R】组合键，在"运行"对话框的"打开"文本框中输入 iis，进入 IIS 管理器，进行 FTP 服务的配置操作，如图 11.9 所示。

配置中可以指定 FTP 服务对应本机器的文件夹，以及开启的登录验证（可以开启匿名登录进行简单的 FTP 上传文件验证，开启后，匿名登录可以使用 anonymous 账号名和空密码进行操作）。

图 11.9　配置和启动 FTP 服务

成功操作后，可以通过下面的 Spring Boot 启动类进行 API 的启动操作。参考代码如下：

```
1  @SpringBootApplication
2  @EntityScan(basePackages = {"com.ljp.*.entity"})
3  @ComponentScan(basePackages = {"com.ljp.*"})
4  @EnableAutoConfiguration(exclude = {DataSourceAutoConfiguration
5  .class})
6  public class WebApiApp {
7      @Value("${multipart.maxFileSize}")
8      private String maxFileSize;
9      @Value("${multipart.maxRequestSize}")
10     private String maxRequestSize;
11     public static void main(String[] args) {
12         ApplicationContext context = SpringApplication
13             .run(WebApiApp.class, args);
14     }
15
16     /**
17      * 文件上传配置
18      * @return
19      */
20     @Bean
```

```
21    public MultipartConfigElement multipartConfigElement() {
22        MultipartConfigFactory factory = new
23          MultipartConfigFactory();
24        // 单个文件最大
25        factory.setMaxFileSize(maxFileSize); //KB, MB
26        // 设置总上传数据总大小
27        factory.setMaxRequestSize(maxRequestSize);
28        return factory.createMultipartConfig();
29    }
30 }
```

启动成功后，就可以通过浏览器访问图片选择和上传页面，并且单击"开始上传"按钮，进行图片的上传。操作成功后，可以看到服务器返回的 Json 信息，以及 FTP 服务器中会保存刚上传的图片。参考返回 Json 如下：

```
1  {
2    "rspCode": "SUCCESS",
3    "rspMsg": "成功",
4    "sysTime": "2019-07-29 10:41:09",
5    "token": null,
6    "data": [{
7      "fileName": "85f8948c-cca3-43a2-a2e9-f3378f5befe2.jpeg",
8      "fileSize": "95212.0",
9      "mime": "jpeg",
10     "oldName": "timg01.jpeg",
11     "width": "620",
12     "webApiPath": "http://172.20.46.23/uimg",
13     "urlPath": "/uimg/upload/2019-07-29/85f8948c-cca3-43a2-a2e9-
14       f3378f5befe2.jpeg",
15     "height": "417"
16   }, {
17     "fileName": "859b0c88-0109-4f4e-b258-e07c0ec56dbf.jpeg",
18     "fileSize": "47971.0",
19     "mime": "jpeg",
20     "oldName": "timg02.jpeg",
21     "width": "720",
22     "webApiPath": "http://172.20.46.23/uimg",
23     "urlPath": "/uimg/upload/2019-07-29/859b0c88-0109-4f4e-b258-
24       e07c0ec56dbf.jpeg",
25     "height": "480"
26   }, {
27     "fileName": "e6694230-39c8-43f7-aedd-90f969b2dbee.jpeg",
```

```
28        "fileSize": "115639.0",
29        "mime": "jpeg",
30        "oldName": "timg03.jpeg",
31        "width": "1000",
32        "webApiPath": "http://172.20.46.23/uimg",
33        "urlPath": "/uimg/upload/2019-07-29/e6694230-39c8-43f7-aedd-
34           90f969b2dbee.jpeg",
35        "height": "666"
36    }]
37  }
```

图片上传至 FTP 服务器，如图 11.10 所示。

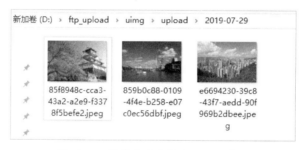

图 11.10　图片成功上传至 FTP 服务器

　　整个上传图片的过程，实际上系统是启动了三个 FTP 上传线程进行的，这对于多图片同时上传任务有着非常明显的加快效果。到此为止，我们就完成该训练的操作了。读者可以按照这样的示例继续完善，将其作为一个小工具运用到自己的数据处理系统中。

11.3　多线程加速数据获取

　　互联网上的数据每日都在不断地快速增长，如此巨大的数据量在给我们提供众多参考的同时，也带来了如何能让我们在巨大的海量数据中查找适合自己信息的问题。有时想查阅一些资料库，只靠搜索引擎及单击网页，未必能够快速得到全面的数据或得到自己想要的重点信息。

　　面对这一问题，就可以通过编写程序进行页面数据的获取，并且提取有用的信息，进行保存和分析。同时，通过多线程的运用，能够同时并发地发起数据获取的请求，进行高速的数据获取。

　　本训练通过开发一套多线程的数据获取工具，完成一个简单的海量数据获取操作。

　　改革开放后，随着我国经济的高速发展，高等教育特别是高等院校的扩建数量，也在最近十几年快速增加，高等院校由原来的 200 余所发展到 2500 余所，如果要短时间将这些高校一一列出，相信没有多少人能够做到，甚至 985、211 院校都包含哪些，一时间也无人能够非常准确地说出。

　　要获得较为全面的高校数据资料，可以进入一些高校官网或高校的门户网站，但有时这样的资料库形式的网站往往分页较多，而且穿插了许多广告或其他的链接跳转。如果逐页查阅，效率就会很低。

这时，不妨创建一个网页数据获取小工具，临时将一个介绍大学的资料库网站的内容保存起来，然后通过数据处理，将有用的信息，例如，大学的名称、重要属性提取出来，方便我们有针对性地进行分析比较。

我们可以采用 Java 及目前主流的 Spring Boot 框架，同时使用 IntelliJ IDEA 或 Eclipse 等集成开发环境进行快速开发。首先新建一个 Maven 组织形式的项目，一般在集成开发环境中选择 File → New → Project 命令，然后选择 Maven 组织形式的项目架构即可。在 GroupId、ArtifactId 文本框中输入相关信息，如图 11.11 所示。

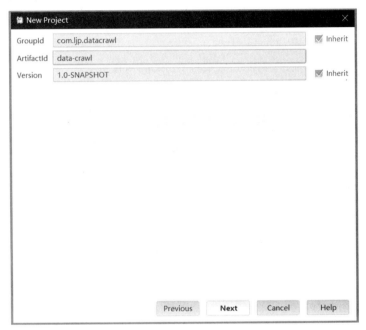

图 11.11　创建新的 Maven 组织形式的项目

GroupId 实际上对应项目存放的包名，ArtifactId 指代的是该新项目的总名称。创建完毕后，可以开始以下代码的编写。Maven 组件形式的项目一般包含一个包管理的 pom.xml 配置文件，需要使用 Java 8 及 Spring Boot V2.0，所以要进行以下的内容引入操作。参考代码如下：

```
1  <?xml version="1.0" encoding="UTF-8"?>
2  <project xmlns="http://maven.apache.org/POM/4.0.0"
3          xmlns:xsi="http://www.w3.org/2001/XMLSchema-instance"
4          xsi:schemaLocation="http://maven.apache.org/POM/4.0.0
5            http://maven.apache.org/xsd/maven-4.0.0.xsd">
6      <modelVersion>4.0.0</modelVersion>
7      <groupId>com.ljp.datacrawl</groupId>
8      <artifactId>data-crawl</artifactId>
9      <version>1.0-SNAPSHOT</version>
10     <parent>
```

```
11        <groupId>org.springframework.boot</groupId>
12        <artifactId>spring-boot-starter-parent</artifactId>
13        <version>2.0.4.RELEASE</version>
14        <relativePath/> <!-- lookup parent from repository -->
15    </parent>
16    <properties>
17        <project.build.sourceEncoding>UTF-8</project.build
18            .sourceEncoding>
19        <project.reporting.outputEncoding>UTF-8</project
20            .reporting.outputEncoding>
21        <java.version>1.8</java.version>
22    </properties>
23    <dependencies>
24        <!-- Spring Web 相关，如 MVC、应用服务器等  -->
25        <dependency>
26            <groupId>org.springframework.boot</groupId>
27            <artifactId>spring-boot-starter-web</artifactId>
28            <exclusions>
29                <exclusion>
30                    <groupId>org.springframework.boot</groupId>
31                    <artifactId>spring-boot-starter-tomcat
32                    </artifactId>
33                </exclusion>
34            </exclusions>
35        </dependency>
36        <dependency>
37            <groupId>org.springframework.boot</groupId>
38            <artifactId>spring-boot-starter-undertow</artifactId>
39        </dependency>
40        <!-- data jpa -->
41        <dependency>
42            <groupId>org.springframework.boot</groupId>
43            <artifactId>spring-boot-starter-data-jpa</artifactId>
44        </dependency>
45        <dependency>
46            <groupId>commons-io</groupId>
47            <artifactId>commons-io</artifactId>
48            <version>2.4</version>
49        </dependency>
50    </dependencies>
51    <build>
52        <plugins>
```

```
53              <plugin>
54                  <groupId>org.springframework.boot</groupId>
55                  <artifactId>spring-boot-maven-plugin</artifactId>
56              </plugin>
57          </plugins>
58      </build>
59  </project>
```

同时，在项目的 src → main → resources 目录下创建一个用于 Spring Boot 配置的 application.properties 文件。参考的配置代码如下：

```
1   //Spring MVC 配置
2   spring.mvc.view.prefix=/
3   spring.mvc.view.suffix=.jsp
4   spring.http.encoding.charset=utf-8
5   spring.http.encoding.enabled=true
6   spring.http.encoding.force=true
7   //Server
8   server.port=8080
9   // 高校资料库网址
10  base.university.info.url=http:/XXXXXX/school/
```

对于一些资料库类型的网站，其资料页面是通过 ID 或 index 序号进行排序和访问的。例如，某高校介绍网站，它所包含的高校信息都可以通过最末尾的 ID 或 index 进行不同高校的数据切换访问，如图 11.12 所示。

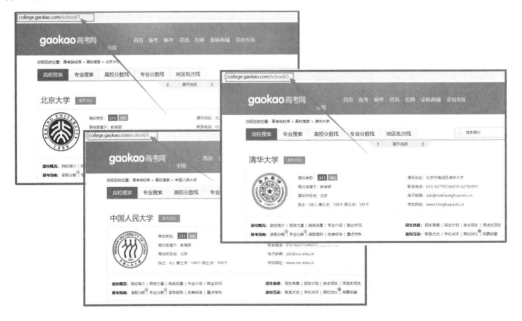

图 11.12　某类高校资料库中不同高校数据通过 ID 或 index 切换

对于这样有规律的资料库型网站，可通过编写相关的规则工具来进行数据的获取。先创建项目的文件架构，如图 11.13 所示。

图 11.13　资料库数据获取的文件架构

其中，GetInfoController 是数据获取 API。参考代码如下：

```
1   @RestController
2   @RequestMapping("/")
3   @CrossOrigin
4   public class GetInfoController {
5       @Value("${base.university.info.url}")
6       private String baseUniversityInfoURL;
7       @GetMapping(value = "/getUnivInfo")
8       public void getUnivInfo(HttpServletRequest httpRequest){
9           int startIndex = Integer.parseInt(
10              httpRequest.getParameter("startIndex")
11          );
12          int endIndex = Integer.parseInt(
13              httpRequest.getParameter("endIndex"));
14          for (int i = startIndex; i <= endIndex; i++){
15              GetWebPageRunnable getWebPageRunnable = new
16                  GetWebPageRunnable(baseUniversityInfoURL + i,
```

```
17              "school_" + i);
18          Thread getWebPageStarter = new
19            Thread(getWebPageRunnable);
20          getWebPageStarter.start();
21          // 为避免一次发送请求过多，出现 HTTP-429 问题，
22          // 所以加入一个短暂的时间间隔
23          try {
24              Thread.sleep(100);
25          } catch (InterruptedException e) {
26              e.printStackTrace();
27          }
28      }
29  }
30 }
```

startIndex 是资料库中起始的高校 ID，endIndex 是希望结束获取的最后一所高校的 ID。目前中国有 2500 多所高校，所以 startIndex 和 endIndex 可以定义为 1~2500。对于每一个高校的信息页面，都会建立一个独立的线程进行数据的获取。但在极短的时间内建立大量的线程，有可能会造成对高校资料库这类网站高并发的访问。

为避免一次发送请求过多，出现 HTTP-429 问题，所以需要在每次新建一个线程的数据获取请求时，都加入一个短暂的时间间隔。这里网页的数据获取线程 GetWebPageRunnable 的参考代码如下：

```
1  public class GetWebPageRunnable implements Runnable {
2      // 使用 RestTemplate 发起 HTTP 请求
3      RestTemplate restTemplate = new RestTemplate();
4      private String url = "";
5      private String saveFileName = "";
6      public GetWebPageRunnable(String url, String fileName){
7          this.url = url;
8          this.saveFileName = fileName;
9      }
10     @Override
11     public void run() {
12         String result = restTemplate.getForObject(url, String.class);
13         try {
14             // 进行 utf-8 字符集转换
15             result = new String(result.getBytes("utf-8"));
16         } catch (UnsupportedEncodingException e) {
17             e.printStackTrace();
18         }
19         if (result != null) {
20             // 将获取的数据写入文件
```

```
21          WriterUtils.writeFile(saveFileName, ".txt", result);
22      }
23    }
24 }
```

这里使用了 Spring 自带的 RestTemplate 工具类进行 HTTP 请求的发起。RestTemplate 是专门针对 Restful 架构风格的 API 而设计的请求发起工具，除了能进行传统的 GET、POST 等 HTTP 动词的 API 或 URL 请求发起外，还能进行 PUT、DELETE、PATCH 等 HTTP 动词的请求发起。由于这里只是普通的网页数据获取，因此只需使用 RestTemplate 中的 GET 方法，即 getForObject( ) 方法即可。

获取到数据后，需要按照网页的编码进行相关的字符集设置，以及将数据临时保存到一个文件当中。写文件的工具类 WriterUtils 的参考代码如下：

```
1  public class WriterUtils {
2    public static boolean writeFile(String fileName,
3      String expandedName, String content) {
4        // 文件的保存文件夹
5        String fileDir = "file_folder";
6        File dir = new File(fileDir);
7        // 若文件夹不存在，则创建
8        if (!dir.exists()) {
9            dir.mkdirs();
10       }
11       String dateStr = DateUtils.formatDateToString(new Date(),
12         DateUtils.DATE_FORMAT_YMD);
13       String fileDateDir = fileDir + File.separator + dateStr;
14       File dateDir = new File(fileDateDir);
15       if (!dateDir.exists()) {
16           dateDir.mkdirs();
17       }
18       String dateStr1 = DateUtils.formatDateToString(new Date(),
19         "yyyyMMddHHmmssSSS");
20       String name = fileDateDir + File.separator + fileName +
21         "_" + dateStr1 + expandedName;
22       try {
23           // 按 utf-8 编码写入文件
24           FileUtils.writeStringToFile(new File(name), content, "utf-8");
25           return true;
26       } catch (IOException e) {
27           return false;
28       }
29    }
30 }
```

完成了以上的操作，就可以启动 Spring Boot，项目中的 WebApiApp 就是 Spring Boot 的启动类。参考代码如下：

```
 1  @SpringBootApplication
 2  @EntityScan(basePackages = {"com.ljp.*.entity"})
 3  @ComponentScan(basePackages = {"com.ljp.*"})
 4  @EnableAutoConfiguration(exclude = {DataSourceAutoConfiguration.class})
 5  public class WebApiApp {
 6    public static void main(String[] args) {
 7      ApplicationContext ctx = SpringApplication.run(
 8        WebApiApp.class, args);
 9    }
10  }
```

当通过 WebApiApp 将项目启动后，就可以通过浏览器调用数据获取的 API，来获取比较全面的高校信息。在浏览器中输入如下信息：

```
 1  http://localhost:8080/getUnivInfo?startIndex=1&endIndex=2500
```

同时，可以进入项目所在的文件夹中参阅高校信息获取后以文件形式输出的保存情况，如图 11.14 所示。

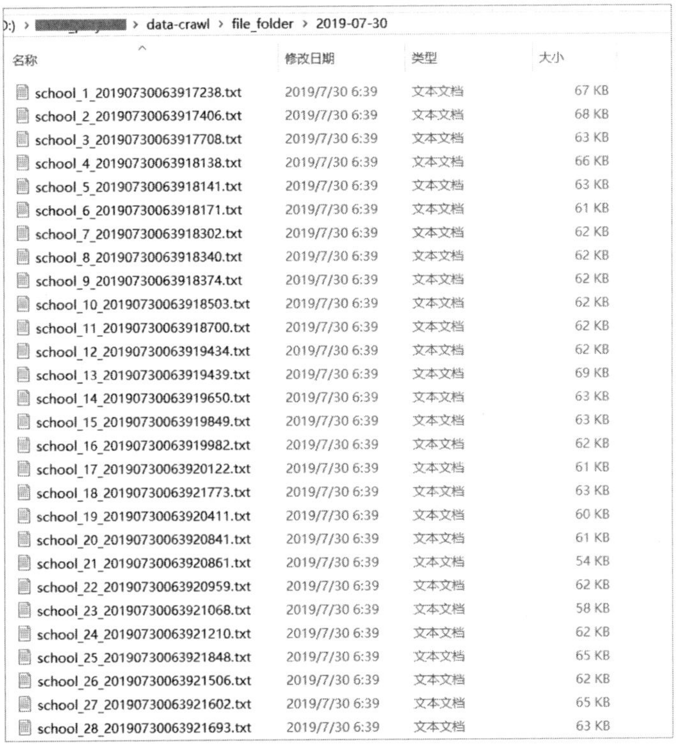

图 11.14　获取到的高校数据以文件形式保存下来

可以打开其中的一些文件进行查阅，里面会是一些包含高校信息的 HTML 静态代码。参考代码如下：

```
1    ……// 省略部分信息
2    <div class="bg_sez">
3            <h2>
4                        清华大学
5                    <a href="http://XXXXXX/schoolvs/3/pk/"
6    class="college_com leftMargin10">高校对比 </a>
7            </h2>
8            <div class="college_msg bk">
9            <dl>
10                        <dt class="left">
11   <img src="http://XXXXXX/style/college/images/icon/3.png"
12     onerror="this.src='http://XXXXXX/style/college/images/icon_
13     default.png'" width="121" height="121" alt=" 清华大学 " /></dt>
14                        <dd class="left">
15                    <ul class="left basic_infor">
16                        <li> 高校类型:
17   <span class="c211">211</span>
18     <span class="c985">985</span></li>
19                            <li> 高校隶属于: 教育部 </li>
20                            <li> 高校所在地: 北京 </li>
21                            <li> 院士: 68 人 博士点: 198 个 硕士点: 181 个 </li>
22                    </ul>
23                    <ul class="left contact">
24                        <p>
25   通讯地址: 北京市海淀区清华大学 <br />
26   联系电话: 010-62770334;010-62782051<br />
27   电子邮箱: zsb@mail.tsinghua.edu.cn<br />
28   学校网址: www.tsinghua.edu.cn</p>
29                        </ul>
30                    </dd>
31            </dl>
32        </div>
33        <div class="hr_10"></div>
34        <div class="sm_nav bk">
35   ……// 省略部分信息
```

有时，一个页面中所包含的内容并非都是我们需要的，所以接下来可以进行数据的再次精炼提取。可以通过自己编写正则表达式，或者使用 HTML/XML 等解析框架，甚至通过 substring( ) 方法来对刚才保存下来的含 HTML 内容的文本再次进行数据解析，提取自己感兴趣的、有用的信息。

下面通过新增读取文件方法及标签识别查找合适的高校参数信息的位置，并将其提取出来，保存到另外一份汇总的文件中，方便进行新数据的分析。新建的文件读取及高校数据提取的参考代码如下：

```java
public class ReaderUtils {
    public static String readFile(String filePathAndName){
        String result = "";
        try {
            result = FileUtils.readFileToString(new
                File(filePathAndName));
        } catch (IOException e) {
            e.printStackTrace();
        }
        return result;
    }
    public static void main(String[] args){
        String filePath = "D:\\2019_projects\\data-crawl\\
            file_folder" + "\\2019-07-30\\";
        File file = new File(filePath);
        if (!file.isDirectory()) {
            System.out.println(" 文件 ");
            System.out.println("path=" + file.getPath());
            System.out.println("absolutepath=" +
                file.getAbsolutePath());
            System.out.println("name=" + file.getName());
        } else if (file.isDirectory()) {
            System.out.println(" 文件夹 ");
            int i = 1;
            for (File tmpFile : file.listFiles()){
                String result = ReaderUtils.readFile(filePath +
                    "\\" + tmpFile.getName());
                try{
                    String universityName = result
                        .substring(result
                            .indexOf("<div class=\"bg_sez\">") +
                                48,result
                            .indexOf("class=\"college_com
                                leftMargin10\">" +
                                " 高校对比 </a>") - 60);
                    String universityLevel = result
```

```
37              .substring(result
38                  .indexOf("<li>高校类型: ") + 10, result
39                  .indexOf("<li>高校隶属于") - 10);
40              ;
41              // 去除换行符
42              universityName = universityName.replace("/r", "")
43                  .replace("/n", "").trim();
44              universityLevel = universityLevel
45                  .replace("/r", "")
46                  .replace("/n", "").trim();
47              System.out.println(i + " : " +
48                  universityName + " -- " +
49                  universityLevel.replace("</li>", ""));
50          }catch(Exception e){
51              System.out.println(" 提取信息时发生错误,
52                  导致该大学信息无法提取, " + " 编号为: " + i);
53          }
54          i++;
55          }
56      }
57   }
58 }
```

运行的参考结果如下:

```
 1    1 : 电子科技大学中山学院 -- -----
 2    2 : 武汉科技大学中南分校 -- -----
 3    3 : 华中科技大学武昌分校 -- -----
 4    4 : 北京工业职业技术学院 -- -----
 5    5 : 北京信息职业技术学院 -- -----
 6    6 : 北京电子科技职业学院 -- -----
 7    7 : 北京科技经营管理学院 -- -----
 8    8 : 北京吉利学院 -- -----
 9    9 : 北京农业职业学院 -- -----
10   10 : 北京戏曲艺术职业学院 -- -----
11   11 : 西藏大学 -- <span class="c211">211</span>
12   12 : 北京京北职业技术学院 -- -----
13   13 : 北京经贸职业学院 -- -----
14   14 : 北京经济技术职业学院 -- -----
15   15 : 北京北大方正软件职业技术学院 -- -----
16   16 : 北京财贸职业学院 -- -----
17   17 : 民办天狮职业技术学院 -- -----
```

```
18    18 ： 天津滨海职业学院 -- -----
19    19 ： 天津工程职业技术学院 -- -----
20    20 ： 天津现代职业技术学院 -- -----
21    21 ： 天津轻工职业技术学院 -- -----
22    22 ： 西北大学 -- <span class="c211">211</span>
23    23 ： 天津电子信息职业技术学院 -- -----
24    24 ： 天津公安警官职业学院 -- -----
25    25 ： 天津机电职业技术学院 -- -----
26    26 ： 天津渤海职业技术学院 -- -----
27    27 ： 天津中德职业技术学院 -- -----
28    28 ： 天津青年职业学院 -- -----
29    ……// 省略部分高校资料
30    606 ： 广东文艺职业学院 -- -----
31    607 ： 广东工程职业技术学院 -- -----
32    608 ： 广西警官高等专科学校 -- -----
33    609 ： 广西政法管理干部学院 -- -----
34    610 ： 天津外国语学院 -- -----
35    611 ： 陕西工运学院 -- -----
36    612 ： 白银有色金属公司职工大学 -- -----
37    613 ： 新疆教育学院 -- -----
38    614 ： 北京经济管理职业学院 -- -----
39    615 ： 北京政法职业学院 -- -----
40    616 ： 南宁地区教育学院 -- -----
41    617 ： 辽宁商贸职业学院 -- -----
42    618 ： 辽宁文化艺术职工大学 -- -----
43    619 ： 兰州教育学院 -- -----
44    620 ： 赣南教育学院 -- -----
45    621 ： 天津商业大学 -- -----
46    622 ： 河北管理干部学院 -- -----
47    623 ： 哈尔滨市职工医学院 -- -----
48    624 ： 黑龙江生态工程职业学院 -- -----
49    625 ： 武汉冶金管理干部学院 -- -----
50    626 ： 山东电力高等专科学校 -- -----
51    627 ： 山西政法管理干部学院 -- -----
52    628 ： 河北青年管理干部学院 -- -----
53    629 ： 江苏省青年管理干部学院 -- -----
54    630 ： 广东行政职业学院 -- -----
55    ……// 省略部分高校资料
56    1109 ： 南京大学 -- <span class="c211">211</span>
57    <span class="c985">985</span>
58    1110 ： 北京大学 -- <span class="c211">211</span>
59    <span class="c985">985</span>
```

```
60    1111 ：黑龙江民族职业学院 -- -----
61    1112 ：七台河职业学院 -- -----
62    1113 ：黑龙江信息技术职业学院 -- -----
63    1114 ：黑龙江农垦林业职业技术学院 -- -----
64    1115 ：黑龙江公安警官职业学院 -- -----
65    ……// 省略部分高校资料
66    1805 ：广州体育学院 -- -----
67    1806 ：广州美术学院 -- -----
68    1807 ：星海音乐学院 -- -----
69    1808 ：广东技术师范学院 -- -----
70    1809 ：深圳大学 -- -----
71    1810 ：广东财经大学 -- -----
72    1811 ：广西科技大学 -- -----
73    1812 ：桂林电子科技大学 -- -----
74    1813 ：桂林工学院 -- -----
75    1814 ：中南大学 -- <span class="c211">211</span>
76    <span class="c985">985</span>
77    1815 ：广西医科大学 -- -----
78    1816 ：右江民族医学院 -- -----
79    1817 ：广西中医学院 -- -----
80    1818 ：桂林医学院 -- -----
81    1819 ：广西师范大学 -- -----
82    1820 ：广西师范学院 -- -----
83    1821 ：河池学院 -- -----
84    1822 ：玉林师范学院 -- -----
85    1823 ：广西艺术学院 -- -----
86    1824 ：广西民族大学 -- -----
87    1825 ：华中科技大学 -- <span class="c211">211</span>
88    <span class="c985">985</span>
89    1826 ：清华大学 -- <span class="c211">211</span>
90    <span class="c985">985</span>
91    ……// 省略部分高校资料
92    1986 ：防灾科技学院 -- -----
93    1987 ：海南医学院 -- -----
94    1988 ：东莞理工学院 -- -----
95    1989 ：山东财政学院 -- -----
96    1990 ：首钢工学院 -- -----
97    1991 ：上海政法学院 -- -----
98    1992 ：北京体育大学 -- <span class="c211">211</span>
99    1993 ：集美大学 -- -----
100   1994 ：宝鸡文理学院 -- -----
101   1995 ：青岛大学 -- -----
```

```
102     1996 :  佛山科学技术学院 -- -----
103     1997 :  广东外语外贸大学 -- -----
104     1998 :  广东工业大学 -- -----
105     1999 :  首都经济贸易大学 -- -----
106     2000 :  哈尔滨理工大学 -- -----
107     2001 :  武汉科技大学 -- -----
108     ……// 省略部分高校资料
109     2401 :  华南师范大学 -- <span class="c211">211</span>
110     2402 :  赣南师范学院科技学院 -- -----
111     2403 :  福州大学阳光学院 -- -----
112     2404 :  福州大学至诚学院 -- -----
113     2405 :  河南师范大学新联学院 -- -----
114     2406 :  信阳师范学院华锐学院 -- -----
115     2407 :  安阳师范学院人文管理学院 -- -----
116     2408 :  河南理工大学万方科技学院 -- -----
117     2409 :  兰州交通大学博文学院 -- -----
118     2410 :  兰州理工大学技术工程学院 -- -----
119     2411 :  山西大学商务学院 -- -----
120     2412 :  海南大学 -- <span class="c211">211</span>
121     2413 :  山西农业大学信息学院 -- -----
122     2414 :  新疆大学科学技术学院 -- -----
123     2415 :  新疆农业大学科学技术学院 -- -----
124     2416 :  江南大学太湖学院 -- -----
125     2417 :  东北大学大连艺术学院 -- -----
126     2418 :  吉林艺术学院动画学院 -- -----
127     2419 :  安徽工程科技学院机电学院 -- -----
128     2420 :  安徽工业大学工商学院 -- -----
129     ……// 省略部分高校资料
```

从上面提取的 2000 多所高等院校中，我们可以看出，这十几年国家的高等教育的发展很快，除了原来一些老牌重点高等院校外，还新增了许多本科院校、大专、职业技术学院、民办学院等。这些院校都是国家高等院校和高等教育的重要组成部分，为社会各行各业输出了许多优秀人才。

到此，多线程加速数据获取实战就完成了。

11.4 大数据消息中心的设计

大型的互联网系统都有庞大的用户管理中心。每当有活动或产品信息需要推广时，这类系统就需要向庞大的用户群体发送消息进行通知。这类消息往往包含多种形式，例如，APP端的通知栏提醒、网页端的消息小弹窗、红点、角标、短信通知、邮件等。

针对如此海量和复杂的大数据消息，我们往往会将这样的消息服务独立处理，进行消息子系统或消息中心的建设。

本训练介绍开发独立的大数据消息中心的设计思路，方便读者自行尝试构建一个支持多种消息形式的，以及支持大用户量的消息中心。

一个系统的开发往往需要分析和制定功能性需求及非功能性需求。

功能性需求如下。

（1）大数据消息中心可帮助开发者通过 RESTful APIs 或运维人员通过 Console 后台快速地向一个或多个应用的用户推送消息，并通过多渠道、多平台、多方式及时提醒用户。

（2）具有权限进入大数据消息中心后台的用户，可创建属于自己的相关应用。

（3）应用的创建者可设置一些具有权限进入大数据消息中心后台的用户成为该应用的成员，成员的身份可分为管理者、使用者和访问者。

（4）不同的应用之间可以彼此设置对方为自己的从属应用，从而在拉取消息时可选择性地拉取从属应用的消息。

（5）具有权限进入大数据消息中心后台的用户，其创建或其能管理的应用可灵活自定义消息类别。

（6）具有权限进入大数据消息中心后台的用户，可对其应用根据已支持的渠道厂商进行相关的渠道设置。

（7）具有权限进入大数据消息中心后台的用户，在属于自己的应用下，可定制相关的消息方案模板，方便以后重用。

（8）具有权限进入大数据消息中心后台的用户，能够按向导页提示，通过从零开始或选择已有方案发起消息的推送请求。

（9）具有权限进入大数据消息中心后台的用户，可以追踪其管理下应用的已成功推送的消息的详细记录。

（10）作为业务系统的接入人员，可以通过消息中心暴露出来的 RESTful APIs 发起消息发送的请求。

（11）作为业务系统的接入人员，可以通过灵活的参数拉取某一用户的部分最新消息，以及未读、已读消息。

（12）普通互联网用户（消息的受众）通过统一认证中心验证后，进入消息中心的消息盒子，能进行和自己相关的最新、已读、未读消息的查阅。

（13）成功登录到消息中心后台的使用者，能够为消息选择包括 APP 端（Android、iOS 系统）、PC 端、WeChat 端、SMS、E-mail 五种渠道中的 0 到多种提醒方式。

非功能性需求如下。

（1）系统接入人员在调用大数据消息中心 API 时，能在 1 秒内得到响应。

（2）消息中心接收到发送请求后，第一条送达用户的消息前后不超过 30 秒。

（3）消息中心的 API 能承受 1 分钟内数千次的调用，对于一次调用，能承受 10 万个用户的发送请求。

（4）消息中心能保存近 × 个月的消息明细、近 × 年的相关消息统计。

（5）如果以后数据量大，能通过快速地增加硬件和软件的部署，即刻完成大数据量大业务量的需求。

（6）系统提供 7 × 24 小时的服务，并要求在 99% 的时间内是可用的。

以上就是该大数据消息中心的功能性需求和非功能性需求的描述。上面的一些需要及要求较为全面地介绍了一个消息中心应当配备的基本能力。如果读者能够继续分析和细想，可以加入更多的功能性需求和非功能性需求进行补充。

同时，我们还可以通过用例图介绍消息中心的功能及系统边界，如图 11.15 所示。

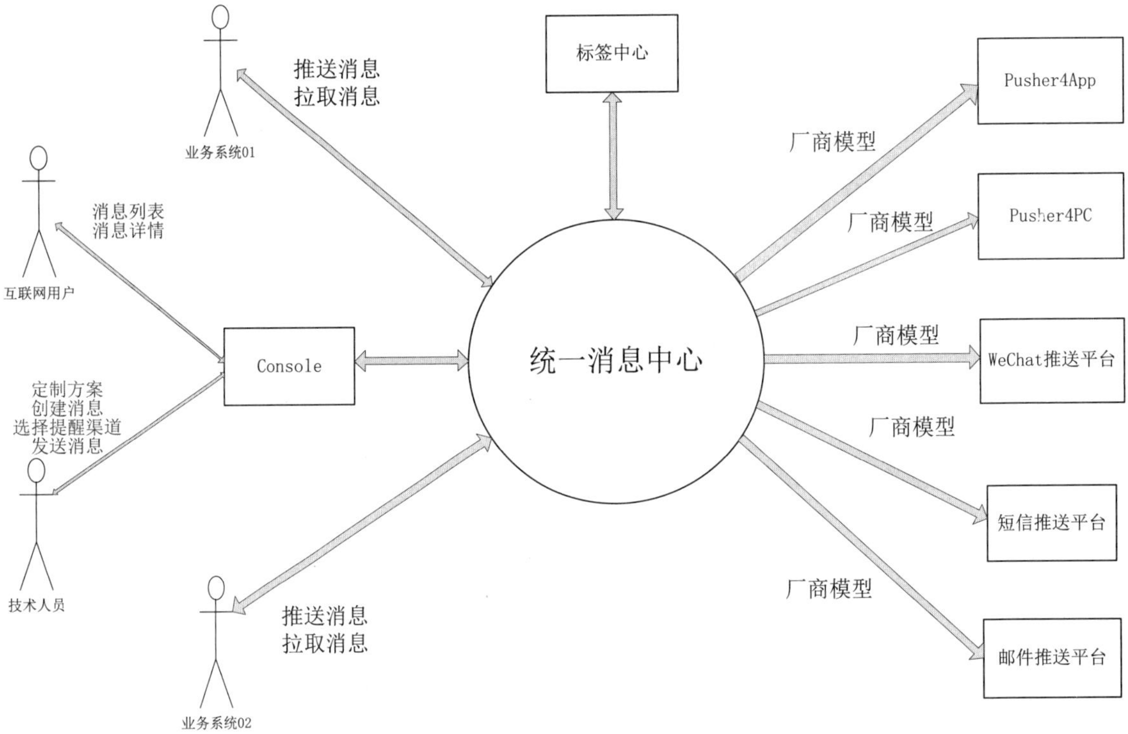

图 11.15　消息中心用例图

其中，Console 是大数据消息中心的可视化管理界面，有权限登录的人员能在 Console 端页面进行自己所属应用的方案设置、消息发送等操作，而最终这些操作都是调用大数据消息中心的 RESTful API 进行交互的。Pusher4App 是配合大数据消息中心核心引擎而写的一套针对 APP 实现消息提醒功能的 APP 推送平台，Pusher4PC 是配合大数据消息中心核心引擎而写的针对 PC Web 端页实现消息提醒功能的 PC 推送平台。

大数据消息中心内部主要包含几大组件程序，包括 Console、Server、Kafka、标签中心（会员中心）、MySQL（数据库）、Scheduler、Dispatcher 等各个渠道的 Pusher 平台。其中，核心模块 Server、Scheduler、Dispatcher 通过 Kafka 进行消息通信，同时也达到了解耦的作用，能更好地分布式部署各个核心模块，也方便以后进行硬件上的扩容。

图 11.16 所示为大数据消息中心架构。

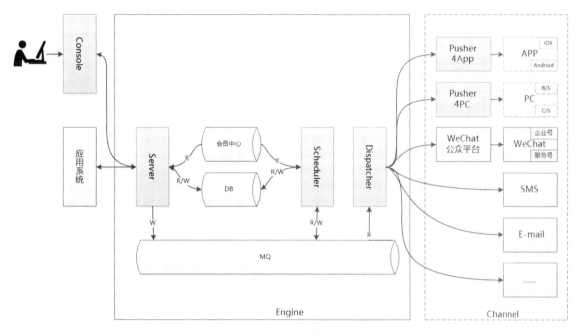

图 11.16　大数据消息中心架构

从图 11.16 中可以看出，由于 Server、Scheduler、Dispatcher 等核心部件是通过 MQ 进行消息通信的，因此具有良好的解耦能力和伸缩性。其中，Server 是与应用系统或开发人员直接交互的模块，其提供了 RESTful API，可以方便地为加入消息中心的应用系统提供不同消息类别的内容及进行消息的推送。另外，为方便用户可视化地进入大数据消息心中进行一些消息的核心操作，还开发了前置的 Console 模块，该模块与其他应用系统一样，也调用了 Server 提供的 RESTful API 进行消息的操纵。

表 11.1 所示为大数据消息中心中用到的组件及说明。

表11.1　大数据消息中心用到的组件及说明

组件	组件职责 & 非功能性需求
Kafka	职责：负责大数据量的请求处理，将其缓存入队列；另外，作为连接项目中拆分出来的多个模块，进行分布式消息通信的中间件 非功能性需求：能在 1 分钟内处理上 ×× 次的推送请求
Quartz	职责：处理大数据量的作业调度和管理作业，将作业持久化 非功能要求：能同时进行 ×× 数量级的作业请求
Spring Batch	职责：处理大数据量的批处理，并将批处理数据持久化，规范批处理流程 非功能性需求：能处理 ×× 数据量的批处理请求
Console	职责：大数据消息中心的消息盒子及后台管理系统的 Web 操作端 非功能性需求：能有良好的用户界面，遵循用户的使用习惯
Server/Server API	职责：为 Console 及接入大数据消息中心的用户提供 RESTful API 非功能性需求：能 1 秒内快速地响应用户调用请求，能承受 1 分钟内 ×× 万次的大数据量请求调用
Scheduler	职责：负责协调和管理作业请求，以及将作业请求持久化到数据库，通过 Kafka 连接前后的 Server 和 Dispatcher 非功能性需求：能承受 1 分钟万次的大数据量请求
Dispatcher	职责：处理请求的提醒方式，获取 Scheduler 传送过来的渠道参数，封装成各类推送厂商的模型，将其给到相对应的 Pusher 处理平台 非功能性需求：能承受 1 分钟万次的大数据量请求
Pusher(s)	职责：针对不同的消息提醒渠道，会有不同厂商的 Pusher 平台来处理该渠道下的提醒功能，如 APP 渠道的消息提醒、PC 渠道的 Web 页面的消息提醒等 非功能性需求：能承受 1 分钟万次的大数据量请求

图 11.17 所示为组件的静态关系。

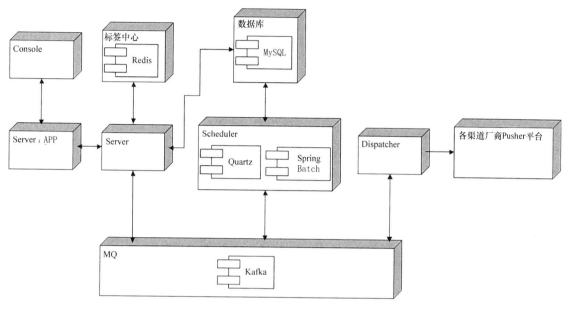

图 11.17　组件的静态关系

图 11.17 中最底层的 Kafka 作为 MQ 与 Server、Scheduler、Dispatcher 三个组件相连，三个组件之间的交互通过 MQ 的消息通信来进行。这样的设计为三个重要组件提供了分布式部署的可能性，也增大了整个消息中心的伸缩性。

可以细分各个组件的任务，得到图 11.18 所示的组件交互流程。

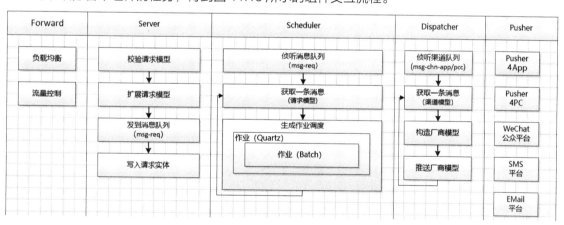

图 11.18　组件交互流程

其中，作业 Batch 的详细流程如图 11.19 所示。

图 11.19　作业 Batch 的详细流程

图 11.18 详细说明了各个重要核心组件之间的职责及所需要处理的流程。其中几个重要组件引用后所做的工作也比较清晰地展现出来了。Server 主要提供 RESTful API，以及处理和响应前方的请求，将请求记录入库及写入 MQ 当中。Scheduler 承担了最多的处理流程，涉及了作业调度的持久化和处理，以及作业的规划流程等。Dispatcher 起到了对提醒功能的分发作用，其前后衔接着大数据消息中心和各个能提供不同渠道提醒功能的厂商。

有了流程的设计，还需要考虑数据模型包含哪些基本内容。下面来看数据架构模型（Data Model）的参考代码，如下：

```
1   // 实体数据模型:
2   // 消息提醒 (Reminding)
3   {
4       options: Map<String, Object>,                    // 选项
5       channels: Map<String, Map<String, Object>>       // 渠道
6   }
7   // 消息受众 (Audience)
8   {
9       tags: Set<Set<String>>,                          // 标签
10      aliases: Set<String>                             // 别名
11  }
12  // 抽象消息 (MessageAbstract)
13  {
14      title: String,                                   // 标题
15      content: String,                                 // 内容
16      category: String,                                // 类别
17      extras: Map<String, Object>,                     // 附加信息
18      audience: Audience,                              // 受众
19      reminding: Reminding                            // 提醒
20  }
21  // 请求型消息 (MessageRequesting)，继承自抽象消息 (MessageAbstract)
22  {
23      contentParameters: Object[]                      // 消息内容参数
24  }
25  // 消息 (Message)，继承自抽象消息 (MessageAbstract)
26  {
27      id: String,                                      // 标识
28      timestamp: Date,                                 // 消息时间
29      application: String                              // 应用标识
30  }
31  // 拉取型消息 (MessageRequesting)，继承自消息 (Message)
32  {
```

```
33      state: String                                      // 情形
34   }
35   // 请求型子弹 (BulletRequesting)
36   {
37      solution: String,                                   // 方案编码
38      runtime: Date,                                      // 执行时间
39      message: MessageRequesting                          // 请求型消息
40   }
41   // 子弹 (Bullet)，继承自拉取型子弹 (BulletRequesting)
42   {
43      group: String,                                      // 组别
44      name: String,                                       // 编码
45      application: String,                                // 应用标识
46      mode: String                                        // 执行模式: normal、 test
47   }
48   // 弹夹 (Clip)
49   {
50      bullets: List<BulletRequesting>
51   }
52   // 渠道相关模型
53   // 渠道受众 (Audience)
54   {
55      aliases: Set<String>                                // 别名
56   }
57   // 渠道抽象提醒 (RemindingAbstract)
58   {
59      options: Map<String, Object>,                       // 选项
60      platforms: Set<String>,                             // 平台
61      behaviors: Set<String>                              // 表现
62   }
63   //APP 渠道提醒 (Reminding4App)，继承自渠道抽象提醒 (RemindingAbstract)
64   {
65      android: Map<String, Map<String, Object>>, //Android 平台的附加
66      ios: Map<String, Map<String, Object>>,          //iOS 平台的附加和选项
67      notification: Map<String, Map<String, Object>> //各个平台的通知表现样式
68   }
69   //PC 渠道提醒 (Reminding4PC)，继承自渠道抽象提醒 (RemindingAbstract)
70   {
71      browser: Map<String, Map<String, Object>>, //Browser 平台的附加
72      desktop: Map<String, Map<String, Object>>, //Desktop 平台的附加
73      notification: Map<String, Map<String, Object>> // 各个平台的通知表现样式
74   }
```

```
75   // 渠道头 (ChannelHeaders)，继承自 LinkedHashMap<String, Object>
76   {
77       application: String,                        // 应用标识
78       channel: String,                            // 渠道名称：APP、 PC、 ...
79       ...
80   }
81   // 渠道体 (ChannelPayload)
82   {
83       id: String,                                 // 消息标识
84       title: String,                              // 消息标题
85       content: String,                            // 消息内容
86       timestamp: Date,                            // 消息时间
87       category: String,                           // 消息类别
88       extras: Map<String, Object>,                // 消息附加
89       audience: Audience,                         // 受众
90       reminding: RemindingAbstract                // 提醒
91   }
92   // 渠道 (Channel)
93   {
94       headers: ChannelHeaders,
95       payload: ChannelPayload
96   }
97   // 厂商相关模型
98   // 抽象厂商 (Supplier)
99   {
100      options: options,                           // 选项
101      platform: Set<String>,                      // 平台
102      audience: Map<String, Set<String>>          // 受众
103  }
104  //APP 厂商 (Supplier4App4InfXXXXX)，继承自抽象厂商 (Supplier)
105  {
106      message: Map<String, Object>,
107      appInfoDto: Map<String, Object>
108  }
109  //Jiguang APP 厂商 (Supplier4App4Jiguang)，继承自抽象厂商 (Supplier)
110  {
111      notification: Map<String, Map<String, Object>>
112  }
113  //PC 厂商 (Supplier4Pcp4Macula)，继承自抽象厂商 (Supplier)
114  {
115      notification: Map<String, Map<String, Object>>
116  }
```

这些数据模型之间的关系如图 11.20 所示。

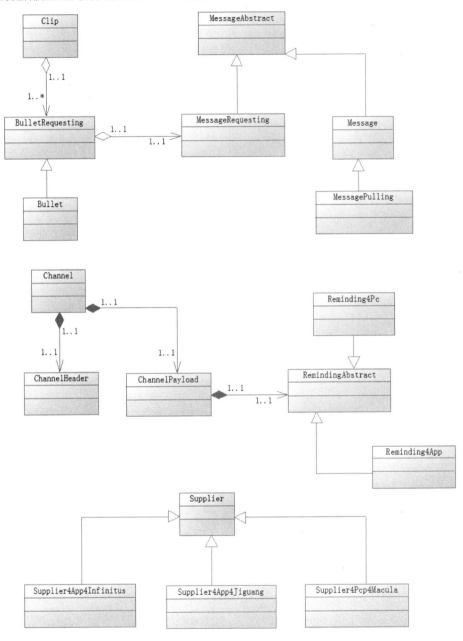

图 11.20　使用类图展示数据模型之间的关系

　　图 11.20 展示出了最上层实体数据类之间的关系。其中，消息和提醒的类之间的继承和关联、消息原子请求聚合而成为请求组、渠道的组合及各个渠道提醒的关系、供应商的信息等，都通过类关系图展现了出来。

针对上面的类图，可以将其转化为图 11.21 和图 11.22 所示的数据库表关系图。其中，图 11.21 所示的数据表是消息业务相关的数据表。

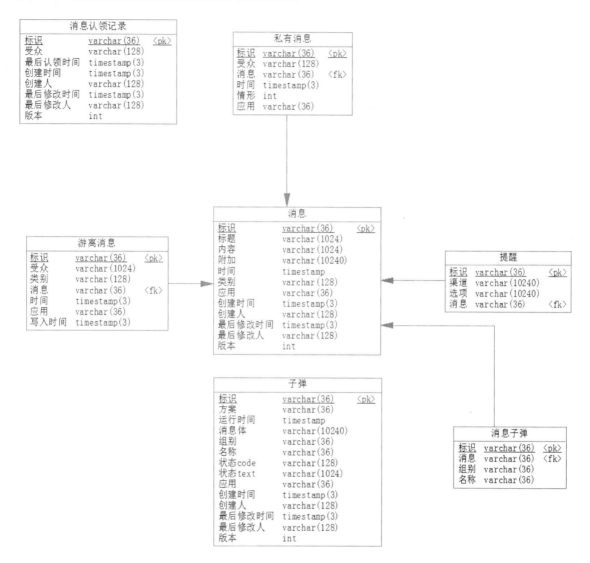

图 11.21 消息中心模型的数据库表（1）——消息业务相关数据表

业务的数据是可以通过相关配置信息生成的，所以图 11.22 所示的数据表是消息配置相关的数据表。

图 11.22 所示为数据库表及各表关系的详细设计图，可以看出其分成了四个层次，每一个层次都巧妙地完成一类事情。例如，最底层中包含应用相关的数据表，以及字典数据的相关信息，这主要是为了让接入的应用能量身定制一些自己特有的属性，并将这样的应用持久化记录下来。

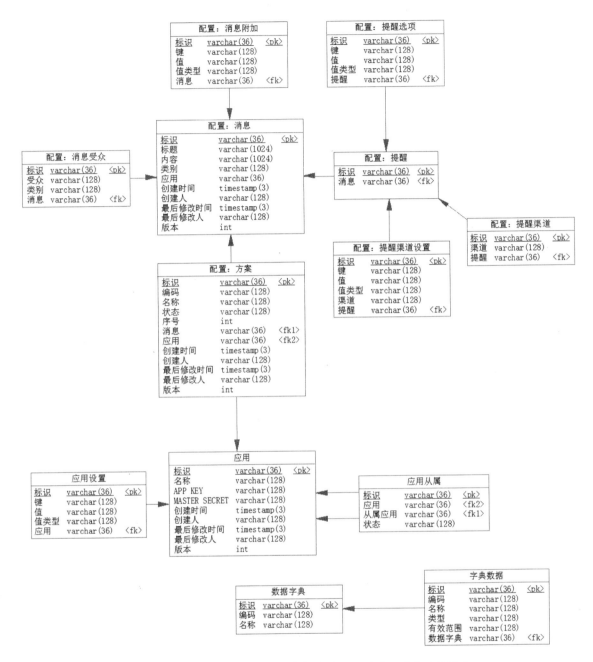

图 11.22 消息中心模型的数据库表（2）——消息配置相关数据表

再往上就是第二层的配置层和第三层的业务实体层，这两层都是与消息和提醒相关的数据表，但两者有些不同，其中第二层主要是记录配置信息，这些配置信息是以方案为核心的消息配置信息，为方便以后重用这一类消息的模板而设计；第三层真正对应于业务中的真实消息，是直接与用户相关的消息体及提醒。第四层是与用户相关的消息关联表，该设计巧妙地解决了大数据下消息的快速保存和访问问题。

表 11.2 所示为组件及部署单元对应表。

表 11.2　组件及部署单元对应表

组件	表示层部署单元	执行层部署单元	数据层部署单元	备注
Console	√			
Server API	√			
Server		√		
Kafka			√	
MySQL			√	
Scheduler		√		
Dispatcher		√		
Pusher		√		

结合表 11.2 和图 11.23 的系统部署，来看看这些模块是如何分布式地部署的。

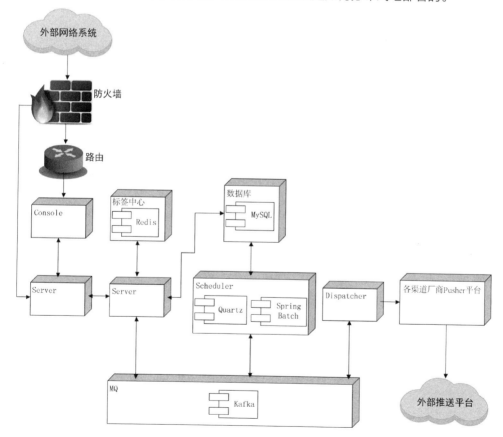

图 11.23　系统部署 01

图 11.23 描述的是各个功能服务器中应当部署的组件，以及相应的服务器之间的关系。作为图 11.23 的补充，图 11.24 加入了网络 IP 信息，部署的情况更为细致化。

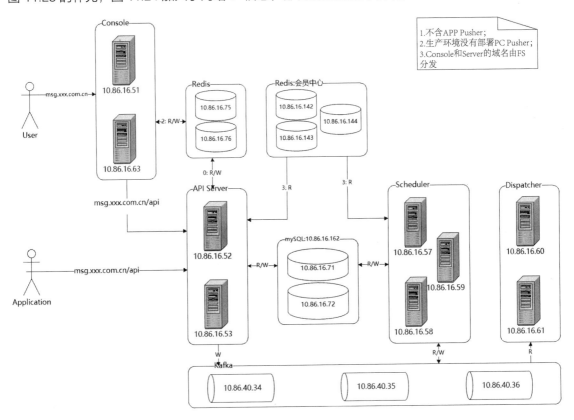

图 11.24　系统部署 02

图 11.24 说明了各个重要服务器的网络关系，以及分布式的部署情况，展示了重要组件的集群和网络地址的信息。由于 Server、Scheduler、Dispatcher 等核心部件是通过 Kafka 进行消息通信的，因此具有良好的解耦能力和伸缩性。

以上就是一个大数据消息中心的架构设计思路，其用到了许多主流的分布式思维和中间件，并且会与第三方消息服务厂商如短信、APP 推送、WeChat 接口、邮件服务等对接。读者可以按这样的一个架构设计思路，进行各个模块的详细内容的编写。

这里不再进行每个模块的详细信息内容的编写，但会对大数据消息中心的一个关键技术点进行介绍。

作为大数据消息中心，需要对庞大的用户群体发送消息，这里会有多种情况出现，其中较为常见的就是：（1）以广播的形式通知每一个用户；（2）以精准方式将消息送达。对于这样的问题，我们需要弄清楚消息中心是如何维护庞大的用户群体的，以及分清每一个独立的用户。

实际上，消息中心需要与每一个用户建立长连接，每一个用户使用客户端向消息中心这一服务端发起长连接的请求，并且最终建立一个长连接。同时，消息中心需要管理这些与庞大用户群体的客户端建立起来的长连接，并且通过这些长连接进行用户的精准查找和消息推送。通过长连接的消息推送，消息中心能够较为快速地将消息体送到指定用户那里。

如果用户群体达到数万甚至数十万以上，这时服务器建立和管理如此之多的长连接是有难度的。如果没有处理好，就可能会出现服务器处理能力下降，甚至内存泄漏而导致服务器挂死等问题。

对于这样的问题，Java 有开源的 Netty 4 框架，可以帮我们处理大数据长连接的管理问题。Netty 4 能够实现服务端集群的集群架构，并且与客户端建立长连接通信，能够让消息按路由规则推送到用户的客户端。

下面介绍 Netty 相关的内容。目前 Netty 的较稳定版本是 Netty 4（之前曾经有过 Netty 5 的开源项目，但后来因为性能提升不明显而停更）。Netty 是由 JBoss 提供的一个 Java 开源框架。Netty 提供异步的、事件驱动的网络应用程序框架和工具，用以快速开发高性能、高可靠性的网络服务器和客户端程序。

那 Netty 能做什么实际的业务呢？Netty 作为一个 Java 开源的网络框架，能解决以下问题。

（1）开发大数据量的异步、非阻塞的 TCP、UDP 网络应用程序，异步文件传输应用程序。

（2）基于链路空闲事件的心跳检测。

（3）提供形式多样的编解码基础类库，可以非常方便地实现私有协议栈编解码框架的二次定制和开发。

（4）基于职责链模式的 Pipeline-Handler 机制，用户可以非常方便地对网络事件进行拦截和定制。

（5）所有的 I/O 操作都是异步的，用户可以通过 Future-Listener 机制主动 Get 结果或由 I/O 线程操作完成之后主动 Notify 结果等。

另外，Netty 的出现，也是为了替代 Java 中一些开发得不算优秀的工具包而重新设计的。传统的 java.net.socket 非常复杂，在应对不同的传输协议时需要使用不同的类型和方法。例如，java.net.Socket 和 java.net.DatagramSocket 并不具有相同的超类型，因此就需要使用不同的调用方式执行 Socket 操作。

Java 的 NI/O 与 OI/O 等工具包中的方法有非常大的差异，使用起来也非常复杂。由于 Java 旧 I/O—OI/O API 缺乏协议间的移植性，当试图在不修改网络传输层的前提下增加多种协议的支持时便会产生问题。Java 新 I/O——NI/O API 与原有的阻塞式的 OI/O API 并不兼容，即 NI/O 与 I/O 并非平滑过渡的，甚至 Java 6 和 Java 7 由于对 NI/O 提供了不同的解决方案，即两个不同的版本 NI/O1.0 与 NI/O2.0，所以这两个版本的 API 是不兼容的。

Netty 简化了基于 TCP 和 UDP 的编程，它将 NI/O、I/O 等进行重新整合，用一套统一的 API 来处理异步和同步编程模式。在此基础上，用户仍可以用其底层 API 做一些底层处理，因为 Netty 提供的是一系列高抽象的 API。这样，用户只需面对同一套已经过简化的 Netty API 即可，不需要知道其底层使用的是 Java 的哪一套网络 API。

Netty 的内部结构及基本组件如下。

（1）API：Netty 使用自建的 Buffer API，而不是使用 NI/O 的 ByteBuffer，来表示一个连续的字节序列。与 ByteBuffer 相比，这种方式拥有明显的优势。Netty 使用新的 Buffer 类型 ByteBuf，其被设计为一个可从底层解决 ByteBuffer 问题，并满足日常网络应用开发需要的缓冲类型。这些特性包括：①如果需要，允许使用自定义的缓冲类型；②复合缓冲类型中内置的透明的零复制实现；③开箱即用的动态缓冲类型，具有像 StringBuffer 一样的动态缓冲能力；④不再需要调用 flip( ) 方法；⑤正常情况下具有比 ByteBuffer 更快的响应速度。

（2）Channel：前面提过，Java 的网络编程非常复杂，而且存在众多不兼容的情况。而 Netty 有一个称为 Channel 的统一的异步 I/O 编程接口 API，该 API 抽象了所有点对点的通信操作。也就是说，如果应用是基于 Netty 的某一种传输实现的，那么同样地，应用也可以运行在 Netty 的另一种传输实现上。Netty 提供了几种拥有相同编程接口的基本传输实现：基于 NI/O 的 TCP/IP 传输（见 io.netty.channel.nio）、基于 OI/O 的 TCP/IP 传输（见 io.netty.channel.oio）、基于 OI/O 的 UDP/IP 传输和本地传输（见 io.netty.channel.local）。

要切换不同的传输实现，通常只需对代码进行几行的修改调整即可，如选择一个不同的 ChannelFactory 实现。此外，用户甚至可以利用新的传输实现没有写入的优势，只需替换一些构造器的调用方法即可，如串口通信。另外，由于核心 API 具有高度的可扩展性，因此用户还可以完成自己的传输实现。

（3）I/O 事件模型：一个定义良好并具有扩展能力的事件模型是事件驱动开发的必要条件。Netty 具有定义良好的 I/O 事件模型。由于严格的层次结构区分了不同的事件类型，因此 Netty 也允许用户在不破坏现有代码的情况下实现自己的事件类型。这是与其他框架相比另一个不同的地方。很多 NI/O 框架没有或仅有有限的事件模型概念，在试图添加一个新的事件类型时常常需要修改已有的代码，或者根本就不允许用户进行这种扩展。

（4）高级组件——Codec 框架：就像使用 POJO 代替 ChannelBuffer 所展示的那样，从业务逻辑代码中分离协议处理部分是一个很不错的想法。然而如果一切从零开始，便会遭遇实现上的复杂性，用户不得不处理分段的消息，而且一些协议是多层的（如构建在其他低层协议之上的协议）。一些协议过于复杂以致难以在一台独立状态机上实现。因此，一个好的网络应用框架应该提供一种可扩展、可重用、可单元测试并且是多层的 Codec 框架，为用户提供易维护的 Codec 代码。Netty 提供了一组构建在其核心模块之上的 Codec 实现，这些简单的或高级的 Codec 实现帮用户解决了大部分在进行协议处理开发过程中会遇到的问题，无论这些协议是简单的还是复杂的、二进制的或简单文本的。

（5）高级组件——SSL / TLS 支持组件：不同于传统阻塞式的 I/O 实现，在 NI/O 模式下支持 SSL 功能是一个艰难的工作。用户不能只是简单地包装一下流数据并进行加密或解密工作，而不得不借助于 javax.net.ssl.SSLEngine。SSLEngine 是一个有状态的实现，其复杂性不亚于 SSL 自身。

必须管理所有可能的状态，如密码套件、密钥协商（或重新协商）、证书交换及认证等。

此外，与通常期望情况相反的是，SSLEngine 甚至不是一个绝对的线程安全实现。在 Netty 内部，SslHandler 封装了所有艰难的细节及使用 SSLEngine 可能带来的陷阱。需要做的仅是配置并将该 SslHandler 插入 ChannelPipeline 中。同样，Netty 也允许实现像 StartTIS 那样所拥有的高级特性，这很容易。

（6）高级组件——HTTP 组件：HTTP 是互联网上最受欢迎的协议，并且已经有了一些 HTTP 实现，如 Servlet 容器。那为什么 Netty 还要在其核心模块中构建一套新的 HTTP 实现呢？与现有的 HTTP 实现相比，Netty 的 HTTP 实现是相当与众不同的。在 HTTP 消息的底层交互过程中，用户将拥有绝对的控制力。

这是因为 Netty 的 HTTP 实现只是一些 HTTP codec 和 HTTP 消息类的简单组合，这里不存在任何限制——如那种被迫选择的线程模型。可以随心所欲地编写完全按照自己期望的工作方式工作的客户端或服务端代码，包括线程模型、连接生命期、快编码及所有 HTTP 等。 由于这种高度可定制化的特性，我们可以开发一些非常高效的聊天 APP、短视频 APP、文件管理器、消息推送中心等 HTTP 服务器。

（7）高级组件——WebSockets 组件：WebSockets 允许双向、全双工通信信道。在 TCP Socket 中，它被设计为允许一个 Web 浏览器和 Web 服务器之间通过数据流交互。WebSocket 协议已经被 IETF（Internet Enginering Task Force，国际互联网工程任务组）列为 RFC 6455 规范，Netty 实现了 RFC 6455 和一些老版本的规范，请参阅 io.netty.handler.codec.http.websocketx 包和相关的示例。

（8）高级组件——Google Protocol Buffer：整合 Google Protocol Buffers 是快速实现一个高效的二进制协议的理想方案。通过使用 ProtobufEncoder 和 ProtobufDecoder，可以把 Google Protocol Buffers 编译器（protoc）生成的消息类放入 Netty 的 codec 中实现。可参考 LocalTime 实例，该实例同时显示了开发一个由简单协议定义的客户及服务端是多么的容易。

了解了 Netty 的内部结构和高级组件的内容后，我们不妨思考另外一个问题：一台服务器主机能建立的长连接数到底与什么因素有关？

一般来说，一台服务器主机能提供的长连接的数量是有限的，这与以下几个方面有关：操作系统所设置的最大文件句柄数、服务器的内存等。

Netty、NI/O 在 Linux 的底层上使用的是 epoll 机制，epoll 在一个进程中能打开的文件描述符（File Descriptor，FD）的最大值，就是操作系统的最大文件句柄数。实际上，每一个 Socket 句柄同时也是一个文件句柄，所以，一台主机的最大 Socket 数量或长连接数与该系统所设置的最大文件句柄数相关。

在 Linux 系统中，可以使用 ulimit 命令进行设置。但如果把系统的最大文件句柄数设置为一个非常大的值，系统实际上也未必真的能支持那么大的一个数值。因为建立的连接会消耗内存及其他硬件能力。通常 2GB 的内存，可以提供 10 万 ~20 万的长连接。这里类似于水桶原理，最大文件句柄数与内存，其中哪一个是当前的短板，其就限制了当前服务器的最大连接数。

下面使用 Netty 4 建立服务端与客户端的通信。下面以用 Netty 建立一个聊天室的功能为例来讲解 Netty 服务端与客户端的建立。

要建立 Netty 服务端，先为服务端建立三个 class，用于 Netty 服务端的初始化和启动：SimpleChatServerHandler.java、SimpleChatServerInitializer.java 和 SimpleChatServer.java。其中，SimpleChatServerHandler 继承自 SimpleChannelInboundHandler，该类实现了 ChannelInboundHandler 接口。ChannelInboundHandler 提供了许多事件处理的接口方法，可以覆盖这些方法。现在只需要继承 SimpleChannelInboundHandler 类而不需自己完全去实现所有的接口方法，所以可以把重心放在当中的几个方法上，如处理接收到的信息、异常等。SimpleChatServerInitializer 用来增加包括 SimpleChatServerHandler 类在内的多个处理类到 ChannelPipeline 上，如编码、解码等。而 SimpleChatServer 类编写了一个 main( ) 方法来启动服务端。其具体参考代码如下。

SimpleChatServerHandler 类的参考代码如下：

```
1   public class SimpleChatServerHandler extends
2     SimpleChannelInboundHandler<String> {
3     public static ChannelGroup channels = new
4       DefaultChannelGroup(GlobalEventExecutor.INSTANCE);
5     public static Map<String, Channel> mapChannels = new
6       HashMap<String, Channel>();
7     private String deviceId = "";
8     private String requestClientChannelKey = "";
9     // 每当从服务端收到新的客户端连接时，
10    // 新客户端的 Channel 存入 ChannelGroup 列表中，
11    // 并通知列表中的其他客户端 Channel
12    @Override
13    public void handlerAdded(ChannelHandlerContext ctx) throws
14      Exception {
15        Channel incoming = ctx.channel();
16        for (Channel channel : channels) {
17            channel.writeAndFlush("[SERVER] - " +
18                incoming.remoteAddress() + " 加入 \n");
19        }
20        channels.add(ctx.channel());
21    }
22    // 每当从服务端收到客户端断开时，
23    // 该客户端的 Channel 在 ChannelGroup 列表中移除，
```

```
24        // 并通知列表中的其他客户端 Channel
25        @Override
26        public void handlerRemoved(ChannelHandlerContext ctx) throws
27          Exception {
28            Channel incoming = ctx.channel();
29            for (Channel channel : channels) {
30                channel.writeAndFlush("[SERVER] - " +
31                    incoming.remoteAddress() + " 离开 \n");
32            }
33            channels.remove(ctx.channel());
34        }
35        // 每当从服务端读到客户端写入信息时,
36        // 将信息转发给其他客户端的 Channel
37        @Override
38        protected void channelRead0(ChannelHandlerContext ctx,
39          String incomingString) throws Exception {
40            Channel incomingChannel = ctx.channel();
41            deviceId = "";
42            //1. 获取客户端的 Channel
43            //2. 分别以 key、value 的形式, 保存 / 更新 DeviceId 及 Channel
44            // 实例到一个名为 sessionMap 的 map 变量当中
45            //3. 到 Zookeeper 集群中注册一个 Znode (或者到 Redis 中记录),
46            // 路径是 (deviceId), 值是 (该 Netty 服务器 ip:port [+
47            //channelId])
48            //4. 在 Redis 缓存中应该有一条记录, 是 <userId:deviceId> 的
49            //key-value 对
50            // 这样就可以通过 :userId --- 找到 --->  deviceId --- 找到 --->
51            //Netty 服务器 ip:port --- 找到 ---> Netty 服务器及该服务器下的
52            //sessionMap
53            // 通过 DeviceId, 重新由 SessionMap 中取回 Channel,
54            // 使用该 Channel 进行消息推送
55
56            if(incomingString.length() > 4 && (incomingString
57              .substring(0, 4).equals("push") != true) &&
58              incomingString.indexOf("[") == 0 ){
59                System.out.println("------channel:" +
60                    incomingChannel.id() +
61                    ",并且监听到其传来了设备号:" + incomingString +
62                    " -fid:" + incomingChannel.parent().id());
63                deviceId = incomingString.substring(incomingString
64                    .indexOf("[") + 1,
65                    incomingString.lastIndexOf("]"));
```

```
66          System.out.println("------deviceId:" + deviceId);
67          mapChannels.put(deviceId, incomingChannel);
68      }
69
70      if(incomingString.length() > 4 && incomingString
71        .substring(0, 4).equals("push")){
72          requestClientChannelKey = incomingString
73            .substring(incomingString
74            .indexOf("[") + 1,
75              incomingString.lastIndexOf("]"));
76          Channel clientChannel = mapChannels
77            .get(requestClientChannelKey);
78          clientChannel.writeAndFlush("Success to push this
79            information" + " to you!");
80      }
81      for (Channel channel : channels) {
82          if (channel != incomingChannel){
83              channel.writeAndFlush("[" + incomingChannel
84                .remoteAddress() + "]" + incomingString + "\n");
85          } else {
86              channel.writeAndFlush("[you]" + incomingString +
87                "\n");
88          }
89      }
90  }
91  // 服务端监听到客户端活动
92  @Override
93  public void channelActive(ChannelHandlerContext ctx) throws
94    Exception {
95      Channel incoming = ctx.channel();
96      System.out.println("SimpleChatClient:" +
97        incoming.remoteAddress() +
98        "在线，建立了来自 client 的 channel，其 id 为: " +
99        incoming.id());
100 }
101 // 服务端监听到客户端不活动
102 @Override
103 public void channelInactive(ChannelHandlerContext ctx) throws
104   Exception {
105     Channel incoming = ctx.channel();
106     System.out.println("SimpleChatClient:" +
107       incoming.remoteAddress() + "掉线");
```

```
108        }
109      // 异常捕获处理
110      @Override
111      public void exceptionCaught(ChannelHandlerContext ctx,
112        Throwable cause) {
113          Channel incoming = ctx.channel();
114          System.out.println("SimpleChatClient:" +
115            incoming.remoteAddress() +
116            "异常, channel 的 id 是: " + incoming.id());
117          // 当出现异常就关闭连接
118          cause.printStackTrace();
119          ctx.close();
120      }
121  }
```

SimpleChatServerInitializer 类的参考代码如下：

```
1   public class SimpleChatServerInitializer extends
2     ChannelInitializer<SocketChannel> {
3     @Override
4     public void initChannel(SocketChannel ch) throws Exception {
5       ChannelPipeline pipeline = ch.pipeline();
6       pipeline.addLast("framer", new
7         DelimiterBasedFrameDecoder(8192,
8           Delimiters.lineDelimiter()));
9       pipeline.addLast("decoder", new StringDecoder());
10      pipeline.addLast("encoder", new StringEncoder());
11      pipeline.addLast("handler", new SimpleChatServerHandler());
12    }
13  }
```

下面的 SimpleChatServer 类中，NioEventLoopGroup 用来处理 I/O 操作的多线程事件循环器，Netty 提供了许多不同的 EventLoopGroup 的实现用来处理不同的传输。本示例实现了一个服务端的应用，因此会有两个 NioEventLoopGroup 会被使用。第一个经常被称为 boss，用来接收进来的连接；第二个经常被称为 worker，用来处理已经被接收的连接。一旦 boss 接收到连接，就会把连接信息注册到 worker 上。

如何知道多少个线程已经被使用，以及如何映射到已经创建的 Channel 上都需要依赖于 EventLoopGroup 的实现，并且可以通过构造函数来配置它们的关系。参考代码如下：

```
1   public class SimpleChatServer {
2     private int port;
```

```
3       public SimpleChatServer(int port) {
4           this.port = port;
5       }
6       public void run() throws Exception {
7           // 创建用于处理 I/O 操作的多线程事件循环器
8           EventLoopGroup bossGroup = new NioEventLoopGroup();
9           EventLoopGroup workerGroup = new NioEventLoopGroup();
10          try {
11              //ServerBootstrap 是 Netty Server 的启动类
12              ServerBootstrap serverBootstrap = new
13                  ServerBootstrap();
14              serverBootstrap.group(bossGroup, workerGroup)
15                  .channel(NioServerSocketChannel.class)
16                  .childHandler(new SimpleChatServerInitializer())
17                  .option(ChannelOption.SO_BACKLOG, 128)
18                  .childOption(ChannelOption.SO_KEEPALIVE, true);
19              System.out.println("SimpleChatServer 启动了 ");
20              // 绑定端口，开始接收进来的连接
21              ChannelFuture channelFuture = serverBootstrap
22                  .bind(port).sync();
23              System.out.println("------channelFutureid:" +
24                  channelFuture.channel().id());
25              // 等待服务器 Socket 关闭
26              // 在本示例中，这种情况不会发生，但用户可以关闭服务器
27              channelFuture.channel().closeFuture().sync();
28          } finally {
29              workerGroup.shutdownGracefully();
30              bossGroup.shutdownGracefully();
31              System.out.println("SimpleChatServer 关闭了 ");
32          }
33      }
34      public static void main(String[] args) throws Exception {
35          int port;
36          if (args.length > 0) {
37              port = Integer.parseInt(args[0]);
38          } else {
39              port = 8081;
40          }
41          new SimpleChatServer(port).run();
42      }
43  }
```

建立 Netty 客户端，与服务端类似，我们也为 Netty 的客户端建立三个 class，用于 Netty 服务端的初始化和启动：SimpleChatClientHandler.java、SimpleChatClientInitializer.java 和 SimpleChatClient.java。其中，SimpleChatClientHandler 与服务端的类似，都是继承自 SimpleChannelInboundHandler。该类实现了 ChannelInboundHandler 接口，但比服务端简单得多，只需要将读到的信息输出即可。SimpleChatClientInitializer 几乎和服务端一样，用来增加包括 SimpleChatClientHandler 类在内的多个处理类到 ChannelPipeline 上，如编码、解码等。SimpleChatClient 类编写了一个 main( ) 方法，用来启动 Netty 客户端，并且连接到 Netty 服务端上。

SimpleChatClientHandler 类的参考代码如下：

```
1   public class SimpleChatClientHandler extends
2     SimpleChannelInboundHandler<String> {
3       @Override
4       protected void channelRead0(ChannelHandlerContext ctx, String s)
5         throws Exception {
6           System.out.println(s);
7       }
8
9       @Override
10      public void exceptionCaught(ChannelHandlerContext ctx,
11        Throwable cause) { //(7)
12          Channel channel = ctx.channel();
13          System.out.println("SimpleChatServer:" +
14            channel.remoteAddress() +
15            "异常，channel 的 id 是：" + channel.id());
16          // 当出现异常就关闭连接
17          cause.printStackTrace();
18          ctx.close();
19      }
20  }
```

SimpleChatClientInitializer 类的参考代码如下：

```
1   public class SimpleChatClientInitializer extends
2     ChannelInitializer<SocketChannel> {
3       @Override
4       public void initChannel(SocketChannel ch) throws Exception {
5           ChannelPipeline pipeline = ch.pipeline();
6           pipeline.addLast("framer",
7                   new DelimiterBasedFrameDecoder(8192,
8                           Delimiters.lineDelimiter()
9                   )
```

```
10              );
11              pipeline.addLast("decoder", new StringDecoder());
12              pipeline.addLast("encoder", new StringEncoder());
13              pipeline.addLast("handler", new
14                 SimpleChatClientHandler());
15          }
16      }
```

SimpleChatClient 类编写的 Netty 服务端和 Netty 客户端最大的且唯一的不同是使用了不同的 BootStrap 和 Channel 的实现。参考代码如下：

```
1   public class SimpleChatClient {
2       private final String host;
3       private final int port;
4       public SimpleChatClient(String host, int port){
5           this.host = host;
6           this.port = port;
7       }
8       public void run() throws Exception{
9           // 这里假设获取到了手机的 Deviceid
10          String deviceId = "IMEI009912563" +
11            Math.round((Math.random() * 1000));
12
13          EventLoopGroup group = new NioEventLoopGroup();
14          try {
15              Bootstrap bootstrap = new Bootstrap()
16                      .group(group)
17                      .channel(NioSocketChannel.class)
18                      .handler(new SimpleChatClientInitializer());
19              Channel channel = bootstrap.connect(host, port)
20                .sync().channel();
21              System.out.println("------ 获取到服务端的 Channel,
22                其 id:" + channel.id());
23              BufferedReader in = new BufferedReader(
24                      new InputStreamReader(System.in)
25              );
26              channel.writeAndFlush("[" + deviceId + "]\r\n");
27              while(true){
28                  channel.writeAndFlush(in.readLine() + "\r\n");
29              }
30          } catch (Exception e) {
31              e.printStackTrace();
```

```
32          } finally {
33              group.shutdownGracefully();
34          }
35      }
36      public static void main(String[] args) throws Exception{
37          new SimpleChatClient("172.20.46.20", 8081).run();
38      }
39 }
```

当客户端启动后（因为是聊天室，所以最好启动两个以上的客户端），可以尝试在客户端的 Console 中输入一些语句，就会有类似下面的聊天对话出现，服务端运行结果如图 11.25 所示，客户端运行结果如图 11.26 所示。

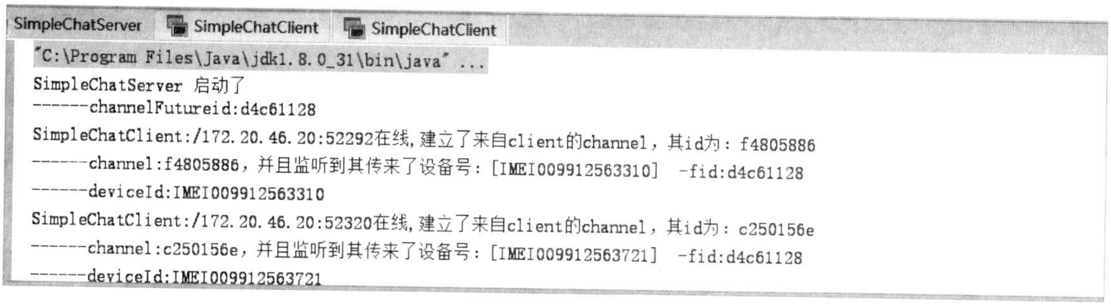

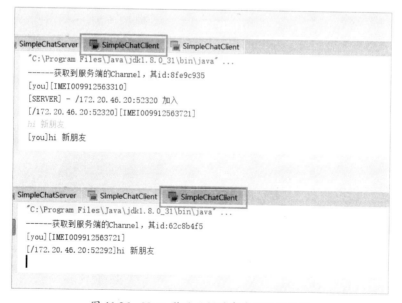

图 11.25　Netty 聊天示例的服务端运行结果

图 11.26　Netty 聊天示例的客户端运行结果

这里对 Netty 的 Channel 进行补充讲解。

Netty 客户端与 Netty 服务端相互通信的过程中，实际上 Netty 服务端和 Netty 客户端都需要建立各自的 Channel 来完成服务端和客户端的相互通信。其中，Netty Server 端需要建立两类 Channel，分别是 ServerSocketChannel 和 SocketChannel；而 Netty 客户端需要建立一类 Channel，即 SocketChannel，如图 11.27 所示。

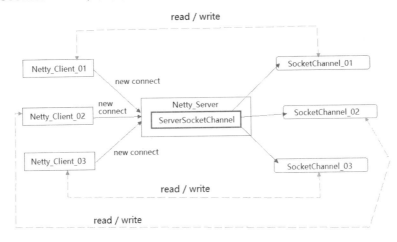

图 11.27　ServerSocketChannel 与 SocketChannel

在 Netty 服务端中，SocketChannl 与 ServerSocketChannel 是有等级关系的，SocketChannel 的父亲 Channel 是 ServerSocketChannel。ServerSocketChannel 实际上是服务端的一个单例 Channel，持有一个绑定了服务端端口的 Socket，其用于接收客户端的连接并建立对应的新 Channel。每当有新的客户端连接成功时，ServerSocketChannel 就会处理接收到的客户端进来的连接，并会自动创建一个 SocketChannel。Netty 客户端与 Netty 服务端通过 SocketChannel 完成读写双工操作。对于该 Channel，虽然 Netty 客户端与 Netty 服务端在各自的进程中获取 ChannelId 的值也许会不同，这是因为客户端与服务端是独立的进程，但实际上它们指向的是同一个 Channel。

建立 Netty 服务端集群，使用 Zookeeper 进行 Netty 服务端集群的搭建，大致可以分为下面几个步骤。

（1）Netty 服务端作为一个服务，注册到 Zookeeper。

（2）Netty 服务端服务的提供：使用 Znode 记录可用的 Netty 服务端服务，或者使用本地缓存记录服务。

（3）服务的发现：通过 Zookeeper 的 Watch 机制，更新可用的 Netty 服务端服务。

（4）客户端从 Zookeeper 或本地缓存中，使用自编写的负载均衡策略（哈希、轮询、加权、轮询等），选取可用的 Netty 服务端服务节点。

使用 F5 负载均衡硬件产品，建立 Netty 服务端集群，其思路与 Zookeeper 相似。由于 F5 是硬件级的负载均衡器，因此只需进行一些服务信息的配置，如为某服务建立一个 pool，并把能提供该服务的对应的主机集群的 IP 和 port 设置放入该 pool 中，这样就能实现自动负载均衡和服务发现的功能。具体可以查阅相关的 F5 负载均衡配置文档，也可以直接打开下面网址中的 F5 配置手册的相关信息。

```
https://wenku.baidu.com/view/25d91018c5da50e2524d7f90.html
```

Netty 作为消息中心对 PC Web（HTML5）浏览器进行消息推送，如图 11.28 所示。

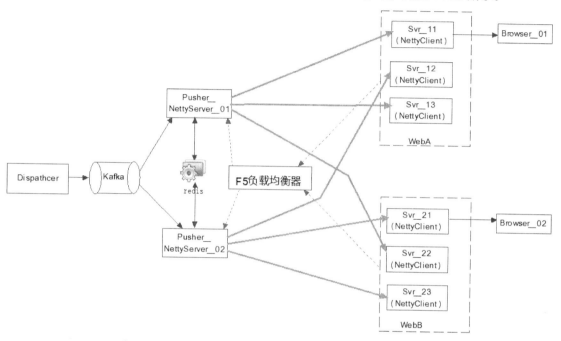

图 11.28　Netty 作为消息中心对 HTML5 浏览器端进行消息推送

其中，每个应用（如 WebA、WebB）都部署了多个应用实例，而每个应用的实例中都包含一个 Netty 的客户端。每个 Netty 的客户端启动时，可以通过 F5 负载均衡器自动分配到一个 Netty 的服务端为其建立和提供长连接服务。图 11.28 中的每个 Pusher 都是包含 Netty 服务器的一个服务端实例。可以看出，在 Netty 服务端中，通过 F5 负载均衡器，Pusher_NettyServer_01 连接到的 Netty 客户端有应用 WebA 下的 Svr_11、Svr_13，应用 WebB 下的 Svr_22；Pusher_NettyServer_02 连接到的 Netty 客户端有应用 WebA 下的 Svr_12，应用 WebB 下的 Svr_21、Svr_23。

简单的 PC Web 端使用 Netty 消息推送的步骤如下。

（1）在第一次连接时，Netty 的客户端将自己所属的应用 ID 以注册的形式给到 Netty 的服务端。

（2）Netty 服务端收到一个新 Netty 客户端的注册请求时，将客户端的主机 IP 地址和端口号作为一个 key，与新建立的 Channel 进行绑定。

知识拓展

该步骤其实在 Netty 客户端实例不多的情况下可以省略，因为 Netty 服务端获得 Netty 客户端

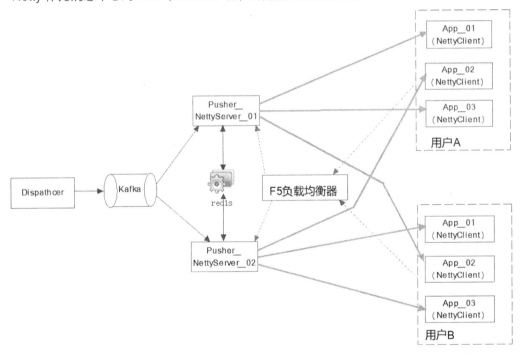

Java 多线程与大数据处理实战

的 Channel 时，该 Channel 中的一个成员变量 remoteAddress 中已经带有 Netty 客户端的 IP 和端口信息。

（3）同时，Netty 服务端将 Netty 客户端传过来的注册信息应用 ID 作为 Redis 的 Set 的名称，将 Netty 客户端的主机 IP 地址和端口号作为该 Set 的 value，将这个 Redis 的 Set 信息进行保存，即 Redis 保存了通过应用 ID 能找出该应用下的所有 Netty 客户端实例的主机 IP 和端口号集合的信息。

（4）当有消息需要经过 Netty 服务端进行推送时，只要带上应用 ID 和用户 ID，就可以将该信息推送到对应的 Netty 客户端，然后按照用户 ID 给到浏览器的一个用户。

这里只是给出了一套可行性的方案，对于如何维护好 Redis 业务数据的细节及整个方案的优化等都需要再深入思考。具体的程序 demo 会在本节后面内容进行介绍。

Netty 作为消息中心对 APP（Android 端）浏览器端进行消息推送，如图 11.29 所示。

图 11.29　Netty 作为消息中心对 APP（Android 端）浏览器端进行消息推送

图 11.29 与图 11.28 比较接近，但有不同的地方，即 Netty 服务端的消息推送直接到达用户的 APP 上，即每个用户的 APP 就是一个 Netty 的客户端。

简单的 APP 端使用 Netty 消息推送的步骤如下。

（1）在第一次连接时，Netty 的 Client 端将自己的 APP ID、用户 ID 及设备的唯一识别号（称为 regDeviceId）以注册的形式给到 Netty 的服务端。

（2）Netty 服务端收到一个新 Netty 客户端的注册请求时，将 Client 端的 regDeviceId 作为一个 key，与新建立的 Channel 进行绑定。

（3）同时，Netty 服务端将 Netty 客户端传过来的注册信息 APP ID 与用户 ID 结合，以其作为 Redis 的 Set 的名称，将 regDeviceId 作为该 Set 的 value，将这个 Redis 的 Set 信息进行保存，即 Redis 保存了通过 APP ID、用户 ID，查找出该次推送的设备列表——regDeviceId 的集合。

（4）当有消息需要经过 Netty 服务端进行推送时，只要带上了 APP ID、用户 ID，就可以将这个信息推送到对应的 Netty 的客户端，即一个用户的 APP 上。

这里只是给出了一套可行性的方案，对于如何维护 Redis 业务数据的细节及整个方案的优化等，都需要深入思考。

Netty 的服务端与客户端进行通信时，需要约定好通信模型，并指定收发信息时的加密和解密方式。这是因为 TCP 底层无法理解上层业务数据及需求，在传输的过程中无法保证数据包不被拆分和重组，即存在粘包 / 拆包的机制。

对于这样的粘包 / 拆包问题，业界的主流解决方案归纳如下。

（1）消息定长，如每个报文的长度固定在 200B，不够则补空格。

（2）在包尾加入回车换行等符号进行分割，如 FTP。

（3）将消息分为消息头和消息体，消息头包含表示消息（或消息体）的总长度等信息，通常设计思路为消息头的第一个字段使用 int32 来表示消息的总长度。

（4）使用其他更加复杂的应用层协议。

一个典型的 Netty 服务端与客户端的通信模型的参考代码如下：

```
1  public class SocketModel implements Serializable {
2      private static final long serialVersionUID = 10000L;
3      //SocketModel 的类型
4      private String type;
5      // 该类型下的分类编码。例如，如果 type 是 response 类型，
6      // 那么这里可以填 success 或 failed 等类似的值或代号
7      private String code;
8      // 消息的实际内容可以按照列表顺序保存不同的分类信息
9      private List<String> message;
10     public String getType() {
11         return type;
12     }
13     public void setType(String type) {
14         this.type = type;
15     }
16     public String getCode() {
17         return code;
18     }
19     public void setCode(String code) {
20         this.code = code;
```

```
21        }
22        public List<String> getMessage() {
23            return message;
24        }
25        public void setMessage(List<String> message) {
26            this.message = message;
27        }
28    }
```

另外，还需要写一套通信模型的加密和解密方式。其中，加密算法的参考代码如下：

```
1  public class MessageEncoder extends MessageToByteEncoder<SocketModel>{
2      private Schema<SocketModel> schema = RuntimeSchema
3        .getSchema(SocketModel.class);
4      @Override
5      protected void encode(ChannelHandlerContext ctx,
6        SocketModel message, ByteBuf out) throws Exception {
7          LinkedBuffer buffer = LinkedBuffer.allocate(1024);
8          byte[] data = ProtobufIOUtil.toByteArray(message,
9            schema, buffer);
10         // 在写消息之前需要把消息的长度添加到最前 4 个字节
11         ByteBuf buf = Unpooled.copiedBuffer(CoderUtil
12           .intToBytes(data.length), data);
13         out.writeBytes(buf);
14     }
15 }
```

解密算法的参考代码如下：

```
1  public class MessageDecoder extends ByteToMessageDecoder{
2      //protostuff 的写法
3      private Schema<SocketModel> schema = RuntimeSchema
4        .getSchema(SocketModel.class);
5      @Override
6      protected void decode(ChannelHandlerContext ctx, ByteBuf in,
7        List<Object> obj) throws Exception {
8          byte[] data = new byte[in.readableBytes()];
9          in.readBytes(data);
10         SocketModel message = new SocketModel();
11         ProtobufIOUtil.mergeFrom(data, message, schema);
12         obj.add(message);
13     }
14 }
```

类型转换工具类的参考代码如下：

```
1   package com.ljp.netty.common;
2   public class CoderUtil {
3       /**
4        * 将字节转成整形
5        * @param data
6        * @param offset
7        * @return
8        */
9       public static int bytesToInt(byte[] data, int offset) {
10              int num = 0;
11              for (int i = offset; i < offset + 4; i++) {
12                  num <<= 8;
13                  num |= (data[i] & 0xff);
14              }
15              return num;
16          }
17      /**
18       * 将整形转化成字节
19       * @param num
20       * @return
21       */
22      public static byte[] intToBytes(int num) {
23          byte[] b = new byte[4];
24              for (int i = 0; i < 4; i++) {
25                  b[i] = (byte) (num >>> (24 - i * 8));
26              }
27              return b;
28      }
29  }
```

同时，需要在客户端和服务端中将加密器和解密器放入 channelPipeLine 中。参考代码如下：

```
1   @Override
2   public void initChannel(SocketChannel ch) throws Exception {
3       ChannelPipeline pipeline = ch.pipeline();
4       pipeline.addLast(new LengthDecoder(1024,0,4,0,4));
5       pipeline.addLast("decoder", new MessageDecoder());
6       pipeline.addLast("encoder", new MessageEncoder());
7   }
```

客户端和服务端完成了这些工作后，就可以使用 SocketModel 进行互相通信，可以参考

图 11.30 所示的运行结果。

```
PusherServer    PusherClient
"C:\Program Files\Java\jdk1.8.0_31\bin\java" ...
23:54:23,793 INFO - main [ljp.client.PusherClient] ─成功连接上Netty服务端,并新建立了一个由Netty客户端发起的,与Netty服务端绑定的Channel,其id为:7e009769
```

图 11.30　Netty 客户端与服务端进行长连接通信

前面已经介绍了 Netty 服务端与客户端建立的长连接,实际上 Netty 的服务端与客户端还需要一套心跳机制来检测长连接的健康状态。Netty 提供了一个特别好用的 IdleStateHandler 来完成该工作。当然,IdleStateHandler 只能算是一套心跳激发机制,并没有包含完整的心跳算法或真实的心跳维护机制,所以还需要对其加工。

客户端进行心跳检测的基本思路如下。

(1)客户端网络空闲 30 秒没有进行写操作时,发送一次 ping 心跳给服务端。

(2)客户端如果在下一个发送 ping 心跳周期来临时还没有收到任何服务端的信息(包括 pong 心跳应答),则失败心跳计数器加 1。

(3)每当客户端收到服务端的信息(包括 pong 心跳应答)后,失败心跳计数器清零。

(4)如果连续超过 5 次没有收到服务端的信息(包括 pong 心跳应答),则断开当前连接,在 15 秒后进行重连操作,直到重连成功,否则每隔 15 秒又会进行重连。

服务端进行心跳检测的基本思路如下。

(1)服务端网络空闲状态到达 30 秒后,服务端心跳失败计数器加 1。

(2)只要收到客户端的信息(包括 ping 消息),服务端心跳失败计数器就清零。

(3)服务端连续 5 次没有收到客户端的任何信息(包括 ping 消息)后,将关闭链路,释放资源,等待客户端重连。

客户端设置 ChannelPipeLine,将 Netty 心跳机制引入。参考代码如下:

```
1  public class PusherClientInitializer
2          extends ChannelInitializer<SocketChannel> {
3      // 读操作空闲 30 秒,快速测试时可以改为 10 秒
4      private final static int READER_IDEL_SECONDS = 10;
5      // 写操作空闲 30 秒,快速测试时可以改为 20 秒
6      private final static int WRITER_IDEL_SECONDS = 20;
7      // 读写全部空闲 100 秒,快速测试时可以改为 30 秒
8      private final static int ALL_IDEL_SECONDS = 30;
9      @Override
10     public void initChannel(SocketChannel ch) throws Exception {
11         ChannelPipeline pipeline = ch.pipeline();
12         pipeline.addLast(new LengthDecoder(1024, 0, 4, 0, 4));
13         pipeline.addLast("decoder", new MessageDecoder());
```

```
14        pipeline.addLast("encoder", new MessageEncoder());
15        pipeline.addLast("ping", new IdleStateHandler(READER_
16          IDEL_SECONDS, WRITER_IDEL_SECONDS, ALL_IDEL_SECONDS));
17        pipeline.addLast("handler", new PusherClientHandler());
18      }
19  }
```

服务端设置 ChannelPipeLine，将 Netty 心跳机制引入。参考代码如下：

```
1  public class PusherServerInitializer
2      extends ChannelInitializer<SocketChannel> {
3    // 读操作空闲 30 秒，快速测试时可以改为 5 秒
4    private final static int READER_IDEL_SECONDS = 5;
5    // 写操作空闲 30 秒，快速测试时可以改为 5 秒
6    private final static int WRITER_IDEL_SECONDS = 5;
7    // 读写全部空闲 100 秒，快速测试时可以改为 10 秒
8    private final static int ALL_IDEL_SECONDS = 10;
9    @Override
10   public void initChannel(SocketChannel ch) throws Exception {
11       ChannelPipeline pipeline = ch.pipeline();
12       pipeline.addLast(new LengthDecoder(1024, 0, 4, 0, 4));
13       pipeline.addLast("decoder", new MessageDecoder());
14       pipeline.addLast("encoder", new MessageEncoder());
15       pipeline.addLast("pong", new IdleStateHandler(READER_
16         IDEL_SECONDS, WRITER_IDEL_SECONDS, ALL_IDEL_SECONDS));
17       pipeline.addLast("handler", new PusherServerHandler());
18     }
19  }
```

客户端的 PusherClientHandler 的参考代码如下：

```
1  public class PusherClientHandler extends
2      SimpleChannelInboundHandler<SocketModel> {
3    // 定义客户端没有收到服务端的 pong 消息的最大次数
4    private static final int MAX_UN_REC_PONG_TIMES = 5;
5    // 重新发送连接请求的秒数
6    private static final int RE_CONN_WAIT_SECONDS = 15;
7    // 次数累加器，客户端连续没有收到服务端的 pong 消息的次数
8    private int unRecPongTimes = 0;
9    private ScheduledExecutorService executorService;
10   private static Logger logger = Logger
11     .getLogger(PusherClientHandler.class);
12   private void connServer(){
```

```
13          if(executorService != null){
14              executorService.shutdown();
15          }
16      executorService = Executors.newScheduledThreadPool(1);
17      executorService.scheduleWithFixedDelay(new Runnable() {
18          Channel tmpChannel = null;
19          boolean isConnSucc = true;
20          @Override
21          public void run() {
22              try {
23                  // 重置计数器
24                  unRecPongTimes = 0;
25                  // 连接服务端
26                  // 实际的案例中，可能是通过 F5 分配 Netty 服务端
27                  String nettyServerIp = ReadPropertiesUtil
28                      .getPropertiesValue("systemConfig
29                          .properties", "nettyServerIp");
30                  String nettyServerPort = ReadPropertiesUtil
31                      .getPropertiesValue("systemConfig
32                          .properties", "nettyServerPort");
33                  new PusherClient(nettyServerIp,
34                      Integer.parseInt(nettyServerPort)).run();
35                  System.out.println("connect server finish");
36              } catch (Exception e) {
37                  e.printStackTrace();
38                  isConnSucc = false;
39              } finally{
40                  if(isConnSucc){
41                      if(executorService != null){
42                          executorService.shutdown();
43                      }
44                  }
45              }
46          }
47      }, RE_CONN_WAIT_SECONDS, RE_CONN_WAIT_SECONDS,
48          TimeUnit.SECONDS);
49  }
50  @Override
51  protected void channelRead0(ChannelHandlerContext ctx,
52    SocketModel socketModel) throws Exception {
53      // 凡是有信息接收到（包括 Pong 信息），则读计数器清零
54      unRecPongTimes = 0;
```

```
55        if (socketModel.getType().equals("pong")) {   // 心跳处理
56            // 计数器清零
57            logger.info(" 收到 pong 的信息 ");
58            //unRecPongTimes = 0;
59        }
60     if( socketModel.getType().equals("websocketPush") ) {
61         String appId = socketModel.getMessage().get(0);
62         String userId = socketModel.getMessage().get(1);
63         String message = socketModel.getMessage().get(2);
64         System.out.println(" 收到了服务器发起的消息推送：
65            该信息需推送给应用【" + appId + "】下的用户: " +
66            userId + ", 相关的信息内容是: " + message);
67     }
68  }
69  @Override
70  public void channelInactive(ChannelHandlerContext ctx) throws
71    Exception {
72      System.out.println("Client close ");
73      super.channelInactive(ctx);
74      // 重连
75      connServer();
76  }
77  @Override
78  public void exceptionCaught(ChannelHandlerContext ctx,
79    Throwable cause) throws IOException {
80      Channel channel = ctx.channel();
81      System.out.println("PusherServer:" +
82        channel.remoteAddress() +
83        " 异常, channel 的 id 是: " + channel.id());
84      // 当出现异常就关闭连接
85      //cause.printStackTrace();
86      // (1) 删除 Redis 的信息记录；(2) 关闭 / 删除该 Channel 的上下文信息
87      String[] redisIpAndPort = ReadPropertiesUtil
88        .getPropertiesValue("systemConfig.properties", "redis")
89        .split(":");
90      Jedis redis = new Jedis(redisIpAndPort[0],
91        Integer.parseInt(redisIpAndPort[1]));
92      // 记录更新应用与客户端机器信息列表对应关系到 Redis
93      String clientIpInfo = ctx.channel().localAddress()
94        .toString();
95      String appId = redis.get(clientIpInfo);
96      redis.srem(appId, clientIpInfo);
```

```
97            redis.del(clientIpInfo);
98            redis.close();
99            ctx.close();
100       }
101     @Override
102     public void userEventTriggered(ChannelHandlerContext ctx,
103       Object evt) throws Exception {
104         if (IdleStateEvent.class.isAssignableFrom(
105           evt.getClass())) {
106             IdleStateEvent event = (IdleStateEvent) evt;
107             if (event.state() == IdleState.READER_IDLE) {
108                 logger.info("=== 客户端 ===(READER_IDLE 读超时)");
109             }
110             else if (event.state() == IdleState.WRITER_IDLE) {
111                 // 写超时
112                 logger.info("=== 客户端 ===(WRITER_IDLE 写超时)");
113                 if(unRecPongTimes < MAX_UN_REC_PONG_TIMES){
114                     SocketModel pingModel = new SocketModel();
115                     pingModel.setType("ping");
116                     ctx.channel().writeAndFlush(pingModel);
117                     unRecPongTimes++;
118                 }else{
119                     ctx.channel().close();
120                 }
121             }
122             else if (event.state() == IdleState.ALL_IDLE) {
123                 logger.info("all idle");
124             }
125         }
126     }
127 }
```

服务端的 PusherServerHandler 的参考代码如下：

```
1  public class PusherServerHandler
2        extends SimpleChannelInboundHandler<SocketModel> {
3      // 定义没有收到服务端的 ping 消息的最大允许次数
4      private static final int MAX_UN_REC_PING_TIMES = 5;
5      // 失败计数器：未收到客户端发送的 ping 请求的累计次数
6      private int unRecPingTimes = 0;
7      public static ChannelGroup channels = new
8        DefaultChannelGroup(GlobalEventExecutor.INSTANCE);
```

```
9    static Logger logger = Logger.getLogger(PusherServerHandler
10     .class);
11   // 覆盖了 handlerAdded() 事件处理方法
12   // 每当服务端收到新的客户端连接时，会将客户端机器信息与 Channel 一起保存
13   // 到服务器的 sessionMap 中
14   @Override
15   public void handlerAdded(ChannelHandlerContext ctx) throws
16     Exception {
17       Channel incomingChannel = ctx.channel();
18       String clientIpInfo = incomingChannel.remoteAddress()
19         .toString();
20       channels.add(ctx.channel());
21       logger.info("channel:" + incomingChannel.id() + " 已加入 ");
22   }
23   @Override
24   public void handlerRemoved(ChannelHandlerContext ctx) throws
25     Exception {
26       Channel incomingChannel = ctx.channel();
27       channels.remove(ctx.channel());
28       logger.info("channel:" + incomingChannel.id() + " 已移除 ");
29   }
30   // 覆盖了 channelRead0() 事件处理方法
31   // 每当服务端读到客户端写入信息时，会将信息转发给其他客户端的 Channel
32   @Override
33   protected void channelRead0(ChannelHandlerContext ctx,
34     SocketModel socketModel) throws Exception {
35       Channel incomingChannel = ctx.channel();
36       // 凡是有信息接收到（包括 ping 信息），则失败计数器清零
37       unRecPingTimes = 0;
38       // 心跳处理，收到 ping 消息后，回复
39       if(socketModel.getType().equals("ping")){
40           logger.info(" 收到了 ping 信息 ");
41           socketModel.setType("pong");
42           socketModel.setCode("OK!");
43           ctx.channel().writeAndFlush(socketModel);
44       }
45       // 记录或更新：应用与客户端机器信息列表对应关系到 Redis
46       String clientIpInfo = incomingChannel.remoteAddress()
47         .toString();
48       String[] redisIpAndPort = ReadPropertiesUtil
49         .getPropertiesValue("systemConfig.properties", "redis")
50         .split(":");
```

```
51        Jedis redis = new Jedis(redisIpAndPort[0],
52          Integer.parseInt(redisIpAndPort[1]));
53        if(socketModel.getType().equals("reg")){// 如果是注册，则执行
54          String appId = socketModel.getMessage().get(0);
55          redis.sadd(appId, clientIpInfo);
56          logger.info(" 有应用进行了注册操作：" + appId);
57          // 辅助用途的 Redis 记录
58          redis.set(clientIpInfo, appId);
59        }
60        redis.close();
61    }
62    // 覆盖了 channelActive() 事件处理方法
63    // 服务端监听到客户端活动
64    @Override
65    public void channelActive(ChannelHandlerContext ctx) throws
66      Exception {
67        Channel incomingChannel = ctx.channel();
68        logger.info("PusherClient:" +
69          incomingChannel.remoteAddress() + " 在线, " +
70          " 建立了来自 client 的 channel，其 id 为：" +
71          incomingChannel.id());
72    }
73    @Override
74    public void channelInactive(ChannelHandlerContext ctx) throws
75      Exception {
76        Channel incoming = ctx.channel();
77        logger.info("PusherClient:" +
78          incoming.remoteAddress() + " 掉线 ");
79    }
80    // 异常捕获和处理
81    @Override
82    public void exceptionCaught(ChannelHandlerContext ctx,
83      Throwable cause) throws IOException {
84        Channel incomingChannel = ctx.channel();
85        logger.info("PusherClient:" +
86          incomingChannel.remoteAddress()+" 异常, " +
87          "channel 的 id 是：" + incomingChannel.id());
88        // 当出现异常就关闭连接
89        cause.printStackTrace();
90        // （1）删除 Redis 的信息记录；（2）关闭 / 删除该 Channel 的上下文信息
91        String[] redisIpAndPort = ReadPropertiesUtil
92          .getPropertiesValue("systemConfig.properties", "redis")
```

```
93              .split(":");
94          Jedis redis = new Jedis(redisIpAndPort[0],
95              Integer.parseInt(redisIpAndPort[1]));
96          // 记录更新应用与客户端机器信息列表对应关系到 Redis
97          String clientIpInfo = incomingChannel.remoteAddress()
98              .toString();
99          String appId = redis.get(clientIpInfo);
100         redis.srem(appId, clientIpInfo);
101         redis.del(clientIpInfo);
102         redis.close();
103         ctx.close();
104     }
105     @Override
106     public void userEventTriggered(ChannelHandlerContext ctx,
107         Object evt) throws Exception {
108         if (IdleStateEvent.class.isAssignableFrom(
109             evt.getClass())) {
110             IdleStateEvent event = (IdleStateEvent) evt;
111             if (event.state() == IdleState.READER_IDLE)  {
112                 // 读超时
113                 logger.info("=== 服务端 ===(READER_IDLE 读超时 )");
114                 if(unRecPingTimes >= MAX_UN_REC_PING_TIMES){
115                     ctx.channel().close();
116                 }else{
117                     // 失败计数器加 1
118                     unRecPingTimes++;
119                 }
120             }
121             else if (event.state() == IdleState.WRITER_IDLE) {
122                 logger.info("write idle");
123             }
124             else if (event.state() == IdleState.ALL_IDLE) {
125                 logger.info("all idle");
126             }
127         }
128     }
129 }
```

这样，Netty 的服务端和客户端的心跳机制就激活了，运行结果如图 11.31 和图 11.32 所示。

图 11.31　Netty 服务端收到 ping 信息

图 11.32　Netty 客户端收到 pong 信息

到此，我们对 Netty 的构建消息中心的介绍和训练就完毕了，有兴趣的读者可以继续参考大数据消息中心的架构，开发其他模块，完成功能更为齐全的消息中心。